21世纪高等学校
工科数学辅导教材

# 线性代数

## 学习指南 第二版

赵晓颖 刘 晶 潘 斌 等编著
陈明明 主 审

化学工业出版社
·北京·

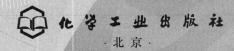

本书以教育部制定的《工科类本科数学基础课程教学基本要求》为依据，与同济大学编写的《线性代数》教材相配套.

本书共分五章，每章内容包括教学基本要求、内容要点、精选题解析、疑难解析与强化练习题（A题、B题），书末附有四套自测题以及强化练习题和自测题的参考答案. 本书将线性代数诸多问题进行了合理的归类，并通过对典型例题的解析，诠释解题技巧和进行方法归纳，帮助读者在理解概念的基础上，充分掌握知识和增强运算能力.

本书可作为普通高等院校理工类专业的教学用书或教学参考书，也可作为线性代数课程考研学习参考资料.

**图书在版编目（CIP）数据**

线性代数学习指南/赵晓颖等编著. —2版. —北京：化学工业出版社，2017.9（2022.9重印）
21世纪高等学校工科数学辅导教材
ISBN 978-7-122-30377-6

Ⅰ. ①线… Ⅱ. ①赵… Ⅲ. ①线性代数-高等学校-教学参考资料 Ⅳ. ①O151.2

中国版本图书馆CIP数据核字（2017）第186949号

---

责任编辑：唐旭华　郝英华　　　装帧设计：张　辉
责任校对：边　涛

---

出版发行：化学工业出版社（北京市东城区青年湖南街13号　邮政编码100011）
印　　装：大厂聚鑫印刷有限责任公司
787mm×1092mm　1/16　印张9½　字数249千字　　2022年9月北京第2版第6次印刷

---

购书咨询：010-64518888　　　售后服务：010-64518899
网　　址：http://www.cip.com.cn
凡购买本书，如有缺损质量问题，本社销售中心负责调换。

---

**定　　价：22.00元**

# 前　言

线性代数是普通高等院校理工类专业学生的一门重要基础课程，也是全国理工科硕士研究生入学考试的必考数学内容之一. 它是自然科学、社会科学及计算机技术和数学科学本身的重要理论基础和方法. 通过线性代数课程的学习，能够培养学生的抽象思维能力、逻辑推理能力和运算能力，使学生能够具备运用数学知识、数学思想和数学工具解决实际问题的能力.

由于线性代数课程内容丰富，概念定理抽象，应用面广，运算容易出错，因此很多学生在学习本门课程时感到很吃力，做题时感觉无从下手. 为了帮助广大学生系统学习线性代数课程，笔者根据多年教学经验和体会，编写了这本学习指南.

本书包括五章内容和自测题，每章内容将线性代数课程中诸多问题进行合理归类，帮助读者理解和掌握；并通过对精选例题的解析，对解题方法进行归纳，帮助读者增强运算能力；并增加了疑难解析内容，帮助读者解决学习过程中的疑问；各章的强化练习题和自测题，能够帮助读者进行自我检验. 强化练习题分为 A 题和 B 题，更加适用于不同的学习阶段和不同层次的学生. 另外，书后附有各章练习题和自测题的参考答案和提示. 本书适用于普通高等院校理工类专业的学生作为学习线性代数课程的补充教材，同时也可以作为考研学生复习本课程的辅导教材.

参与本书编写的有刘敏（第一章），潘斌（第二章），赵晓颖（第三章），刘晶（第四章），张丽镯（第五章），郭小明（自测题）. 全书由赵晓颖组织，并修改定稿，陈明明教授主审.

本书在编写过程中得到了辽宁石油化工大学教务处和理学院广大教师的支持和帮助. 在此表示衷心的感谢!

由于水平所限，书中疏漏与不妥之处在所难免，希望广大读者批评指正.

编　者

2017 年 6 月

# 目　　录

# 第一章 行列式

## 本章基本要求

理解2阶与3阶行列式的定义，掌握2阶与3阶行列式的对角线法则．了解全排列与逆序数的定义，掌握全排列逆序数的计算方法．了解$n$阶行列式的定义，掌握一些特殊类型的$n$阶行列式的结果．掌握行列式的性质，重点掌握利用行列式的性质计算较低阶行列式以及特殊类型的$n$阶行列式的方法．理解余子式和代数余子式的概念，掌握其运算，重点掌握行列式的按行（列）展开法则．了解克莱姆法则求解线性方程组的方法，理解系数行列式与线性方程组解的关系．

## 一、内容要点

### （一）$n$阶行列式的定义

**1. 排列和逆序**

由$n$个数$1,2,\cdots,n$组成的一个有序数组$(i_1,i_2,i_3,\cdots,i_n)$称为一个$n$元排列．所有不同的$n$元排列共有$n!$个．在一个排列$(i_1,i_2,i_3,\cdots,i_n)$中，如果一个大的数排在小的数前面，就称这两个数构成一个逆序．一个排列中逆序的总数称为此排列的逆序数，通常记为$\tau(i_1,i_2,\cdots,i_n)$．若一个排列的逆序数为奇数，则称这个排列为奇排列，否则称为偶排列．

在一个排列$(i_1,i_2,i_3,\cdots,i_n)$中，如果交换任意两个数的位置，称为对排列作一次对换．对换改变排列的奇偶性.

**2. $n$阶行列式的定义**

由$n^2$个数排成$n$行$n$列的数表，记为$\begin{vmatrix} a_{11} & a_{12} & \cdots & a_{1n} \\ a_{21} & a_{22} & \cdots & a_{2n} \\ \cdots & \cdots & \cdots & \cdots \\ a_{n1} & a_{n2} & \cdots & a_{nn} \end{vmatrix}$，做出表中所有取自不同行、不同列$n$个元素的乘积$a_{1j_1}a_{2j_2}\cdots a_{nj_n}$的所有代数和，就称为此行列式的值．这里$j_1j_2\cdots j_n$是$1,2,\cdots,n$的一个全排列．当$j_1j_2\cdots j_n$是偶（奇）排列时，该项的前面带正（负）号．即

$$\begin{vmatrix} a_{11} & a_{12} & \cdots & a_{1n} \\ a_{21} & a_{22} & \cdots & a_{2n} \\ \cdots & \cdots & \cdots & \cdots \\ a_{n1} & a_{n2} & \cdots & a_{nn} \end{vmatrix} = \sum_{j_1j_2\cdots j_n} (-1)^{\tau(j_1j_2\cdots j_n)} a_{1j_1}a_{2j_2}\cdots a_{nj_n}.$$

式中，$\sum\limits_{j_1j_2\cdots j_n}$ 表示对$1,2,\cdots,n$所有不同的$n$元排列求和.

注意：由于$n$个数$1,2,\cdots,n$所有不同的$n$元排列共有$n!$项，所以$n$阶行列式的值是由所有不同行、不同列的$n$个元素乘积$a_{1j_1}a_{2j_2}\cdots a_{nj_n}$的$n!$项之代数和组成，其结果是一个

数值.

**(二) 余子式、代数余子式**

在 $n$ 阶行列式 $\begin{vmatrix} a_{11} & a_{12} & \cdots & a_{1n} \\ a_{21} & a_{22} & \cdots & a_{2n} \\ \cdots & \cdots & \cdots & \cdots \\ a_{n1} & a_{n2} & \cdots & a_{nn} \end{vmatrix}$ 中，划去元素 $a_{ij}$ 所在的第 $i$ 行及第 $j$ 列，由剩下的元素按原位置排成的 $n-1$ 阶行列式称为元素 $a_{ij}$ 的余子式，记为 $M_{ij}$. 称 $(-1)^{i+j}M_{ij}$ 为元素 $a_{ij}$ 的代数余子式，记为 $A_{ij}=(-1)^{i+j}M_{ij}$.

**(三) 行列式的性质**

**性质 1** 行列互换，行列式的值不变.

注意：该性质表明了行列式中行、列地位的对称性. 也就是说，行列式中有关行的性质对列也同样成立.

**性质 2** 对换行列式的两行（列），行列式改变符号.

**推论** 如果行列式有两行（列）完全相同，则此行列式为零.

**性质 3** 用数 $k$ 乘行列式的某一行（列），等于用数 $k$ 乘以此行列式.

**推论** 行列式中某一行（列）的所有元素的公因子可以提到行列式记号外面.

**性质 4** 行列式中，如果有两行（列）的对应元素成比例，则此行列式等于零.

**性质 5** 若行列式的某一行（列）的元素都是两个数之和，则此行列式等于两个行列式之和，如

$$\begin{vmatrix} a_{11} & a_{12} & \cdots & a_{1n} \\ \cdots & \cdots & \cdots & \cdots \\ a_{i1}+b_{i1} & a_{i2}+b_{i2} & \cdots & a_{in}+b_{in} \\ \cdots & \cdots & \cdots & \cdots \\ a_{n1} & a_{n2} & \cdots & a_{nn} \end{vmatrix} = \begin{vmatrix} a_{11} & a_{12} & \cdots & a_{1n} \\ \cdots & \cdots & \cdots & \cdots \\ a_{i1} & a_{i2} & \cdots & a_{in} \\ \cdots & \cdots & \cdots & \cdots \\ a_{n1} & a_{n2} & \cdots & a_{nn} \end{vmatrix} + \begin{vmatrix} a_{11} & a_{12} & \cdots & a_{1n} \\ \cdots & \cdots & \cdots & \cdots \\ b_{i1} & b_{i2} & \cdots & b_{in} \\ \cdots & \cdots & \cdots & \cdots \\ a_{n1} & a_{n2} & \cdots & a_{nn} \end{vmatrix}.$$

**性质 6** 把行列式某一行（列）的若干倍加到另一行（列）上去，行列式不变.

**(四) 行列式按行（列）展开定理**

**定理** $n$ 阶行列式等于它的任一行（列）的所有元素与它们对应的代数余子式的乘积之和.

**推论 1** $n$ 阶行列式中某一行（列）的每个元素与另一行（列）相应元素的代数余子式的乘积之和等于零.

**推论 2** 在 $n$ 阶行列式中，若有一行（列）除去一个元素 $a_{ij}\neq 0$ 外其余元素均为零，则此行列式的值等于这个非零元素与其代数余子式的乘积. 即 $D=a_{ij}A_{ij}$.

以上结论用公式表示为：设 $D=\begin{vmatrix} a_{11} & a_{12} & \cdots & a_{1n} \\ a_{21} & a_{22} & \cdots & a_{2n} \\ \cdots & \cdots & \cdots & \cdots \\ a_{n1} & a_{n2} & \cdots & a_{nn} \end{vmatrix}$，则

$$a_{i1}A_{k1}+a_{i2}A_{k2}+\cdots+a_{in}A_{kn}=\begin{cases} D, & i=k, \\ 0, & i\neq k \end{cases} \quad (i=1,2,\cdots,n)$$

或 $$a_{1j}A_{1k}+a_{2j}A_{2k}+\cdots+a_{nj}A_{nk}=\begin{cases}D, & j=k,\\ 0, & j\neq k\end{cases}\quad (j=1,2,\cdots,n).$$

## (五) 几种特殊行列式的结论

**1. 对角行列式、上(下)三角行列式的值等于主对角线上元素之积**

$$D=\begin{vmatrix}a_{11} & & & \\ & a_{22} & & \\ & & \ddots & \\ & & & a_{nn}\end{vmatrix}=\begin{vmatrix}a_{11} & a_{12} & \cdots & a_{1n}\\ & a_{22} & \cdots & a_{2n}\\ & & \ddots & \cdots\\ & & & a_{nn}\end{vmatrix}=\begin{vmatrix}a_{11} & & & \\ a_{21} & a_{22} & & \\ \cdots & \cdots & \ddots & \\ a_{n1} & a_{n2} & \cdots & a_{nn}\end{vmatrix}=a_{11}a_{22}\cdots a_{nn}.$$

**2. 两个特殊的展开式**

$$\begin{vmatrix}a_{11} & \cdots & a_{1n} & c_{11} & \cdots & c_{1m}\\ \vdots & & \vdots & \vdots & & \vdots\\ a_{n1} & \cdots & a_{nn} & c_{n1} & \cdots & c_{nm}\\ 0 & \cdots & 0 & b_{11} & \cdots & b_{1m}\\ \vdots & & \vdots & \vdots & & \vdots\\ 0 & \cdots & 0 & b_{m1} & \cdots & b_{mm}\end{vmatrix}=\begin{vmatrix}a_{11} & \cdots & a_{1n} & 0 & \cdots & 0\\ \vdots & & \vdots & \vdots & & \vdots\\ a_{n1} & \cdots & a_{nn} & 0 & \cdots & 0\\ c_{11} & \cdots & c_{1n} & b_{11} & \cdots & b_{1m}\\ \vdots & & \vdots & \vdots & & \vdots\\ c_{m1} & \cdots & c_{mn} & b_{m1} & \cdots & b_{mm}\end{vmatrix}$$

$$=\begin{vmatrix}a_{11} & \cdots & a_{1n}\\ \vdots & & \vdots\\ a_{n1} & \cdots & a_{nn}\end{vmatrix}\cdot\begin{vmatrix}b_{11} & \cdots & b_{1m}\\ \vdots & & \vdots\\ b_{m1} & \cdots & b_{mm}\end{vmatrix}.$$

**3. 范德蒙行列式**

$$\begin{vmatrix}1 & 1 & \cdots & 1\\ x_1 & x_2 & \cdots & x_n\\ x_1^2 & x_2^2 & \cdots & x_n^2\\ \vdots & \vdots & \cdots & \vdots\\ x_1^{n-1} & x_2^{n-1} & \cdots & x_n^{n-1}\end{vmatrix}=\prod_{1\leqslant j<i\leqslant n}(x_i-x_j).$$

**4. 关于副对角线的行列式**

$$\begin{vmatrix}a_{11} & \cdots & a_{1,n-1} & a_{1n}\\ a_{21} & \cdots & a_{2,n-1} & \\ \vdots & ⋰ & & \\ a_{n1} & & & \end{vmatrix}=\begin{vmatrix} & & & a_{1n}\\ & & a_{2,n-1} & a_{2n}\\ & ⋰ & \cdots & \cdots\\ a_{n1} & \cdots & a_{n,n-1} & a_{nn}\end{vmatrix}=\begin{vmatrix} & & a_{1n}\\ & a_{2,n-1} & \\ ⋰ & & \\ a_{n1} & & \end{vmatrix}$$

$$=(-1)^{\frac{n(n-1)}{2}}a_{1n}a_{2,n-1}\cdots a_{n1}.$$

## (六) 行列式的计算方法

**1. 基本方法**

(1) 直接利用行列式定义或行列式性质算得结果;

(2) 用行列式的性质,化行列式成三角形行列式;

(3) 按某一行(列)展开.

**2. 常用方法**

(1) 递推法;

(2) 数学归纳法;

(3) 利用一些已知结论.如①范德蒙行列式;②特殊行列式.

**（七）克莱姆法则**

**1. 如果非齐次线性方程组**

$$\begin{cases} a_{11}x_1+a_{12}x_2+\cdots+a_{1n}x_n=b_1, \\ a_{21}x_1+a_{22}x_2+\cdots+a_{2n}x_n=b_2, \\ \cdots\cdots\cdots\cdots\cdots\cdots\cdots\cdots \\ a_{n1}x_1+a_{n2}x_2+\cdots+a_{nn}x_n=b_n \end{cases} \tag{1-1}$$

的系数行列式 $D=\begin{vmatrix} a_{11} & a_{12} & \cdots & a_{1n} \\ a_{21} & a_{22} & \cdots & a_{2n} \\ \cdots & \cdots & \cdots & \cdots \\ a_{n1} & a_{n2} & \cdots & a_{nn} \end{vmatrix}\neq 0$，则方程组有唯一解 $x_j=\dfrac{D_j}{D}$ $(j=1,2,\cdots,n)$.

其中 $D_j$ 是把系数行列式 $D$ 中的第 $j$ 列元素换为常数项 $b_1,b_2,\cdots,b_n$ 所构成的行列式.

**2. 如果齐次线性方程组**

$$\begin{cases} a_{11}x_1+a_{12}x_2+\cdots+a_{1n}x_n=0, \\ a_{21}x_1+a_{22}x_2+\cdots+a_{2n}x_n=0, \\ \cdots\cdots\cdots\cdots\cdots\cdots\cdots\cdots \\ a_{n1}x_1+a_{n2}x_2+\cdots+a_{nn}x_n=0 \end{cases} \tag{1-2}$$

的系数行列式 $D=\begin{vmatrix} a_{11} & a_{12} & \cdots & a_{1n} \\ a_{21} & a_{22} & \cdots & a_{2n} \\ \cdots & \cdots & \cdots & \cdots \\ a_{n1} & a_{n2} & \cdots & a_{nn} \end{vmatrix}\neq 0$，则方程组有唯一零解.

**推论 1** 如果非齐次线性方程组（1-1）的系数行列式 $D=0$，那么它无解或有无穷多解.

**推论 2** 如果齐次线性方程组（1-2）的系数行列式 $D=0$，那么它有非零解.

注意：以上线性方程组是针对 $n$ 个未知数 $n$ 个方程组成的方程组而言，当方程的个数与未知数的个数不相等时，要按第四章的方法解线性方程组.

## 二、精选题解析

**（一）填空题**

**【例 1】** 7 阶行列式中项 $a_{33}a_{16}a_{72}a_{27}a_{55}a_{61}a_{44}$ 的符号是____________.

**【解析】** 方法一 将以上的项，按行标排列为自然排列重新排列，排列后为 $a_{16}a_{27}a_{33}a_{44}a_{55}a_{61}a_{72}$，考虑列标排列 6,7,3,4,5,1,2 的逆序数 $\tau(6734512)=5+5+2+2+2+0=16$，排列 6,7,3,4,5,1,2 为偶排列，所以其符号为“+”.

方法二 将以上的项，按列标排列为自然排列重新排列，排列后为 $a_{61}a_{72}a_{33}a_{44}a_{55}a_{16}a_{27}$，考虑行标排列 6,7,3,4,5,1,2 的逆序数 $\tau(6734512)=5+5+2+2+2+0=16$，排列 6,7,3,4,5,1,2 为偶排列，所以其符号为“+”.

方法三 分别考虑行标排列 3,1,7,2,5,6,4 的逆序数 $\tau(3172564)=2+0+4+0+1+1=8$，以及列标排列 3,6,2,7,5,1,4 的逆序数 $\tau(3627514)=2+4+1+3+2+0=12$，二者逆序数之和为 12+8=20（偶数），从而其符号为“+”.

**【例 2】** $\tau(2,4,6,\cdots,2n,2n-1,\cdots,3,1)=$____________.

**【解析】** $\tau(2,4,6,\cdots,2n,2n-1,\cdots,3,1)=1+2+\cdots+n+(n-1)+\cdots+2+1=n^2$.

**【例 3】** $D=\begin{vmatrix}103 & 100 & 204\\199 & 200 & 395\\301 & 300 & 600\end{vmatrix}=$________.

**【解析】** 注意到行列式中第 1 列的 3 个数分别与 100，200，300 较接近，而第 3 列的 3 个数分别与 200，400，600 较接近，所以由行列式的性质知，将第 2 列的－1 倍加到第 1 列上，将第 2 列的－2 倍加到第 3 列上，第 2 列再提取公因数 100，则有

$$D=\begin{vmatrix}103 & 100 & 204\\199 & 200 & 395\\301 & 300 & 600\end{vmatrix}=100\begin{vmatrix}3 & 1 & 4\\-1 & 2 & -5\\1 & 3 & 0\end{vmatrix}.$$

对于最后的行列式，可以将第 3 行加到第 2 行上，同时将第 3 行的－3 倍加到第 1 行上，再按第 1 列展开，得

$$D=100\begin{vmatrix}0 & -8 & 4\\0 & 5 & -5\\1 & 3 & 0\end{vmatrix}=100\cdot(-1)^{3+1}\begin{vmatrix}-8 & 4\\5 & -5\end{vmatrix}=100\cdot(40-20)=2000.$$

注意　(1) 用行列式性质计算行列式时，为减少重复书写，通常计算一步行列式可以多次利用行列式性质；(2) 以后为简单起见，行列式的第 $i$ 行（列）的 $k$ 倍加到第 $j$ 行（列）上，常记为 $kr_i+r_j$（$kc_i+c_j$）.

**【例 4】** 若 $\begin{vmatrix}1 & 2 & 3 & 4\\5 & 6 & 7 & 8\\0 & 0 & x & 3\\0 & 0 & 4 & 5\end{vmatrix}=0$，则 $x=$________.

**【解析】** 方法一　用$(-5)r_1+r_2$，然后两次都按第 1 列展开，得

$$\begin{vmatrix}1 & 2 & 3 & 4\\5 & 6 & 7 & 8\\0 & 0 & x & 3\\0 & 0 & 4 & 5\end{vmatrix}=\begin{vmatrix}1 & 2 & 3 & 4\\0 & -4 & -8 & -12\\0 & 0 & x & 3\\0 & 0 & 4 & 5\end{vmatrix}=1\cdot(-4)\begin{vmatrix}x & 3\\4 & 5\end{vmatrix}=-4(5x-12)=0,$$

所以，$x=\dfrac{12}{5}$.

方法二　直接用“本章内容要点(五)几种特殊行列式的结论”中 2，得到

$$\begin{vmatrix}1 & 2 & 3 & 4\\5 & 6 & 7 & 8\\0 & 0 & x & 3\\0 & 0 & 4 & 5\end{vmatrix}=\begin{vmatrix}1 & 2\\5 & 6\end{vmatrix}\cdot\begin{vmatrix}x & 3\\4 & 5\end{vmatrix}=-4(5x-12)=0.$$

得到答案，$x=\dfrac{12}{5}$.

**【例 5】** $D=\begin{vmatrix}n & 0 & 0 & \cdots & 0 & 0\\0 & 0 & 2 & \cdots & 0 & 0\\0 & 0 & 0 & \ddots & 0 & 0\\\cdots & \cdots & \cdots & \cdots & \cdots & \cdots\\0 & 0 & 0 & \cdots & 0 & n-1\\0 & 1 & 0 & \cdots & 0 & 0\end{vmatrix}=$________.

**【解析】** 方法一　直接按行列式展开公式［在此按第 1 行（列）展开］及对角行列式的结论得

$$D=n\cdot(-1)^{1+1}\cdot 1\cdot(-1)^{n-1+1}\cdot\begin{vmatrix}2&\cdots&0\\ \cdots&\ddots&\cdots\\ 0&0&n-1\end{vmatrix}=(-1)^n n!.$$

方法二　注意到所有 $n!$ 项中，不等于零的项只有 $a_{11}a_{23}a_{34}\cdots a_{n-1,n}a_{n2}$ 这一项，它为

$$(-1)^{\tau(1,3,4,\cdots n,2)}n!=(-1)^{n-2}n!=(-1)^n n!.$$

**【例 6】**　在函数 $f(x)=\begin{vmatrix}2x&1&-1\\ -x&-x&x\\ 1&2&x\end{vmatrix}$ 中，$x^3$ 的系数为__________.

**【解析】**　方法一　根据行列式的定义考察能组成 $x^3$ 的项．由于行列式的 $n!$ 中每一项都是不同行、不同列的 $n$ 个元素的乘积，在此组成 $x^3$ 的项中必须每项都含有 $x$，由于第 1,3 行中各只含有一个带 $x$ 的项，即 $a_{11}$ 和 $a_{33}$，所以根据不同行、不同列的原则，带有 $a_{11}$ 和 $a_{33}$ 的项只能是 $a_{11}a_{22}a_{33}$，又因为这一项的符号为正，所以此项为 $2x\cdot(-x)\cdot x=-2x^3$，得 $x^3$ 的系数为 $-2$.

方法二　要求 $x^3$ 的系数，只需考察组成 $x^3$ 的项即可．事实上，只需考察 $2x\cdot(-1)^{1+1}\begin{vmatrix}-x&x\\ 2&x\end{vmatrix}=-2x^3-4x^2$，或 $x\cdot(-1)^{3+3}\begin{vmatrix}2x&1\\ -x&-x\end{vmatrix}=-2x^3+x^2$ 中 $x^3$ 的系数即可．得 $x^3$ 的系数为 $-2$.

**【例 7】**　设 $a,b$ 为实数，则当 $a=$______，$b=$______ 时，行列式 $\begin{vmatrix}a&b&0\\ -b&a&0\\ -1&0&-1\end{vmatrix}=0$．

**【解析】**　将行列式按第 3 列展开，得

$$\begin{vmatrix}a&b&0\\ -b&a&0\\ -1&0&-1\end{vmatrix}=-1\cdot\begin{vmatrix}a&b\\ -b&a\end{vmatrix}=-(a^2+b^2),$$

所以应填 $a=0$，$b=0$.

**【例 8】**　$\begin{vmatrix}0&0&0&1\\ 2&0&0&0\\ 0&3&0&0\\ 0&0&4&0\end{vmatrix}=$__________.

**【解析】**　因为所有 $4!=24$ 项中，只有 $a_{14}a_{21}a_{32}a_{43}$ 这一项不为零，此时列标的排列为 4,1,2,3，且为奇排列，符号为负，所以原式 $=-1\cdot2\cdot3\cdot4=-24$.

**【例 9】**　已知 $\begin{vmatrix}x&3&1\\ y&0&1\\ z&2&1\end{vmatrix}=1$，则 $\begin{vmatrix}x-3&y-3&z-3\\ 5&2&4\\ 1&1&1\end{vmatrix}=$__________.

**【解析】**　考察所求行列式，可见先进行 $3r_3+r_1$，即得

$$\begin{vmatrix}x-3&y-3&z-3\\ 5&2&4\\ 1&1&1\end{vmatrix}=\begin{vmatrix}x&y&z\\ 5&2&4\\ 1&1&1\end{vmatrix},$$

为了利用已知行列式，再将 $a_{22}$ 位置元素化为零，为此进行 $(-2)r_3+r_2$，得到

$$\begin{vmatrix}x&y&z\\ 5&2&4\\ 1&1&1\end{vmatrix}=\begin{vmatrix}x&y&z\\ 3&0&2\\ 1&1&1\end{vmatrix},$$

这正是已知行列式的转置行列式．再由“本章内容要点(三)行列式的性质”中的性质 1 得

$$\begin{vmatrix} x-3 & y-3 & z-3 \\ 5 & 2 & 4 \\ 1 & 1 & 1 \end{vmatrix}=1.$$

**【例 10】** 已知 $a$ 为实数，$D=\begin{vmatrix} 1 & a & 0 & 0 \\ 0 & 1 & a & 0 \\ 0 & 0 & 1 & a \\ a & 0 & 0 & 1 \end{vmatrix}=0$，$a=$________.

**【解析】** $D=\begin{vmatrix} 1 & a & 0 & 0 \\ 0 & 1 & a & 0 \\ 0 & 0 & 1 & a \\ a & 0 & 0 & 1 \end{vmatrix}=1\cdot\begin{vmatrix} 1 & a & 0 \\ 0 & 1 & a \\ 0 & 0 & 1 \end{vmatrix}+a\cdot(-1)^{1+2}\begin{vmatrix} 0 & a & 0 \\ 0 & 1 & a \\ a & 0 & 1 \end{vmatrix}$

$$=1-a\cdot a\cdot(-1)^{3+1}\begin{vmatrix} a & 0 \\ 1 & a \end{vmatrix}=1-a^4=0,$$

所以 $a=\pm1$.

**(二) 选择题**

**【例 1】** 与 3 阶行列式 $\begin{vmatrix} a_{11} & a_{12} & a_{13} \\ a_{21} & a_{22} & a_{23} \\ a_{31} & a_{32} & a_{33} \end{vmatrix}$ 等值的行列式为________________.

(A) $\begin{vmatrix} a_{13} & a_{12} & a_{11} \\ a_{23} & a_{22} & a_{21} \\ a_{33} & a_{32} & a_{31} \end{vmatrix}$　　(B) $\begin{vmatrix} -a_{11} & a_{12} & -a_{13} \\ -a_{21} & a_{22} & -a_{23} \\ -a_{31} & a_{32} & -a_{33} \end{vmatrix}$

(C) $\begin{vmatrix} a_{11}+a_{12} & a_{12}+a_{13} & a_{13}+a_{11} \\ a_{21}+a_{22} & a_{22}+a_{23} & a_{23}+a_{21} \\ a_{31}+a_{32} & a_{32}+a_{33} & a_{33}+a_{31} \end{vmatrix}$　　(D) $\begin{vmatrix} a_{11} & a_{12}+a_{13} & a_{11}+a_{12}+a_{13} \\ a_{21} & a_{22}+a_{23} & a_{21}+a_{22}+a_{23} \\ a_{31} & a_{32}+a_{33} & a_{31}+a_{32}+a_{33} \end{vmatrix}$

**【解析】** 由行列式性质，得知，(B) 的第 1,3 列均有公因数 $-1$，提取后为 $(-1)^2\begin{vmatrix} a_{11} & a_{12} & a_{13} \\ a_{21} & a_{22} & a_{23} \\ a_{31} & a_{32} & a_{33} \end{vmatrix}$，所以应选 (B)．而 (A) 与原行列式相差一个负号．对于 (C)，(D) 按行列式性质展开后可以发现与原行列式不相等.

**【例 2】** 设 $a,b$ 为实数，若 $\begin{vmatrix} -1 & b & 0 \\ -b & 1 & 0 \\ a & 0 & -1 \end{vmatrix}\neq0$，则________.

(A) $b\neq0$　　(B) $a\neq0$　　(C) $b\neq\pm1$　　(D) $a\neq\pm1$

**【解析】** 方法一　按第 3 列展开，得

$$\begin{vmatrix} -1 & b & 0 \\ -b & 1 & 0 \\ -1 & 0 & -1 \end{vmatrix}=(-1)\cdot(-1)^{3+3}\begin{vmatrix} -1 & b \\ -b & 1 \end{vmatrix}=-(-1+b^2)\neq0.$$

由此得，应选 (C).

方法二　按教材中的对角线法，也可得到原行列式等于 $1-b^2\neq0$，可知应选 (C).

**【例 3】** 已知 3 阶行列式 $\begin{vmatrix} a_{11} & a_{12} & a_{13} \\ a_{21} & a_{22} & a_{23} \\ a_{31} & a_{32} & a_{33} \end{vmatrix}=3$，则 $\begin{vmatrix} a_{11} & 2a_{31}-5a_{21} & 3a_{21} \\ a_{12} & 2a_{32}-5a_{22} & 3a_{22} \\ a_{13} & 2a_{33}-5a_{23} & 3a_{23} \end{vmatrix}=$ ________.

(A) 18　　(B) $-18$　　(C) $-9$　　(D) 27

**【解析】** 先由“本章内容要点(三)行列式的性质”中的性质 5，将

$$\begin{vmatrix} a_{11} & 2a_{31}-5a_{21} & 3a_{21} \\ a_{12} & 2a_{32}-5a_{22} & 3a_{22} \\ a_{13} & 2a_{33}-5a_{23} & 3a_{23} \end{vmatrix}$$

分解成两个行列式之和，即

$$\begin{vmatrix} a_{11} & 2a_{31}-5a_{21} & 3a_{21} \\ a_{12} & 2a_{32}-5a_{22} & 3a_{22} \\ a_{13} & 2a_{33}-5a_{23} & 3a_{23} \end{vmatrix}=\begin{vmatrix} a_{11} & 2a_{31} & 3a_{21} \\ a_{12} & 2a_{32} & 3a_{22} \\ a_{13} & 2a_{33} & 3a_{23} \end{vmatrix}+\begin{vmatrix} a_{11} & -5a_{21} & 3a_{21} \\ a_{12} & -5a_{22} & 3a_{22} \\ a_{13} & -5a_{23} & 3a_{23} \end{vmatrix},$$

在第 2 个行列式中提取公因数 $-5$ 后发现最后两列成比例，所以等于零．第 1 个行列式分别提取公因数 2 与 3 后，得

$$原式=6\begin{vmatrix} a_{11} & a_{31} & a_{21} \\ a_{12} & a_{32} & a_{22} \\ a_{13} & a_{33} & a_{23} \end{vmatrix}=6\cdot(-3)=-18.$$

应选 (B).

**【例 4】** $\begin{vmatrix} a_1 & 0 & 0 & b_1 \\ 0 & a_2 & b_2 & 0 \\ 0 & b_3 & a_3 & 0 \\ b_4 & 0 & 0 & a_4 \end{vmatrix}=$ ________.

(A) $a_1a_2a_3a_4-b_1b_2b_3b_4$　　(B) $a_1a_2a_3a_4+b_1b_2b_3b_4$

(C) $(a_1a_2-b_1b_2)(a_3a_4-b_3b_4)$　　(D) $(a_1a_4-b_1b_4)(a_2a_3-b_2b_3)$

**【解析】** 直接将行列式按第 1 行展开

$$\begin{vmatrix} a_1 & 0 & 0 & b_1 \\ 0 & a_2 & b_2 & 0 \\ 0 & b_3 & a_3 & 0 \\ b_4 & 0 & 0 & a_4 \end{vmatrix}=a_1a_4\begin{vmatrix} a_2 & b_2 \\ b_3 & a_3 \end{vmatrix}-b_1b_4\begin{vmatrix} a_2 & b_2 \\ b_3 & a_3 \end{vmatrix}$$

$$=a_1a_4(a_2a_3-b_2b_3)-b_1b_4(a_2a_3-b_2b_3),$$

所以应选 (D).

**【例 5】** $f(x)=\begin{vmatrix} x-2 & x-1 & x-2 & x-3 \\ 2x-2 & 2x-1 & 2x-2 & 2x-3 \\ 3x-3 & 3x-2 & 4x-5 & 3x-5 \\ 4x & 4x-3 & 5x-7 & 4x-3 \end{vmatrix}=0$ 的根的个数为 ________.

(A) 1　　(B) 2　　(C) 3　　(D) 4

**【解析】** 在此求方程 $f(x)=0$ 的根的个数，实际是求多项式的次数．先进行$(-1)c_1+c_2$，$(-1)c_1+c_3$，$(-1)c_1+c_4$，可得

$$f(x)=\begin{vmatrix} x-2 & 1 & 0 & -1 \\ 2x-2 & 1 & 0 & -1 \\ 3x-3 & 1 & x-2 & -2 \\ 4x & -3 & x-7 & -3 \end{vmatrix},$$

再进行 $c_2+c_4$，得

$$f(x)=\begin{vmatrix} x-2 & 1 & 0 & 0 \\ 2x-2 & 1 & 0 & 0 \\ 3x-3 & 1 & x-2 & -1 \\ 4x & -3 & x-7 & -6 \end{vmatrix}.$$

在此直接用“本章内容要点(三)几种特殊行列式的结论”中 2 可知，$f(x)$实际上是一个二次多项式，故有 2 个根.

如果再继续运算，可对上式进行$(-1)r_2+r_1$，得

$$f(x)=\begin{vmatrix} -x & 0 & 0 & 0 \\ 2x-2 & 1 & 0 & 0 \\ 3x-3 & 1 & x-2 & -1 \\ 4x & -3 & x-7 & -6 \end{vmatrix},$$

所以，$f(x)=-x\begin{vmatrix} x-2 & -1 \\ x-7 & -6 \end{vmatrix}=0$，可得到 $f(x)$是一个二次多项式，故有 2 个根，应选（B).

**【例 6】** 方程 $\begin{vmatrix} 1 & 2 & 3 & 4 \\ 1 & 3-x^2 & 3 & 4 \\ 3 & 4 & 1 & 2 \\ 3 & 4 & 1 & 5-x^2 \end{vmatrix}=0$ 的根为________.

（A）$\pm1,\pm\sqrt{3}$　（B）$\pm\sqrt{3}$，$\pm\sqrt{5}$　（C）$\pm\sqrt{5}$，$\pm\sqrt{2}$　（D）$\pm1,\pm\sqrt{5}$

**【解析】** 注意到，方程为四次方程，故有 4 个根，又由行列式的性质知，当 $3-x^2=2$ 及 $5-x^2=2$ 时，行列式中有两行相同，此时行列式等于零．所以得 $x^2=1$ 和 $x^2=3$，从而 $x=\pm1,\pm\sqrt{3}$，应选（A).

*注意* 此题也可以利用行列式的性质展开后，求出结果.

**【例 7】** 已知线性方程组$\begin{cases}\lambda x-y=a, \\ -x+\lambda y=b\end{cases}$有唯一解，则 $\lambda$ 满足________.

（A）为任意实数　（B）等于$\pm1$　（C）不等于$\pm1$　（D）不等于零

**【解析】** 由克莱姆法则知，此时系数行列式必有$\begin{vmatrix} \lambda & -1 \\ -1 & \lambda \end{vmatrix}\neq0$，否则无解或有无穷多解. 所以$\lambda\neq\pm1$. 应选（C).

**【例 8】** 设线性方程组$\begin{cases} bx-ay=-2ad, \\ -2cy+3bz=bc \\ cx+az=0, \end{cases}$，则________.

（A）当 $a,b,c$ 取任意非零实数时，方程组均有解　（B）当 $a=0$ 时，方程组无解

（C）当 $b=0$ 时，方程组无解　（D）当 $c=0$ 时，方程组无解

**【解析】** 方程组的系数行列式为

$$\begin{vmatrix} b & -a & 0 \\ 0 & -2c & 3b \\ c & 0 & a \end{vmatrix}=-5abc,$$

由克莱姆法则知，当 $a,b,c$ 同时取任意非零实数时，方程组有唯一解，当然有解．而当 $a,b,c$ 中有一个为零时，它或无解或有无穷多解，不能确定是否无解．事实上，由第四章的结论

可知，当 $a,b,c$ 中有一个为零时，方程组有无穷多解．所以应选（A）.

**【例 9】** 当 $\lambda=$______时，齐次线性方程组 $\begin{cases} x_1+\lambda x_3=0, \\ 2x_1-x_4=0, \\ \lambda x_1+x_2=0, \\ x_3+2x_4=0 \end{cases}$ 有非零解.

（A）$\frac{1}{2}$　　（B）$-\frac{1}{2}$　　（C）$\frac{1}{4}$　　（D）$-\frac{1}{4}$

**【解析】** 方程组的系数行列式为

$$\begin{vmatrix} 1 & 0 & \lambda & 0 \\ 2 & 0 & 0 & -1 \\ \lambda & 1 & 0 & 0 \\ 0 & 0 & 1 & 2 \end{vmatrix}=1\cdot(-1)^{3+2}\cdot\begin{vmatrix} 1 & \lambda & 0 \\ 2 & 0 & -1 \\ 0 & 1 & 2 \end{vmatrix}=1-4\lambda,$$

由克莱姆法则知，当系数行列式为零时，齐次线性方程组有非零解，所以 $\lambda=\frac{1}{4}$，应选（C）.

**【例 10】** 对于非齐次线性方程组 $\begin{cases} a_{11}x_1+a_{12}x_2+\cdots+a_{1n}x_n=b_1, \\ a_{21}x_1+a_{22}x_2+\cdots+a_{2n}x_n=b_2, \\ \cdots\cdots \\ a_{n1}x_1+a_{n2}x_2+\cdots+a_{nn}x_n=b_n, \end{cases}$ 下列结论不正确的是______.

（A）若方程组有解，则系数行列式 $D\neq0$

（B）若方程组无解，则系数行列式 $D=0$

（C）方程组有解时，或者有唯一解，或者有无穷多解

（D）系数行列式 $D\neq0$ 是方程组有唯一解的充分必要条件

**【解析】** 系数行列式 $D=0$ 时，方程组也可以有解．例如：方程组 $\begin{cases} x_1+x_2=1, \\ 2x_1+2x_2=2, \end{cases}$ $x_1=3,x_2=-2$ 是方程组的一组解，而系数行列式 $D=0$. 只有方程组有唯一解时，系数行列式 $D\neq0$（这是充要条件）．所以（A）不正确，其余都是正确的．应选（A）.

## （三）计算题

3 阶以上的高阶行列式一般都不能直接计算，所以计算高阶行列式，特别是 $n$ 阶行列式是线性代数中的重点和难点.

下面结合例子介绍几种计算高阶行列式的常见方法.

### 1. 利用行列式的性质将原行列式化为上三角形或下三角形行列式

**【例 1】** 计算 $D=\begin{vmatrix} 0 & 1 & 2 & 3 & 4 \\ 1 & 0 & 1 & 2 & 3 \\ 2 & 1 & 0 & 1 & 2 \\ 3 & 2 & 1 & 0 & 1 \\ 4 & 3 & 2 & 1 & 0 \end{vmatrix}$ 的值.

分析　用将行列式化为三角形行列式的方法时，一般先把 $a_{11}$ 变换为 1. 常用的方法是：当 $a_{11}\neq0$ 时，用 $\frac{1}{a_{11}}$ 乘以第 1 行（列）（注意：尽量避免元素变为分数，否则将给后面的计

算增加困难）；当 $a_{11}=0$ 时，可以通过交换行或列的方法，使得 $a_{11}\neq 0$. 最好的方法是通过交换行或列的方法直接使得 $a_{11}=1$. 然后把第 1 行的（$-1$）$a_{i1}(i=2,3,\cdots,n)$倍分别加到第 $2,3,\cdots,n$ 行上，这样就把第 1 列 $a_{11}$ 以下的元素全化为零，再逐次用类似的方法把主对角元素 $a_{22},a_{33},\cdots,a_{n-1,n-1}$ 以下（或以上）的元素全部化为零，则行列式就化为上（或下）三角形行列式了.

【解析】 先进行 $r_1\leftrightarrow r_2$，得

$$D=-\begin{vmatrix}1&0&1&2&3\\0&1&2&3&4\\2&1&0&1&2\\3&2&1&0&1\\4&3&2&1&0\end{vmatrix},$$

将 $r_1(-2)+r_3$，$r_1(-3)+r_4$，$r_1(-4)+r_5$，得

$$D=-\begin{vmatrix}1&0&1&2&3\\0&1&2&3&4\\0&1&-2&-3&-4\\0&2&-2&-6&-8\\0&3&-3&-7&-12\end{vmatrix},$$

由于 $a_{22}=1$，再对 $a_{22}$ 以下元素化为零，即进行 $r_2(-1)+r_3$，$r_2(-2)+r_4$，$r_2(-3)+r_5$，得

$$D=-\begin{vmatrix}1&0&1&2&3\\0&1&2&3&4\\0&0&-4&-6&-8\\0&0&-6&-12&-16\\0&0&-9&-16&-24\end{vmatrix},$$

第 3,4 行提取 $-2$，第 5 行提取 $-1$，得

$$D=4\begin{vmatrix}1&0&1&2&3\\0&1&2&3&4\\0&0&2&3&4\\0&0&3&6&8\\0&0&9&16&24\end{vmatrix},$$

因为 $a_{33}=2$，为避免元素变为分数，将$(-1)r_4+r_3$，并提取 $-1$，得

$$D=-4\begin{vmatrix}1&0&1&2&3\\0&1&2&3&4\\0&0&1&3&4\\0&0&3&6&8\\0&0&9&16&24\end{vmatrix},$$

再将$(-3)r_3+r_4$，$(-9)r_3+r_5$，得

$$D=-4\begin{vmatrix}1&0&1&2&3\\0&1&2&3&4\\0&0&1&3&4\\0&0&0&-3&-4\\0&0&0&-11&-12\end{vmatrix},$$

第 4,5 行提取 $-1$，得

$$D=-4\begin{vmatrix}1&0&1&2&3\\0&1&2&3&4\\0&0&1&3&4\\0&0&0&3&4\\0&0&0&11&12\end{vmatrix},$$

交换第 4 列与第 5 列，最后$(-3)r_4+r_5$，得到

$$D=4\begin{vmatrix}1&0&1&3&2\\0&1&2&4&3\\0&0&1&4&3\\0&0&0&4&3\\0&0&0&12&11\end{vmatrix}=4\begin{vmatrix}1&0&1&3&2\\0&1&2&4&3\\0&0&1&4&3\\0&0&0&4&3\\0&0&0&0&2\end{vmatrix}=32.$$

注意　在以上的运算中，若结合行列式的展开，计算会更简单些．见【例 4】及【例 5】.

**【例 2】**　计算 $D_{n+1}=\begin{vmatrix}a_0&b_1&b_2&\cdots&b_n\\c_1&a_1&0&\cdots&0\\c_2&0&a_2&\cdots&0\\ \cdots&\cdots&\cdots&\cdots&\cdots\\c_n&0&0&\cdots&a_n\end{vmatrix}$，$a_i\neq0$，$i=1,2,\cdots,n$.

**【解析】**　从第 2 列开始，将行列式 $D_{n+1}$ 的第 $i$ 列（$i=2,3,\cdots,n+1$）的$\left(-\dfrac{c_{i-1}}{a_{i-1}}\right)$倍，分别加到第 1 列上，得

$$D_{n+1}=\begin{vmatrix}a_0-\sum\limits_{i=1}^{n}\dfrac{c_i}{a_i}b_i&b_1&b_2&\cdots&b_n\\0&a_1&0&\cdots&0\\0&0&a_2&\cdots&0\\ \cdots&\cdots&\cdots&\cdots&\cdots\\0&0&0&\cdots&a_n\end{vmatrix}=a_1a_2\cdots a_n\left(a_0-\sum_{i=1}^{n}\frac{c_i}{a_i}b_i\right).$$

**【例 3】**　计算 $D_n=\begin{vmatrix}1+a_1&1&1&\cdots&1\\1&1+a_2&1&\cdots&1\\1&1&1+a_3&\cdots&1\\ \cdots&\cdots&\cdots&\cdots&\cdots\\1&1&1&\cdots&1+a_n\end{vmatrix}$，其中 $a_i\neq0$，$i=1,2,\cdots,n$.

**【解析】**　由于行列式中有很多元素等于 1，所以先将第 1 行的（$-1$）倍加到各行上去，得到

$$D_n=\begin{vmatrix}1+a_1&1&1&\cdots&1\\-a_1&a_2&0&\cdots&0\\-a_1&0&a_3&\cdots&0\\ \cdots&\cdots&\cdots&\cdots&\cdots\\-a_1&0&0&\cdots&a_n\end{vmatrix}$$（可见这已经是与上例形状相同的行列式了），

从第 2 列开始，将行列式 $D_n$的第 $i$ 列（$i=2,3,\cdots,n$）的$\left(\dfrac{a_1}{a_i}\right)$倍，分别加到第 1 列上，得

$$D_n=\begin{vmatrix}1+a_1+\sum_{i=2}^{n}\frac{1}{a_i} & 1 & 1 & \cdots & 1\\ 0 & a_2 & 0 & \cdots & 0\\ 0 & 0 & a_3 & \cdots & 0\\ \cdots & \cdots & \cdots & \cdots & \cdots\\ 0 & 0 & 0 & \cdots & a_n\end{vmatrix}=a_2a_3\cdots a_n\left(1+a_1+\sum_{i=2}^{n}\frac{1}{a_i}\right)$$

$$=a_1a_2\cdots a_n\left(1+\sum_{i=1}^{n}\frac{1}{a_i}\right).$$

**2. 利用展开定理将行列式降阶**

通常先利用行列式的性质把原行列式的某一行（列）的元素尽可能多地化为零，使该行（列）不为零的元素只有一个或两个，然后再按该行（列）展开.

**【例 4】** 计算行列式 $D=\begin{vmatrix}1 & 0 & 2 & 5\\ -1 & 2 & 1 & 3\\ 2 & -1 & 0 & 1\\ 1 & 3 & 4 & 2\end{vmatrix}$.

**【解析】** 由“本章内容要点（四）行列式按行（列）展开定理”的推论 2 知，利用行列式的性质将行列式中的某一行（列）转换成只有一个非零元素后，再按展开定理计算就只需计算一个 3 阶行列式了．为此，分别进行 $(-2)c_1+c_3$ 和 $(-5)c_1+c_4$，然后按第 1 行展开，则得

$$D=\begin{vmatrix}1 & 0 & 0 & 0\\ -1 & 2 & 3 & 8\\ 2 & -1 & -4 & -9\\ 1 & 3 & 2 & -3\end{vmatrix}=1\cdot(-1)^{1+1}\begin{vmatrix}2 & 3 & 8\\ -1 & -4 & -9\\ 3 & 2 & -3\end{vmatrix},$$

对于这个 3 阶行列式，再进行 $2r_2+r_1$ 以及 $3r_2+r_3$，最后按第 1 列展开，变为计算一个 2 阶行列式，得到

$$D=\begin{vmatrix}2 & 3 & 8\\ -1 & -4 & -9\\ 3 & 2 & -3\end{vmatrix}=\begin{vmatrix}0 & -5 & -10\\ -1 & -4 & -9\\ 0 & -10 & -30\end{vmatrix}=(-1)\cdot(-1)^{2+1}\begin{vmatrix}-5 & -10\\ -10 & -30\end{vmatrix}=50.$$

**【例 5】** 利用展开定理将行列式降阶的方法计算【例 1】中 $D=\begin{vmatrix}0 & 1 & 2 & 3 & 4\\ 1 & 0 & 1 & 2 & 3\\ 2 & 1 & 0 & 1 & 2\\ 3 & 2 & 1 & 0 & 1\\ 4 & 3 & 2 & 1 & 0\end{vmatrix}$ 的值.

**【解析】** 先进行 $(-2)r_2+r_3$，$(-3)r_2+r_4$，$(-4)r_2+r_5$，得

$$D=\begin{vmatrix}0 & 1 & 2 & 3 & 4\\ 1 & 0 & 1 & 2 & 3\\ 0 & 1 & -2 & -3 & -4\\ 0 & 2 & -2 & -6 & -8\\ 0 & 3 & -2 & -7 & -12\end{vmatrix},$$

按 $a_{21}$ 展开，得
$$D=-\begin{vmatrix}1&2&3&4\\1&-2&-3&-4\\2&-2&-6&-8\\3&-2&-7&-12\end{vmatrix},$$

再进行 $r_1+r_2$，得
$$D=-\begin{vmatrix}1&2&3&4\\2&0&0&0\\2&-2&-6&-8\\3&-2&-7&-12\end{vmatrix},$$

按 $a_{21}$ 展开，得
$$D=2\begin{vmatrix}2&3&4\\-2&-6&-8\\-2&-7&-12\end{vmatrix},$$

再由 $r_1+r_2$，$r_1+r_3$，得
$$D=2\begin{vmatrix}2&3&4\\0&-3&-4\\0&-4&-8\end{vmatrix},$$

按 $a_{11}$ 展开，得 $D=4\begin{vmatrix}-3&-4\\-4&-8\end{vmatrix}=4\cdot(24-16)=32.$

注意　(1) 由此题可见，结合行列式性质与展开定理来计算行列式是比较方便的.

(2) 一般由数字组成的行列式的计算，都是采用选定某一行（列），把此行（列）元素中除去某一元素外的其他元素用行列式的性质都化为零，再用行列式按行（或列）展开定理，降低行列式的阶数，进行计算．通常选定的行（列）都是选取含零元素较多的行（或列），且不为零的元素最好是 1 或 −1.

**【例 6】** 计算行列式 $D=\begin{vmatrix}0&a&b&a\\a&0&a&b\\b&a&0&a\\a&b&a&0\end{vmatrix}$ 的值.

**【解析】** 注意到每一行、每一列中都有两个 $a$，所以 $(-1)r_1+r_3$ 就可得到第 3 行中有两个元素等于零．此时，
$$D=\begin{vmatrix}0&a&b&a\\a&0&a&b\\b&0&-b&0\\a&b&a&0\end{vmatrix},$$

再按第 3 行（或第 2、或第 4 列）展开，即可得到
$$D=b\cdot(-1)^{3+1}\begin{vmatrix}a&b&a\\0&a&b\\b&a&0\end{vmatrix}+(-b)\cdot(-1)^{3+3}\begin{vmatrix}0&a&a\\a&0&b\\a&b&0\end{vmatrix},$$

对这两个 3 阶行列式再分别展开，有
$$\begin{vmatrix}a&b&a\\0&a&b\\b&a&0\end{vmatrix}=a\cdot\begin{vmatrix}a&a\\b&0\end{vmatrix}+b\cdot(-1)^{3+2}\begin{vmatrix}a&b\\b&a\end{vmatrix}=-a^2b-b(a^2-b^2)=-2a^2b+b^3$$

（此处是按第 2 行展开的，当然也可以按其他行列展开，只是最好不按第 1 行或第 2 列来展开）.

$$\begin{vmatrix}0&a&a\\a&0&b\\a&b&0\end{vmatrix}=a^2\begin{vmatrix}0&1&1\\1&0&b\\1&b&0\end{vmatrix}=a^2\begin{vmatrix}0&1&1\\1&0&b\\0&b&-b\end{vmatrix}=a^2\cdot(-1)^{2+1}\begin{vmatrix}1&1\\b&-b\end{vmatrix}=2a^2b.$$

所以，$D=b\cdot(-2a^2b+b^3)+(-b)\cdot 2a^2b=b^4-4a^2b^2$.

注意　此题也可以用本节中计算题的【例 12】的方法来计算. 读者不妨试做一下.

对于由字母组成的行列式的计算，采用选定某一行（列），把此行（列）元素中除去某一元素外的其他元素用行列式的性质都化为零的方法，可能有一定的困难，但只要使得行列式中某一行（列）含有尽量多的零元素后，再按行（或列）展开定理进行计算就会方便些.

**3. 利用递推公式或数学归纳法计算行列式**

**【例 7】** 计算 $D_n=\begin{vmatrix}x&-1&0&\cdots&0&0\\0&x&-1&\cdots&0&0\\ \cdots&\cdots&\cdots&\cdots&\cdots&\cdots\\0&0&0&\cdots&x&-1\\a_n&a_{n-1}&a_{n-2}&\cdots&a_2&a_1\end{vmatrix}$.

**【解析】** 直接按第 1 列展开可得递推公式，计算如下

$$D_n=xD_{n-1}+a_n(-1)^{n+1}\begin{vmatrix}-1&0&\cdots&0\\x&-1&\cdots&0\\ \cdots&\cdots&\ddots&\cdots\\0&0&\cdots&-1\end{vmatrix}_{(n-1)\times(n-1)}$$

$$=xD_{n-1}+a_n=x(xD_{n-2}+a_{n-1})+a_n$$

$$=x^2D_{n-2}+a_{n-1}x+a_n=\cdots=x^{n-2}D_2+a_3x^{n-3}+\cdots+a_{n-1}x+a_n,$$

而 $D_2=\begin{vmatrix}x&-1\\a_2&a_1\end{vmatrix}=a_1x+a_2$，所以原行列式为

$$D_n=a_1x^{n-1}+a_2x^{n-2}+a_3x^{n-3}+\cdots+a_{n-1}x+a_n.$$

**【例 8】** 计算 5 阶行列式 $D_5=\begin{vmatrix}1-a&a&0&0&0\\-1&1-a&a&0&0\\0&-1&1-a&a&0\\0&0&-1&1-a&a\\0&0&0&-1&1-a\end{vmatrix}$.

**【解析】** 按第 1 行展开得

$$D_5=(1-a)D_4+a(-1)^{1+2}\begin{vmatrix}-1&a&0&0\\0&1-a&a&0\\0&-1&1-a&a\\0&0&-1&1-a\end{vmatrix}=(1-a)D_4+aD_3,$$

$$D_4=(1-a)D_3+aD_2,\quad D_3=(1-a)D_2+aD_1,$$

又　$D_2=\begin{vmatrix}1-a&a\\-1&1-a\end{vmatrix}=(1-a)^2+a,\quad D_1=1-a,$

所以

$$D_5=(1-a)[(1-a)D_3+aD_2]+a[(1-a)D_2+aD_1]=\cdots=(1-a)^3(1-a+a^2).$$

注意　有时利用数学归纳法计算或证明行列式可能更方便．见下例．

**【例 9】** 计算 $n$ 阶行列式 $D_n=\begin{vmatrix}2&1&0&\cdots&0&0\\1&2&1&\cdots&0&0\\0&1&2&\cdots&0&0\\\cdots&\cdots&\cdots&\cdots&\cdots&\cdots\\0&0&0&\cdots&2&1\\0&0&0&\cdots&1&2\end{vmatrix}$.

**【解析】** 当 $n=2$ 时，　　$D_2=\begin{vmatrix}2&1\\1&2\end{vmatrix}=3=2+1$,

假设当 $n=k-1$ 时，$D_{k-1}=k-1+1$，$D_k=k+1$，则

$$D_{k+1}=\begin{vmatrix}2&1&0&\cdots&0&0\\1&2&1&\cdots&0&0\\0&1&2&\cdots&0&0\\\cdots&\cdots&\cdots&\cdots&\cdots&\cdots\\0&0&0&\cdots&2&1\\0&0&0&\cdots&1&2\end{vmatrix}=2D_k+1\cdot(-1)^{2+1}\begin{vmatrix}1&1&0&\cdots&0\\0&2&1&\cdots&0\\0&1&2&\cdots&0\\\cdots&\cdots&\cdots&\cdots&\cdots\\0&0&0&\cdots&2\end{vmatrix}$$

$$=2D_k-D_{k-1}=2(k+1)-k=k+1+1,$$

所以，$D_n=n+1$.

注意　上式中的第 2 个行列式按第 1 列展开即得 $D_{k-1}$.

**4. 利用范德蒙行列式计算行列式**

**【例 10】** 求行列式 $\begin{vmatrix}1&1&1\\x_1^2&x_2^2&x_3^2\\x_1^3&x_2^3&x_3^3\end{vmatrix}$ 的值.

**【解析】** 这个行列式与范德蒙行列式很接近，但它缺少一次项，为此构造一个范德蒙行列式如下．并由范德蒙行列式的结论知

$$D=\begin{vmatrix}1&1&1&1\\x_1&x_2&x_3&y\\x_1^2&x_2^2&x_3^2&y^2\\x_1^3&x_2^3&x_3^3&y^3\end{vmatrix}=(y-x_1)(y-x_2)(y-x_3)\prod_{1\leqslant j<i\leqslant 3}(x_i-x_j).$$

同时注意到，行列式 $D$ 按第 4 列展开时，有 $D=A_{14}+yA_{24}+y^2A_{34}+y^3A_{44}$，而所求行列式正是 $A_{24}$ 或者是 $M_{24}$，所以在行列式 $D$ 的值中取 $y$ 的一次方的系数即为所求行列式的值，显然有 $y$ 的一次方的系数为 $(x_2x_3+x_1x_3+x_1+x_2)\prod\limits_{1\leqslant j<i\leqslant 3}(x_i-x_j)$，所以得

$$\begin{vmatrix}1&1&1\\x_1^2&x_2^2&x_3^2\\x_1^3&x_2^3&x_3^3\end{vmatrix}=(x_2x_3+x_1x_3+x_1+x_2)\prod_{1\leqslant j<i\leqslant 3}(x_i-x_j).$$

【例 11】 计算 $n+1$ 阶行列式

$$D_{n+1}=\begin{vmatrix} a_1^n & a_1^{n-1}b_1 & a_1^{n-2}b_1^2 & \cdots & a_1b_1^{n-1} & b_1^n \\ a_2^n & a_2^{n-1}b_2 & a_2^{n-2}b_2^2 & \cdots & a_2b_2^{n-1} & b_2^n \\ \cdots & \cdots & \cdots & \cdots & \cdots & \cdots \\ a_n^n & a_n^{n-1}b_n & a_n^{n-2}b_n^2 & \cdots & a_nb_n^{n-1} & b_n^n \\ a_{n+1}^n & a_{n+1}^{n-1}b_{n+1} & a_{n+1}^{n-2}b_{n+1}^2 & \cdots & a_{n+1}b_{n+1}^{n-1} & b_{n+1}^n \end{vmatrix}$$ 的值.

【解析】 考察此行列式. 可见每行元素按 $a_i$ 的降幂和 $b_i$ 的升幂排列，若对 $i=1,2,\cdots,n+1$，有 $a_i=1$ 或 $b_i=1$，则此行列式就是一个 $n+1$ 阶的范德蒙行列式. 在此显然对 $i=1,2,\cdots,n+1$，$a_i\neq0$ 且 $b_i\neq0$，否则行列式为零. 为此，我们分别从第 $i$ 行提取因子 $a_i^n$ （$i=1,2,\cdots,n+1$），则行列式变为

$$D_{n+1}=a_1^na_2^n\cdots a_{n+1}^n\begin{vmatrix} 1 & \frac{b_1}{a_1} & \left(\frac{b_1}{a_1}\right)^2 & \cdots & \left(\frac{b_1}{a_1}\right)^{n-1} & \left(\frac{b_1}{a_1}\right)^n \\ 1 & \frac{b_2}{a_2} & \left(\frac{b_2}{a_2}\right)^2 & \cdots & \left(\frac{b_2}{a_2}\right)^{n-1} & \left(\frac{b_2}{a_2}\right)^n \\ \cdots & \cdots & \cdots & \cdots & \cdots & \cdots \\ 1 & \frac{b_n}{a_n} & \left(\frac{b_n}{a_n}\right)^2 & \cdots & \left(\frac{b_n}{a_n}\right)^{n-1} & \left(\frac{b_n}{a_n}\right)^n \\ 1 & \frac{b_{n+1}}{a_{n+1}} & \left(\frac{b_{n+1}}{a_{n+1}}\right)^2 & \cdots & \left(\frac{b_{n+1}}{a_{n+1}}\right)^{n-1} & \left(\frac{b_{n+1}}{a_{n+1}}\right)^n \end{vmatrix}.$$

由范德蒙行列式的结论，得

$$D_{n+1}=\prod_{i=1}^{n+1}a_i^n\prod_{1\leqslant j<i\leqslant n+1}\left(\frac{b_i}{a_i}-\frac{b_j}{a_j}\right)=\prod_{1\leqslant j<i\leqslant n+1}(b_ia_j-b_ja_i).$$

**5. 利用行列式的特性计算行列式**

【例 12】 计算 $n$ 阶行列式 $D_n=\begin{vmatrix} a & b & \cdots & b \\ b & a & \cdots & b \\ \cdots & \cdots & \cdots & \cdots \\ b & b & \cdots & a \end{vmatrix}$.

【解析】 此行列式的特点是，主对角线上的元素全为 $a$，其他元素全为 $b$，每一行（列）中有一个 $a$，有 $n-1$ 个 $b$. 这种行列式的简单计算方法是，将各列都加到第 1 列上，然后第 1 列提取公因子 $a+(n-1)b$ 后，再将第 1 行的 $-1$ 倍加到第 $1,2,\cdots,n$ 行上去，得到

$$D_n=\begin{vmatrix} a & b & \cdots & b \\ b & a & \cdots & b \\ \cdots & \cdots & \cdots & \cdots \\ b & b & \cdots & a \end{vmatrix}=[a+(n-1)b]\begin{vmatrix} 1 & b & \cdots & b \\ 1 & a & \cdots & b \\ \cdots & \cdots & \cdots & \cdots \\ 1 & b & \cdots & a \end{vmatrix}$$

$$=[a+(n-1)b]\begin{vmatrix} 1 & b & \cdots & b \\ 0 & a-b & \cdots & 0 \\ \cdots & \cdots & \cdots & 0 \\ 0 & 0 & 0 & a-b \end{vmatrix}=[a+(n-1)b](a-b)^{n-1}.$$

注意 具有这种特点的行列式可以有很多种解法，但这种解法是最简单的方法. 同时希望读者牢记此种行列式，原因是 20 多年的考研题中，涉及此种行列式的题型有 10 次之多.

**6. 利用加边方法计算行列式**

【例 13】 计算 $n$ 阶行列式 $D_n=\begin{vmatrix} x_1+a_1 & a_2 & \cdots & a_n \\ a_1 & x_2+a_2 & \cdots & a_n \\ \cdots & \cdots & \cdots & \cdots \\ a_1 & a_2 & \cdots & x_n+a_n \end{vmatrix}$，

其中 $x_i\neq 0$，$i=1,2,\cdots,n$.

【解析】 此题与本节计算题的【例 3】相似，可以用【例 3】的方法求解．这里我们介绍一种加边的方法，即考虑一个 $n+1$ 阶行列式的计算问题，从而得到所求 $n$ 阶行列式 $D_n$ 的值.

考虑 $n+1$ 阶行列式

$$D_{n+1}=\begin{vmatrix} 1 & a_1 & a_2 & \cdots & a_n \\ 0 & x_1+a_1 & a_2 & \cdots & a_n \\ 0 & a_1 & x_2+a_2 & \cdots & a_n \\ \cdots & \cdots & \cdots & \cdots & \cdots \\ 0 & a_1 & a_2 & \cdots & x_n+a_n \end{vmatrix},$$

显然有 $D_n=D_{n+1}$.

为此计算 $D_{n+1}$. 将第 1 行的 $-1$ 倍加到第 $2,3,\cdots,n+1$ 行上去，再从第 2 列开始，将第 $j$ 列（$j=2,3,\cdots,n+1$）的 $\frac{1}{x_{j-1}}$ 倍都加到第 1 列上，得到

$$D_{n+1}=\begin{vmatrix} 1 & a_1 & a_2 & \cdots & a_n \\ -1 & x_1 & 0 & \cdots & 0 \\ -1 & 0 & x_2 & \cdots & 0 \\ \cdots & \cdots & \cdots & \cdots & \cdots \\ -1 & 0 & 0 & \cdots & x_n \end{vmatrix}=\begin{vmatrix} 1+\sum\limits_{j=1}^{n}\frac{a_j}{x_j} & a_1 & a_2 & \cdots & a_n \\ 0 & x_1 & 0 & \cdots & 0 \\ 0 & 0 & x_2 & \cdots & 0 \\ \cdots & \cdots & \cdots & \cdots & \cdots \\ 0 & 0 & 0 & \cdots & x_n \end{vmatrix}$$

$$=\prod_{i=1}^{n}x_i\left(1+\sum_{j=1}^{n}\frac{a_j}{x_j}\right).$$

以上就常用的几种方法进行了一一列举，随着学习内容的增加，还会有更多的求行列式的方法.

**7. 一题多解题**

【例 14】 计算 $D_n=\begin{vmatrix} x & -1 & 0 & \cdots & 0 & 0 \\ 0 & x & -1 & \cdots & 0 & 0 \\ \cdots & \cdots & \cdots & \cdots & \cdots & \cdots \\ 0 & 0 & 0 & \cdots & x & -1 \\ a_n & a_{n-1} & a_{n-2} & \cdots & a_2 & a_1+x \end{vmatrix}$.

【解析】 方法一 此题与本节计算题的【例 7】基本一样，所以直接按第 1 列展开可得递推公式，计算如下

$$D_n = xD_{n-1} + a_n \cdot (-1)^{n+1} \begin{vmatrix} -1 & 0 & 0 & \cdots & 0 \\ x & -1 & 0 & \cdots & 0 \\ 0 & x & -1 & \cdots & 0 \\ \cdots & \cdots & \cdots & \cdots & \cdots \\ 0 & 0 & 0 & \cdots & -1 \end{vmatrix} = xD_{n-1} + a_n,$$

由递推公式得到，$D_n = x^n + a_1 x^{n-1} + a_2 x^{n-2} + a_3 x^{n-3} + \cdots + a_{n-1}x + a_n$.

方法二　用数学归纳法证明．当 $n=2$ 时，$D_2 = \begin{vmatrix} x & -1 \\ a_2 & x+a_1 \end{vmatrix} = x^2 + a_1 x + a_2$，

假设对于$(n-1)$阶行列式有，$D_{n-1} = x^{n-1} + a_1 x^{n-2} + \cdots + a_{n-2}x + a_{n-1}$，　$D_n$按第 1 列展开得

$$D_n = xD_{n-1} + a_n(-1)^{n+1} \begin{vmatrix} -1 & 0 & \cdots & 0 & 0 \\ x & -1 & \cdots & 0 & 0 \\ \cdots & \cdots & \cdots & \cdots & \cdots \\ 0 & 0 & \cdots & x & -1 \end{vmatrix} = xD_{n-1} + a_n,$$

$D_{n-1}$代入得，$D_n = x^n + a_1 x^{n-1} + a_2 x^{n-2} + a_3 x^{n-3} + \cdots + a_{n-1}x + a_n$.

方法三　从第 2 列开始，第 $j$ 列乘以 $x^{j-1}$ （$j=2,3,\cdots,n$）都加到第 1 列上，并记 $a_{n1}$ 位置元素为 $\Delta$，然后按第 1 列展开，得到

$$D_n = \begin{vmatrix} 0 & -1 & 0 & \cdots & 0 & 0 \\ 0 & x & -1 & \cdots & 0 & 0 \\ \cdots & \cdots & \cdots & \cdots & \cdots & \cdots \\ 0 & 0 & 0 & \cdots & x & -1 \\ \Delta & a_{n-1} & a_{n-2} & \cdots & a_2 & a_1+x \end{vmatrix} = \Delta \cdot (-1)^{n+1} \begin{vmatrix} -1 & 0 & \cdots & 0 & 0 \\ x & -1 & \cdots & 0 & 0 \\ \cdots & \cdots & \cdots & \cdots & \cdots \\ 0 & 0 & \cdots & x & -1 \end{vmatrix} = \Delta.$$

其中，$\Delta = x^n + a_1 x^{n-1} + a_2 x^{n-2} + a_3 x^{n-3} + \cdots + a_{n-1}x + a_n$.

方法四　按第 $n$ 行展开

$$D_n = a_n(-1)^{n+1} \begin{vmatrix} -1 & 0 & \cdots & 0 & 0 \\ x & -1 & \cdots & 0 & 0 \\ \cdots & \cdots & \cdots & \cdots & \cdots \\ 0 & 0 & \cdots & x & -1 \end{vmatrix} + a_{n-1}(-1)^{n+2} \begin{vmatrix} x & 0 & \cdots & 0 & 0 \\ 0 & -1 & \cdots & 0 & 0 \\ 0 & x & \cdots & 0 & 0 \\ \cdots & \cdots & \cdots & \cdots & \cdots \\ 0 & 0 & 0 & x & -1 \end{vmatrix} + \cdots +$$

$$(x+a_1)(-1)^{n+n} \begin{vmatrix} x & -1 & 0 & \cdots & 0 \\ 0 & x & -1 & \cdots & 0 \\ 0 & 0 & x & \cdots & 0 \\ \cdots & \cdots & \cdots & \cdots & \cdots \\ 0 & 0 & 0 & 0 & x \end{vmatrix}$$

$$= x^n + a_1 x^{n-1} + a_2 x^{n-2} + a_3 x^{n-3} + \cdots + a_{n-1}x + a_n.$$

## （四）证明题与杂例

**【例 1】** 设 $D = \begin{vmatrix} 1 & 5 & 7 & 8 \\ 1 & 1 & 1 & 1 \\ 2 & 0 & 3 & 6 \\ 1 & 2 & 3 & 4 \end{vmatrix}$，求 $A_{41} + A_{42} + A_{43} + A_{44}$，其中 $A_{4j}$ 为元素 $a_{4j}$ （$j=1,2,$

3,4）的代数余子式.

**【解析】** 由于第 $i$ 行的代数余子式与第 $i$ 行的元素无关，而行列式 $\begin{vmatrix} 1 & 5 & 7 & 8 \\ 1 & 1 & 1 & 1 \\ 2 & 0 & 3 & 6 \\ 1 & 1 & 1 & 1 \end{vmatrix}$ 按第 4 行展开，即为

$$\begin{vmatrix} 1 & 5 & 7 & 8 \\ 1 & 1 & 1 & 1 \\ 2 & 0 & 3 & 6 \\ 1 & 1 & 1 & 1 \end{vmatrix}=A_{41}+A_{42}+A_{43}+A_{44}，所以 A_{41}+A_{42}+A_{43}+A_{44}=0.$$

注意 (1) 一般求代数余子式或求余子式的代数和都考虑用构造一个新的行列式的方法. 如果按定义去计算的话，很容易出错.

(2) 作为习题请读者考虑，若对以上给出的 4 阶行列式，需计算 $A_{41}+A_{42}$ 或 $A_{43}-2A_{44}$ 时，需构造一个怎样的行列式?

**【例 2】** (2001 年考研题) 设 $D=\begin{vmatrix} 3 & 0 & 4 & 0 \\ 2 & 2 & 2 & 2 \\ 0 & -7 & 0 & 0 \\ 5 & 3 & -2 & 2 \end{vmatrix}$，求第 4 行各余子式之和.

**【解析】** 这是求 $M_{41}+M_{42}+M_{43}+M_{44}$ 的问题. 同样由于第 $i$ 行的代数余子式（或余子式）与第 $i$ 行的元素无关，又 $A_{ij}=(-1)^{i+j}M_{ij}$，或 $M_{ij}=(-1)^{i+j}A_{ij}$，所以

$$\begin{aligned} M_{41}+M_{42}+M_{43}+M_{44} &= (-1)^{4+1}A_{41}+(-1)^{4+2}A_{42}+(-1)^{4+3}A_{43}+(-1)^{4+4}A_{44} \\ &= -1\cdot A_{41}+1\cdot A_{42}+(-1)\cdot A_{43}+1\cdot A_{44} \\ &= \begin{vmatrix} 3 & 0 & 4 & 0 \\ 2 & 2 & 2 & 2 \\ 0 & -7 & 0 & 0 \\ -1 & 1 & -1 & 1 \end{vmatrix} = -7\cdot(-1)^{3+2}\begin{vmatrix} 3 & 4 & 0 \\ 2 & 2 & 2 \\ -1 & -1 & 1 \end{vmatrix} \\ &= 14\begin{vmatrix} 3 & 4 & 0 \\ 1 & 1 & 1 \\ -1 & -1 & 1 \end{vmatrix} = -28. \end{aligned}$$

**【例 3】** 证明元素为 0,1 的 3 阶行列式的值只能是 $0,\pm1,\pm2$.

**【证明】** 设 $D=\begin{vmatrix} a_{11} & a_{12} & a_{13} \\ a_{21} & a_{22} & a_{23} \\ a_{31} & a_{32} & a_{33} \end{vmatrix}$，$a_{ij}$ 取 0 或 1. 若 $D$ 的第 1 列元素全为零，则 $D=0$. 结论成立. 否则第 1 列至少有一个非零元素，不妨设 $a_{11}=1$，当 $a_{21}$ 或 $a_{31}$ 不为零时，可用行列式性质化为

$$D=\begin{vmatrix}1 & a_{12} & a_{13}\\0 & b_{22} & b_{23}\\0 & b_{32} & b_{33}\end{vmatrix}=b_{22}b_{33}-b_{23}b_{32},$$

其中，要么 $b_{ij}=a_{ij}$，要么 $b_{ij}=a_{ij}-a_{1j}$，所以 $|b_{ij}|\leqslant 1$.

故 $|D|\leqslant 2$. 同时由于整数运算不可能出现分数，所以结论成立.

**【例 4】** 设 $f(x)=\begin{vmatrix}1 & x-1 & 2x-1\\1 & x-2 & 3x-2\\1 & x-3 & 4x-3\end{vmatrix}$，证明至少存在一点 $\xi\in(0,1)$，使 $f'(\xi)=0$.

**【证明】** $f(x)$是一个二次多项式，显然 $f(x)$是一个在$[0,1]$上连续且可导的函数. 由罗尔定理知，只需验证 $f(0)=f(1)$即可. 由于

$$f(0)=\begin{vmatrix}1 & -1 & -1\\1 & -2 & -2\\1 & -3 & -3\end{vmatrix}=0,\quad f(1)=\begin{vmatrix}1 & 0 & 1\\1 & -1 & 1\\1 & -2 & 1\end{vmatrix}=0,$$

由高等数学中的罗尔定理知，结论成立.

**【例 5】** 已知 4 阶行列式 $D$ 中的第 1 行元素分别为 $1,2,0,-4$，第 3 行元素的余子式依次为 $6,x,19,2$，试求 $x$ 的值.

**【解析】** 由“本章内容要点(四)行列式展开定理”的推论 1 知，

$$\begin{aligned}0&=a_{11}A_{31}+a_{12}A_{32}+a_{13}A_{33}+a_{14}A_{34}\\&=a_{11}M_{31}+a_{12}(-1)^5M_{32}+a_{13}M_{33}+a_{14}(-1)^7M_{34}\\&=1\cdot 6+2\cdot(-1)x+0\cdot 19+(-4)\cdot(-1)\cdot 2=14-2x.\end{aligned}$$

故 $x=7$.

**【例 6】** $D_n=\begin{vmatrix}a & b & 0 & 0\\0 & a & b & 0\\ & \cdots\cdots & & \\b & 0 & 0 & a\end{vmatrix}=$________.

**【解析】** 按第 1 列展开，得

$$\begin{aligned}D_n&=a\cdot\begin{vmatrix}a & b & 0 & 0\\0 & a & b & 0\\ & \cdots\cdots & & \\0 & 0 & 0 & a\end{vmatrix}_{(n-1)\times(n-1)}+b(-1)^{n+1}\begin{vmatrix}b & 0 & 0 & 0\\a & b & 0 & 0\\ & \cdots\cdots & & \\0 & 0 & a & b\end{vmatrix}_{(n-1)\times(n-1)}\\&=a^n+(-1)^{n+1}b^n.\end{aligned}$$

## 三、疑难解析

(1) 计算 $n$ 元排列的逆序数通常有下面两种方法.

一是分别算出排在 $1,2,\cdots,n$ 前面比它大的数的个数之和. 即逐一算出 $1,2,\cdots,n$ 这 $n$ 个元素逆序数，这 $n$ 个元素的逆序数之总和即为所求 $n$ 元排列的逆序数.

二是从左边起，分别算出排列中每个元素后面比它小的数的个数之和. 即算出排列中每个元素的产生的逆序数，这每个元素产生的逆序数之总和即为所求 $n$ 元排列的逆序数.

(2) $n$（$n\geqslant 4$）阶行列式不能按计算 2 阶、3 阶行列式时按对角线法则的方法计算.

计算 2 阶、3 阶行列式时按对角线法则的方法来计算，完全符合 $n$ 阶行列式的定义，而 $n$（$n\geqslant 4$）阶行列式的计算就不能再按此方法计算了. 因为它不符合 $n$ 阶行列式的定义. 比

如，对于4阶行列式，如果按对角线法则的方法来计算，则只能写出8项之和，这显然是错误的．因为按照行列式的定义可知，4阶行列式一共有4！=24项的代数和．并且按对角线做出的项的符号也不一定正确．

（3）计算行列式常用的方法

① 对于2阶、3阶行列式，常用对角线法则来计算；

② 对于零元素较多的行列式可考虑用行列式的定义计算；

③ 利用行列式的性质计算行列式；

④ 利用行列式按某一行（列）展开定理计算 $n$ 阶行列式；

⑤ 利用数学归纳法计算行列式；

⑥ 利用递推公式计算 $n$ 阶行列式；

⑦ 利用范德蒙行列式的结论计算特殊的行列式；

⑧ 利用加边法计算行列式；

⑨ 化三角形法计算 $n$ 阶行列式；

⑩ 综合运用以上各种方法来计算行列式．

（4）计算行列式的基本原则

① 运用行列式性质把行列式的某一行（列）尽可能化简，使得这一行只剩下一个或很少几个不为零的元素，然后按该行（列）用展开定理计算（化零降阶法）；

② 运用行列式性质把行列式化成上述特殊行列式或自己熟悉的行列式类型，然后得到结果；

③ 把 $n$ 阶行列式运用行列式性质得到递推公式，来求解．

（5）计算行列式时常采用的一些基本方法

① 某一行（列）乘以某一数加到另一行（列）上去，或某一行（列）乘以某一数加到其余各行（列）上去；

② 第 $n-1$ 行（列）乘某一数后加到第 $n$ 行（列）上，之后再从第 $n-2$ 行（列）乘数加到第 $n-1$ 行（列）上，继续下去，直到满足需要为止；

③ 若干行（列）都加到某一行（列）上去、或者各行（列）全加到某一行（列）上去；

④ 利用行列式性质把行列式某一行（列）或按某几行（列）或按 $n$ 行（列）拆开计算（称为拆行列法）．

（6）为什么说在一个 $n$ 阶行列式 $D$ 中等于零的元素如果多于 $n^2-n$ 个，那么 $D=0$ 呢？

由 $n$ 阶行列式定义知，$D$ 的 $n$！项之和中每一项都是 $n$ 个元素的乘积，当 $n$ 阶行列式 $D$ 中等于零的元素如果多于 $n^2-n$ 个时，非零元素就少于 $n$ 个，即每一项中至少有一个元素为零，所以这 $n$！项项全等于零，由 $n$ 阶行列式定义知，$D=0$．

（7）如果 $n$ 阶行列式 $D$ 是 $x$ 的函数，即 $D(x)=\begin{vmatrix} a_{11}(x) & a_{12}(x) & \cdots & a_{1n}(x) \\ a_{21}(x) & a_{22}(x) & \cdots & a_{2n}(x) \\ \cdots & \cdots & \cdots & \cdots \\ a_{n1}(x) & a_{n2}(x) & & a_{nn}(x) \end{vmatrix}$，则 $D(x)$ 的导数 $D'(x)$ 如何计算？

这还需根据 $n$ 阶行列式的定义来考虑，因为

$$D'(x)=\frac{\mathrm{d}}{\mathrm{d}x}\sum_{(j_1j_2\cdots j_n)}(-1)^{\tau(j_1j_2\cdots j_n)}a_{1j_1}(x)a_{2j_2}(x)\cdots a_{nj_n}(x).$$

所以 $D'(x)$ 实际是对 $D(x)$ 的每一行（列）逐次求导后所得 $n$ 个行列式之和．即

$$D'(x)=\sum_{i=1}^{n}\begin{vmatrix} a_{11}(x) & a_{12}(x) & \cdots & a_{1n}(x) \\ \cdots & \cdots & \cdots & \cdots \\ a'_{i1}(x) & a'_{i2}(x) & \cdots & a'_{in}(x) \\ \cdots & \cdots & \cdots & \cdots \\ a_{n1}(x) & a_{n2}(x) & \cdots & a_{nn}(x) \end{vmatrix}=\sum_{j=1}^{n}\begin{vmatrix} a_{11}(x) & \cdots & a'_{1j}(x) & \cdots & a_{1n}(x) \\ a_{21}(x) & \cdots & a'_{2j}(x) & \cdots & a_{2n}(x) \\ \cdots & \cdots & \cdots & \cdots & \cdots \\ a_{n1}(x) & \cdots & a'_{nj}(x) & \cdots & a_{nn}(x) \end{vmatrix}.$$

# 四、强化练习题

☆ **A 题** ☆

## （一）填空题

1. 在 5 阶行列式中，项 $a_{12}a_{31}a_{54}a_{43}a_{25}$ 的符号为________.

2. 4 阶行列式中，带有负号且包含因子 $a_{23}a_{31}$ 的项为________.

3. 函数 $f(x)=\begin{vmatrix} x & x & 1 & 0 \\ 1 & x & 2 & 3 \\ 2 & 3 & x & 2 \\ 1 & 1 & 2 & x \end{vmatrix}$ 中，$x^3$ 的系数是________.

4. 设 $\begin{vmatrix} a_{11} & a_{12} & \cdots & a_{1n} \\ a_{21} & a_{22} & \cdots & a_{2n} \\ \cdots & \cdots & \cdots & \cdots \\ a_{n1} & a_{n2} & \cdots & a_{nn} \end{vmatrix}=D$，则 $\begin{vmatrix} -a_{11} & -a_{12} & \cdots & -a_{1n} \\ -a_{21} & -a_{22} & \cdots & -a_{2n} \\ \cdots & \cdots & \cdots & \cdots \\ -a_{n1} & -a_{n2} & \cdots & -a_{nn} \end{vmatrix}=$________ $D$.

5. 行列式 $\begin{vmatrix} -3 & 0 & 4 \\ 5 & 0 & 3 \\ 2 & -2 & 1 \end{vmatrix}$ 中，元素 2 的代数余子式为________.

## （二）选择题

1. 在 5 阶行列式中，若项 $a_{1i}a_{23}a_{35}a_{5j}a_{44}$ 的符号为正，则 $i,j$ 的值分别为________.

（A）$i=1,j=3$　　（B）$i=2,j=3$　　（C）$i=1,j=2$　　（D）$i=2,j=1$

2. 在 5 阶行列式中，符号为正的项是________.

（A）$a_{13}a_{24}a_{32}a_{41}a_{55}$　　（B）$a_{21}a_{32}a_{41}a_{15}a_{54}$

（C）$a_{31}a_{25}a_{43}a_{14}a_{52}$　　（D）$a_{15}a_{31}a_{22}a_{44}a_{53}$

3. 已知 $\begin{vmatrix} a_{11} & a_{12} & a_{13} \\ a_{21} & a_{22} & a_{23} \\ a_{31} & a_{32} & a_{33} \end{vmatrix}=3$，则 $\begin{vmatrix} 2a_{11} & -3a_{31}+5a_{21} & a_{21} \\ 2a_{12} & -3a_{32}+5a_{22} & a_{22} \\ 2a_{13} & -3a_{33}+5a_{23} & a_{23} \end{vmatrix}=$________.

（A）$-18$　　（B）18　　（C）$-9$　　（D）27

4. 行列式 $\begin{vmatrix} 0 & 0 & 0 & a_1 \\ a_2 & 0 & 0 & 0 \\ 0 & a_3 & 0 & 0 \\ 0 & 0 & a_4 & 0 \end{vmatrix}=$________.

（A）0　　（B）$a_1a_2a_3a_4$　　（C）$-a_1a_2a_3a_4$　　（D）$\pm a_1a_2a_3a_4$

5. 与3阶行列式 $\begin{vmatrix} a_{11} & a_{12} & a_{13} \\ a_{21} & a_{22} & a_{23} \\ a_{31} & a_{32} & a_{33} \end{vmatrix}$ 等值的行列式为________.

(A) $\begin{vmatrix} a_{13} & a_{12} & a_{11} \\ a_{23} & a_{22} & a_{21} \\ a_{33} & a_{32} & a_{31} \end{vmatrix}$　　(B) $\begin{vmatrix} a_{11} & a_{12} & a_{13} \\ a_{31} & a_{32} & a_{33} \\ a_{21} & a_{22} & a_{23} \end{vmatrix}$

(C) $\begin{vmatrix} a_{11} & a_{21} & a_{31} \\ a_{12} & a_{22} & a_{32} \\ a_{13} & a_{23} & a_{33} \end{vmatrix}$　　(D) $\begin{vmatrix} a_{13} & a_{11} & -a_{12} \\ a_{23} & a_{21} & -a_{22} \\ a_{33} & a_{31} & -a_{32} \end{vmatrix}$

**(三) 计算下列行列式**

1. $\begin{vmatrix} 1 & 1 & 1 & 1 \\ 1 & -1 & 1 & 1 \\ 1 & 1 & -1 & 1 \\ 1 & 1 & 1 & -1 \end{vmatrix}$；　　2. $\begin{vmatrix} 1 & 2 & 0 & 0 \\ -1 & 3 & 0 & 0 \\ 0 & 0 & 2 & 1 \\ 0 & 0 & -3 & 1 \end{vmatrix}$；

3. $\begin{vmatrix} 0 & 0 & 1 & 2 \\ 0 & 0 & -1 & 3 \\ 2 & 1 & 2 & 1 \\ -3 & 1 & 2 & 4 \end{vmatrix}$；　　4. $\begin{vmatrix} 1 & 2 & 0 & 1 \\ 1 & 3 & 5 & 6 \\ 0 & 1 & 5 & 6 \\ 1 & 2 & 3 & 4 \end{vmatrix}$；

5. $\begin{vmatrix} 1 & c & -b \\ -c & 1 & a \\ b & -a & 1 \end{vmatrix}$；　　6. $\begin{vmatrix} 0 & c & -b \\ -c & 0 & a \\ b & -a & 0 \end{vmatrix}$；

7. $\begin{vmatrix} 1+x & 1 & 1 & 1 \\ 1 & 1-x & 1 & 1 \\ 1 & 1 & 1+y & 1 \\ 1 & 1 & 1 & 1-y \end{vmatrix}$；　　8. $D_n=\begin{vmatrix} 5 & 1 & \cdots & 1 \\ 1 & 5 & \cdots & 1 \\ \cdots & \cdots & \cdots & \cdots \\ 1 & 1 & 1 & 5 \end{vmatrix}$；

9. $D_n=\begin{vmatrix} 0 & 1 & 0 & 0 & \cdots & 0 \\ 0 & 0 & 2 & 0 & \cdots & 0 \\ 0 & 0 & 0 & 3 & \cdots & 0 \\ \cdots & \cdots & \cdots & \cdots & \cdots & \cdots \\ 0 & 0 & 0 & 0 & \cdots & n-1 \\ n & 0 & 0 & 0 & \cdots & 0 \end{vmatrix}$；　　10. $\begin{vmatrix} 1 & -1 & 1 & x-1 \\ 1 & -1 & x+1 & -1 \\ 1 & x-1 & 1 & -1 \\ x+1 & -1 & 1 & -1 \end{vmatrix}$.

## ☆ B题 ☆

**(一) 填空题**

1. 如果 $n$ 阶行列式中，$n!$ 项中负项的个数为偶数，则 $n \geqslant$________.

2. 如果 $n$ 阶行列式中，每一行元素的和都等于零，则此行列式等于________.

3. 设 $\begin{vmatrix} a_{11} & a_{12} & \cdots & a_{1n} \\ a_{21} & a_{22} & \cdots & a_{2n} \\ \cdots & \cdots & \cdots & \cdots \\ a_{n1} & a_{n2} & \cdots & a_{nn} \end{vmatrix}=D$，则 $\begin{vmatrix} a_{21} & a_{22} & \cdots & a_{2n} \\ a_{31} & a_{32} & \cdots & a_{3n} \\ \cdots & \cdots & \cdots & \cdots \\ a_{11} & a_{12} & \cdots & a_{1n} \end{vmatrix}=$________$D$.

4. 已知 4 阶行列式中，第 3 列的元素为 $-1,2,0,1$，它们的余子式分别为 $5,3,-7,4$，则 $D=$________.

5. 行列式 $\begin{vmatrix} 1 & 0 & 6 & 1 \\ 7 & 6 & 3 & 0 \\ -8 & -2 & 0 & 0 \\ 4 & 0 & 0 & 0 \end{vmatrix}=$________.

## （二）选择题

1. 设 $D_1=\begin{vmatrix} 0 & -a & -b \\ a & 0 & c \\ b & -c & 0 \end{vmatrix}$，$D_2=\begin{vmatrix} 100 & 50 & 200 \\ 180 & 60 & 360 \\ 200 & 70 & 400 \end{vmatrix}$，则 $D_1+D_2=$________.

（A）0　　（B）$a^2b^2c^2$　　（C）$abc-1880$　　（D）$-2abc-1880$

2. 方程 $\begin{vmatrix} 1 & 1 & 1 & 1 \\ 1 & 2 & 3 & x \\ 1 & 4 & 9 & x^2 \\ 1 & 8 & 27 & x^3 \end{vmatrix}=0$ 的全部根为________.

（A）1,2,3　　（B）$-1,-2,-3$　　（C）0,1,2　　（D）1,3,9

3. 若 $\begin{vmatrix} x & 3 & 1 \\ y & 0 & 1 \\ z & 2 & 1 \end{vmatrix}=2$，则 $\begin{vmatrix} x-5 & y-5 & z-5 \\ 5 & 2 & 4 \\ 1 & 1 & 1 \end{vmatrix}=$________.

（A）1　　（B）0　　（C）2　　（D）$yz(x-3)$

4. 设 $P(x)=\begin{vmatrix} x & x^2 & 1 & 0 \\ x^3 & x & 2 & 1 \\ -x^4 & 0 & x & 2 \\ 4 & 3 & 4 & x \end{vmatrix}$，则 $P(x)$ 为________次多项式.

（A）4　　（B）3　　（C）7　　（D）10

5. 已知 $\begin{vmatrix} a_{11} & a_{12} & a_{13} & a_{14} \\ a_{21} & a_{22} & a_{23} & a_{24} \\ a_{31} & a_{32} & a_{33} & a_{34} \\ a_{41} & a_{42} & a_{43} & a_{44} \end{vmatrix}=3$，$\begin{vmatrix} a_{11} & a_{12} & a_{13} & b_1 \\ a_{21} & a_{22} & a_{23} & b_2 \\ a_{31} & a_{32} & a_{33} & b_3 \\ a_{41} & a_{42} & a_{43} & b_4 \end{vmatrix}=1$，

则 $\begin{vmatrix} a_{11} & 2a_{12} & 3a_{13} & 4a_{14}-3b_1 \\ a_{21} & 2a_{22} & 3a_{23} & 4a_{24}-3b_2 \\ a_{31} & 2a_{32} & 3a_{33} & 4a_{34}-3b_3 \\ a_{41} & 2a_{42} & 3a_{43} & 4a_{44}-3b_4 \end{vmatrix}=$________.

（A）27　　（B）54　　（C）$-54$　　（D）$-27$

## （三）计算题

1. 计算行列式 $D_n=\begin{vmatrix} 1 & 2 & 3 & \cdots & n \\ -1 & 0 & 3 & \cdots & n \\ -1 & -2 & 0 & \cdots & n \\ \cdots & \cdots & \cdots & \cdots & \cdots \\ -1 & -2 & -3 & \cdots & 0 \end{vmatrix}$.

2. 设 $D=\begin{vmatrix} 2 & 1 & 4 & 1 \\ 3 & -4 & 2 & 1 \\ 1 & 2 & -3 & 2 \\ 5 & 0 & 6 & 2 \end{vmatrix}$，

求 $4A_{12}+2A_{22}-3A_{32}+6A_{42}$，其中 $A_{i2}$ 为 $D$ 中元素 $a_{i2}(i=1,2,3,4)$ 的代数余子式.

3. 计算 $D_{n+1}=\begin{vmatrix} a_0 & 1 & 1 & \cdots & 1 \\ 1 & a_1 & 0 & \cdots & 0 \\ 1 & 0 & a_2 & \cdots & 0 \\ \cdots & \cdots & \cdots & \cdots & \cdots \\ 1 & 0 & 0 & \cdots & a_n \end{vmatrix}$，其中，$a_0a_1\cdots a_n\neq 0$.

4. 已知 $\begin{vmatrix} 1 & x & y & z \\ x & 1 & 0 & 0 \\ y & 0 & 1 & 0 \\ z & 0 & 0 & 1 \end{vmatrix}=1$，求 $x,y,z$ 的值.

5. 设 $f(x)=\begin{vmatrix} 2x & x & 1 & 2 \\ 1 & x & 1 & -1 \\ 3 & 2 & x & 1 \\ 1 & 1 & 1 & x \end{vmatrix}$，求 $f(x)$ 中 $x^4$ 和 $x^3$ 的系数.

6. 计算 $D_{10}=\begin{vmatrix} -\lambda & 1 & 0 & 0 & \cdots & 0 & 0 \\ 0 & -\lambda & 1 & 0 & \cdots & 0 & 0 \\ 0 & 0 & -\lambda & 1 & \cdots & 0 & 0 \\ \cdots & \cdots & \cdots & \cdots & \cdots & \cdots & \cdots \\ 0 & 0 & 0 & 0 & \cdots & -\lambda & 1 \\ 10^{10} & 0 & 0 & 0 & \cdots & 0 & -\lambda \end{vmatrix}$.

7. 求 $D_n=\begin{vmatrix} 1 & -1 & -1 & \cdots & -1 \\ 1 & 1 & -1 & \cdots & -1 \\ 1 & 1 & 1 & \cdots & -1 \\ \cdots & \cdots & \cdots & \cdots & \cdots \\ 1 & 1 & 1 & \cdots & 1 \end{vmatrix}$ 展开后正项总数.

8. 解下列方程：(1) $\begin{vmatrix} 2-x & 2 & -2 \\ 2 & 5-x & -4 \\ -2 & -4 & 5-x \end{vmatrix}=0$；(2) $\begin{vmatrix} x-3 & -2 & 1 \\ -2 & x+3 & -5 \\ -2 & -3 & x+1 \end{vmatrix}=0$.

## (四) 证明题

1. 证明在 $n$ 元排列中（$n>2$），奇排列与偶排列个数相等，各为 $\frac{n!}{2}$ 个.

2. 设 $f(x)=\begin{vmatrix} 1 & 1 & 1 & \cdots & 1 & 1 \\ 1 & 2 & 3 & \cdots & n & x \\ 1 & 4 & 9 & \cdots & n^2 & x^2 \\ \cdots & \cdots & \cdots & \cdots & \cdots & \cdots \\ 1 & 2^n & 3^n & \cdots & n^n & x^n \end{vmatrix}$，证明其导函数 $f'(x)$ 在 $(1,2),(2,3),\cdots,(n-1,n)$ 内各有且只有一个根.

# 第二章　矩阵及其运算

## 本章基本要求

理解矩阵的概念，了解单位矩阵、数量矩阵、对角矩阵、三角矩阵、对称矩阵和反对称矩阵的定义以及它们的性质；掌握矩阵的线性运算，了解方阵的幂与方阵乘积的行列式的性质；理解逆矩阵的概念，掌握逆矩阵的性质，以及矩阵可逆的充分必要条件，理解伴随矩阵的概念，会用伴随矩阵求逆矩阵；了解分块矩阵及其运算。

## 一、内容要点

矩阵是线性代数课程中一个重要的概念，也是学习的重点，应熟练掌握矩阵的运算方法．初学者往往容易把矩阵和行列式混为一谈．殊不知，行列式是 $n!$ 项的代数和，是一个数值，而矩阵是一个 $m\times n$ 个元素的数表．即便是 $n$ 阶方阵也只是一个数表，不是数值．只有对 $n$ 阶方阵取行列式后，才变成一个行列式．读者一定要从本质上对矩阵和行列式这两个概念加以区别．对它们的定义、性质、运算要严格区分．

### （一）矩阵的定义、矩阵相等

**1. 定义**

由 $m\times n$ 个数 $a_{ij}\,(i=1,2,\cdots,m;\ j=1,2,\cdots,n)$ 排成的 $m$ 行 $n$ 列的数表，称为一个 $m\times n$ 矩阵．记作：$\begin{pmatrix} a_{11} & a_{12} & \cdots & a_{1n} \\ a_{21} & a_{22} & \cdots & a_{2n} \\ \cdots & \cdots & \cdots & \cdots \\ a_{m1} & a_{n2} & \cdots & a_{mn} \end{pmatrix}$ 或记为 $\boldsymbol{A}=(a_{ij})_{m\times n}$，$\boldsymbol{A}_{m\times n}$，$\boldsymbol{A}_{mn}$ 等．其中 $a_{ij}$ 称为矩阵 $\boldsymbol{A}$ 的元素．若 $a_{ij}\,(i=1,2,\cdots,m;j=1,2,\cdots,n)$ 为实（复）数，则矩阵称为实（复）矩阵．

注意　若不特殊说明，所指矩阵均为实矩阵．

**2. 矩阵的相等**

相等的矩阵必须具有相同的行数和列数．两个矩阵 $\boldsymbol{A}=(a_{ij})_{m\times n}$ 和 $\boldsymbol{B}=(b_{ij})_{m\times n}$ 相等是指对应位置的元素分别相等．即 $\boldsymbol{A}=\boldsymbol{B}$ 当且仅当 $a_{ij}=b_{ij}\,(i=1,2,\cdots,m;\ j=1,2,\cdots,n)$ 时成立．

### （二）矩阵的运算

**1. 矩阵的加法**

相加的矩阵必须具有相同的行数和列数，矩阵相加是指对应位置的元素相加．即

$$\boldsymbol{C}=\boldsymbol{A}_{m\times n}+\boldsymbol{B}_{m\times n}=(a_{ij})_{m\times n}+(b_{ij})_{m\times n}=(c_{ij})_{m\times n}$$

其中，$c_{ij}=a_{ij}+b_{ij}\,(i=1,2,\cdots,m;\ j=1,2,\cdots,n)$．

**2. 数乘矩阵**

数乘矩阵时，将数乘到矩阵的每一个元素上，$k\cdot\boldsymbol{A}=\boldsymbol{A}\cdot k=k(a_{ij})_{m\times n}=(ka_{ij})_{m\times n}$．

注意　数乘矩阵与数乘行列式是两种不同的运算．数乘矩阵时，将数乘到矩阵的每一个

元素上，而数乘行列式是将数乘以行列式某一行（列）的每一个元素.

矩阵的加法与数乘统称为矩阵的线性运算．它们满足下列运算规律：

(1) 交换律，$\boldsymbol{A}+\boldsymbol{B}=\boldsymbol{B}+\boldsymbol{A}$；

(2) 结合律，$(\boldsymbol{A}+\boldsymbol{B})+\boldsymbol{C}=\boldsymbol{A}+(\boldsymbol{B}+\boldsymbol{C})$；$k(l\boldsymbol{A})=(kl)\boldsymbol{A}$；

(3) 分配律，$k(\boldsymbol{A}+\boldsymbol{B})=k\boldsymbol{A}+k\boldsymbol{B}$，$(k+l)\boldsymbol{A}=k\boldsymbol{A}+l\boldsymbol{A}$.

以上 $\boldsymbol{A},\boldsymbol{B},\boldsymbol{C}$ 都是 $m\times n$ 矩阵，$l,k$ 为数.

特别地，当 $m=n$ 时，$\boldsymbol{A}$ 称为 $n$ 阶方阵.

由 $n$ 阶方阵 $\boldsymbol{A}$ 的元素组成的 $n$ 阶行列式 $\begin{vmatrix} a_{11} & a_{12} & \cdots & a_{1n} \\ a_{21} & a_{22} & \cdots & a_{2n} \\ \cdots & \cdots & \cdots & \cdots \\ a_{n1} & a_{n2} & \cdots & a_{nn} \end{vmatrix}$ 称为方阵 $\boldsymbol{A}$ 的行列式，记为 $|\boldsymbol{A}|$ 或 $\det(\boldsymbol{A})$.

由行列式性质和数乘矩阵运算的定义自然得：$|k\boldsymbol{A}|=k^n|\boldsymbol{A}|$.

再次提醒　$n$ 阶行列式和 $n$ 阶方阵是两个完全不同的定义．前者是一个数值，后者是一个数表.

**3. 矩阵的乘法**

只有当左矩阵的列数等于右矩阵的行数时，两个矩阵才能相乘．两个矩阵的乘积是一个矩阵，它的行数等于左矩阵的行数，列数等于右矩阵的列数，其乘积的第 $i$ 行第 $j$ 列元素是由左矩阵的第 $i$ 行元素与右矩阵的第 $j$ 列元素对应元素相乘之后再相加得到的，即

$$\boldsymbol{A}_{m\times s}\boldsymbol{B}_{s\times n}=\begin{pmatrix} a_{11} & a_{12} & \cdots & a_{1s} \\ a_{21} & a_{22} & \cdots & a_{2s} \\ \cdots & \cdots & \cdots & \cdots \\ a_{m1} & a_{m2} & \cdots & a_{ms} \end{pmatrix}\begin{pmatrix} b_{11} & b_{12} & \cdots & b_{1n} \\ b_{21} & b_{22} & \cdots & b_{2n} \\ \cdots & \cdots & \cdots & \cdots \\ b_{s1} & b_{s2} & \cdots & b_{sn} \end{pmatrix}\begin{pmatrix} c_{11} & c_{12} & \cdots & c_{1n} \\ c_{21} & c_{22} & \cdots & c_{2n} \\ \cdots & \cdots & \cdots & \cdots \\ c_{m1} & c_{m2} & \cdots & c_{mn} \end{pmatrix}=(c_{ij})_{m\times n}.$$

其中　$c_{ij}=a_{i1}b_{1j}+a_{i2}b_{2j}+\cdots+a_{is}b_{sj}=\sum_{k=1}^{s}a_{ik}b_{kj}\quad(i=1,2,\cdots,m;\ j=1,2,\cdots,n)$.

矩阵乘法满足：（设 $\boldsymbol{A}$，$\boldsymbol{B}$，$\boldsymbol{C}$ 是矩阵，$k$ 是数）

(1) 结合律，$(\boldsymbol{AB})\boldsymbol{C}=\boldsymbol{A}(\boldsymbol{BC})$；

(2) 分配律，$(\boldsymbol{A}+\boldsymbol{B})\boldsymbol{C}=\boldsymbol{AC}+\boldsymbol{BC}$，$\boldsymbol{C}(\boldsymbol{A}+\boldsymbol{B})=\boldsymbol{CA}+\boldsymbol{CB}$；

(3) 数与矩阵乘积的结合律，$k(\boldsymbol{AB})=(k\boldsymbol{A})\boldsymbol{B}=\boldsymbol{A}(k\boldsymbol{B})$.

注意　(1) 矩阵的乘法在一般情况下不满足交换律．即 $\boldsymbol{AB}\neq\boldsymbol{BA}$.

所以一般 $(\boldsymbol{A}+\boldsymbol{B})(\boldsymbol{A}-\boldsymbol{B})\neq\boldsymbol{A}^2-\boldsymbol{B}^2$ 和 $(\boldsymbol{A}+\boldsymbol{B})^2\neq\boldsymbol{A}^2+2\boldsymbol{AB}+\boldsymbol{B}^2$.

(2) 由 $\boldsymbol{AB}=\boldsymbol{O}$ 推不出 $\boldsymbol{A}=\boldsymbol{O}$；或 $\boldsymbol{B}=\boldsymbol{O}$；或 $\boldsymbol{A}=\boldsymbol{B}=\boldsymbol{O}$.

(3) 矩阵的乘法不满足消去律，即由 $\boldsymbol{A}\neq\boldsymbol{O}$，$\boldsymbol{AB}=\boldsymbol{AC}$，推不出 $\boldsymbol{B}=\boldsymbol{C}$.

方阵的幂　设 $\boldsymbol{A}$ 是一个 $n$ 阶方阵，规定 $\boldsymbol{A}^0=\boldsymbol{E}$（单位矩阵，见几种特殊矩阵的概念），$\boldsymbol{A}^m=\overbrace{\boldsymbol{A}\cdot\boldsymbol{A}\cdot\cdots\cdot\boldsymbol{A}}^{m}$ 称为方阵 $\boldsymbol{A}$ 的 $m$ 次幂，它满足：$\boldsymbol{A}^k\boldsymbol{A}^l=\boldsymbol{A}^{k+l}$ 和 $(\boldsymbol{A}^k)^l=\boldsymbol{A}^{kl}$，其中 $m,k,l$ 为正整数．因为矩阵乘法不满足交换律，一般的，$(\boldsymbol{AB})^k\neq\boldsymbol{A}^k\boldsymbol{B}^k$.

**4. 方阵的行列式**

由 $n$ 阶方阵 $\boldsymbol{A}$ 的元素组成的 $n$ 阶行列式称为方阵 $\boldsymbol{A}$ 的行列式.

若 $\boldsymbol{A},\boldsymbol{B}$ 为同阶方阵，$|\boldsymbol{AB}|$ 称为 $\boldsymbol{A}$ 与 $\boldsymbol{B}$ 的乘积矩阵 $\boldsymbol{AB}$ 的行列式，且有 $|\boldsymbol{AB}|=|\boldsymbol{A}||\boldsymbol{B}|$．所以尽管一般 $\boldsymbol{AB}\neq\boldsymbol{BA}$，但总有 $|\boldsymbol{AB}|=|\boldsymbol{BA}|$ 成立.

**5. 矩阵的转置**

把 $m\times n$ 矩阵 $\boldsymbol{A}$ 的行列互换得到的 $n\times m$ 矩阵，称为矩阵 $\boldsymbol{A}$ 的转置矩阵，记作 $\boldsymbol{A}^{\mathrm{T}}$.

矩阵的转置满足：

(1) $(\boldsymbol{A}^{\mathrm{T}})^{\mathrm{T}}=\boldsymbol{A}$；　(2) $(\boldsymbol{A}+\boldsymbol{B})^{\mathrm{T}}=\boldsymbol{A}^{\mathrm{T}}+\boldsymbol{B}^{\mathrm{T}}$；(3) $(k\boldsymbol{A})^{\mathrm{T}}=k\boldsymbol{A}^{\mathrm{T}}$；(4) $(\boldsymbol{AB})^{\mathrm{T}}=\boldsymbol{B}^{\mathrm{T}}\boldsymbol{A}^{\mathrm{T}}$.

## (三) 常见的几种特殊矩阵

**1. 零矩阵**

所有元素都是零的矩阵，称为零矩阵，记为 $\boldsymbol{O}$. 且有

$$\boldsymbol{O}+\boldsymbol{A}=\boldsymbol{A};\ \boldsymbol{O}\cdot\boldsymbol{A}=\boldsymbol{O};\ \boldsymbol{A}+(-\boldsymbol{A})=\boldsymbol{O}.$$

**2. 对角矩阵**

若 $n$ 阶方阵 $\boldsymbol{A}$，除主对角线元素存在非零元素之外，其他元素都是零的矩阵称为对角矩阵. 即

$$\boldsymbol{D}=\begin{pmatrix} a_1 & & & \\ & a_2 & & \\ & & \ddots & \\ & & & a_n \end{pmatrix}=\mathrm{diag}(a_1,a_2,\cdots,a_n).$$

且有：

(1) $\boldsymbol{D}^k=\begin{pmatrix} a_1^k & & & \\ & a_2^k & & \\ & & \ddots & \\ & & & a_n^k \end{pmatrix}$；

(2) 对角矩阵的和、差、数与对角矩阵的乘积、两对角矩阵的乘积仍是对角矩阵；

(3) 若主对角线元素 $a_1\neq0,a_2\neq0,\cdots,a_n\neq0$，则对角矩阵 $\boldsymbol{D}$ 是可逆的［可逆矩阵的定义见本章内容要点(五)］，且 $|\boldsymbol{D}|=a_1a_2\cdots a_n$；$\boldsymbol{D}^{-1}=\begin{pmatrix} a_1^{-1} & & & \\ & a_2^{-1} & & \\ & & \ddots & \\ & & & a_n^{-1} \end{pmatrix}$.

**3. 单位矩阵**

主对角线元素都是 1 的对角矩阵称为单位矩阵，记为 $\boldsymbol{E}$ 或 $\boldsymbol{E}_n$（或 $\boldsymbol{I},\boldsymbol{I}_n$）等. 单位矩阵满足：

(1) $\boldsymbol{E}_m\boldsymbol{A}_{mn}=\boldsymbol{A}_{mn}$，$\boldsymbol{A}_{mn}\boldsymbol{E}_n=\boldsymbol{A}_{mn}$；

(2) 当 $m=n$ 时，$\boldsymbol{EA}=\boldsymbol{AE}=\boldsymbol{A}$；

(3) $(\boldsymbol{A}+\boldsymbol{E})(\boldsymbol{A}-\boldsymbol{E})=\boldsymbol{A}^2-\boldsymbol{E}$ 和 $(\boldsymbol{A}+\boldsymbol{E})^2=\boldsymbol{A}^2+2\boldsymbol{A}+\boldsymbol{E}$；

(4) $\boldsymbol{E}=\boldsymbol{E}^{-1}=\boldsymbol{E}^k=\boldsymbol{E}^{\mathrm{T}}$，其中 $k$ 为整数；

(5) $\boldsymbol{E}=\boldsymbol{AA}^{-1}=\boldsymbol{A}^{-1}\boldsymbol{A}$（其中 $\boldsymbol{A}$ 是 $n$ 阶方阵）.

**4. 数量矩阵**

主对角线元素都是相同常数的对角矩阵称为数量矩阵. 即 $d\boldsymbol{E}=\begin{pmatrix} d & & & \\ & d & & \\ & & \ddots & \\ & & & d \end{pmatrix}$.

**5. 上（下）三角矩阵**

主对角线下（上）方的元素全为 0 的方阵，称为上（下）三角矩阵. 且有两个 $n$ 阶上

（下）三角矩阵的和、差、数乘、积仍是 $n$ 阶上（下）三角矩阵.

**6. 对称矩阵与反对称矩阵**

满足 $\boldsymbol{A}^{\mathrm{T}}=\boldsymbol{A}$ 的矩阵 $\boldsymbol{A}$ 称为对称矩阵；满足 $\boldsymbol{A}^{\mathrm{T}}=-\boldsymbol{A}$ 的矩阵 $\boldsymbol{A}$ 称为反对称矩阵.

关于对称矩阵有以下结论：

（1）两个同阶对称矩阵的和是对称矩阵；

（2）对称矩阵与数的乘积是对称矩阵；

（3）对称矩阵的逆矩阵是对称矩阵，但两个对称矩阵的乘积不一定是对称矩阵.

**7. 可交换矩阵**

设 $\boldsymbol{A},\boldsymbol{B}$ 是两个同阶方阵，若 $\boldsymbol{AB}=\boldsymbol{BA}$，则称 $\boldsymbol{A},\boldsymbol{B}$ 是可交换的.

## （四）矩阵的分块

**1. 矩阵的分块运算是处理阶数较高矩阵的常用方法**

所谓矩阵的分块，就是把一个大矩阵用横线和纵线分成许多小块，每一小块本身看作一个小矩阵．运算时把这些小块作为元素进行运算，其运算规则与普通矩阵运算规则相类似.

**2. 矩阵分块时，要根据所做运算的不同条件来分块**

（1）数乘矩阵 $\boldsymbol{A}$ 时，可任意分块.

（2）矩阵相加时，两个矩阵的分块要一致.

（3）两个矩阵相乘时，左矩阵的列的分法必须与右矩阵的行的分法相一致.

**3. 分块矩阵的转置**

设矩阵 $\boldsymbol{A}$ 分块后为 $\boldsymbol{A}=\begin{pmatrix}\boldsymbol{A}_{11} & \boldsymbol{A}_{12} & \cdots & \boldsymbol{A}_{1s}\\ \boldsymbol{A}_{21} & \boldsymbol{A}_{22} & \cdots & \boldsymbol{A}_{2s}\\ \cdots & \cdots & \cdots & \cdots\\ \boldsymbol{A}_{r1} & \boldsymbol{A}_{r2} & \cdots & \boldsymbol{A}_{rs}\end{pmatrix}$，则 $\boldsymbol{A}^{\mathrm{T}}=\begin{pmatrix}\boldsymbol{A}_{11}^{\mathrm{T}} & \boldsymbol{A}_{21}^{\mathrm{T}} & \cdots & \boldsymbol{A}_{r1}^{\mathrm{T}}\\ \boldsymbol{A}_{12}^{\mathrm{T}} & \boldsymbol{A}_{22}^{\mathrm{T}} & \cdots & \boldsymbol{A}_{r2}^{\mathrm{T}}\\ \cdots & \cdots & \cdots & \cdots\\ \boldsymbol{A}_{1s}^{\mathrm{T}} & \boldsymbol{A}_{2s}^{\mathrm{T}} & \cdots & \boldsymbol{A}_{rs}^{\mathrm{T}}\end{pmatrix}$.

**4. 分块对角方阵**

设 $\boldsymbol{A}$ 为 $n$ 阶方阵，若 $\boldsymbol{A}$ 的分块矩阵只在主对角线上有非零方阵子块 $\boldsymbol{A}_i(i=1,2,\cdots,s)$，其余子块都为零矩阵．即 $\boldsymbol{A}=\begin{pmatrix}\boldsymbol{A}_1 & & & \\ & \boldsymbol{A}_2 & & \\ & & \ddots & \\ & & & \boldsymbol{A}_s\end{pmatrix}$，那么称 $\boldsymbol{A}$ 为分块对角方阵. 分块对角方阵 $\boldsymbol{A}$ 的行列式为 $|\boldsymbol{A}|=|\boldsymbol{A}_1|\cdot|\boldsymbol{A}_2|\cdots|\boldsymbol{A}_s|$.

特别地，若 $|\boldsymbol{A}|\neq 0$，则 $\boldsymbol{A}^{-1}=\begin{pmatrix}\boldsymbol{A}_1^{-1} & & & \\ & \boldsymbol{A}_2^{-1} & & \\ & & \ddots & \\ & & & \boldsymbol{A}_s^{-1}\end{pmatrix}$.

## （五）矩阵的逆矩阵

**1. 可逆矩阵的定义**

对于方阵 $\boldsymbol{A}$，如果存在一个方阵 $\boldsymbol{B}$，使得 $\boldsymbol{AB}=\boldsymbol{BA}=\boldsymbol{E}$，则称 $\boldsymbol{A}$ 是可逆矩阵，而 $\boldsymbol{B}$ 称为 $\boldsymbol{A}$ 的逆矩阵，记作：$\boldsymbol{A}^{-1}=\boldsymbol{B}$.

注意　方阵 $\boldsymbol{A}$ 的逆矩阵是唯一的．它相当于数的倒数，但不等同于数的倒数.

**2. 方阵 A 可逆的充分必要条件**

方阵 $\boldsymbol{A}$ 可逆的充分必要条件是 $|\boldsymbol{A}|\neq 0$. 此时常说，方阵 $\boldsymbol{A}$ 是非奇异的（或非退化的、

满秩的）. 否则称方阵 $\boldsymbol{A}$ 是奇异的（或退化的、降秩的）.

**3. 可逆矩阵的性质**

设 $\boldsymbol{A}$，$\boldsymbol{B}$ 是同阶矩阵：

（1）若 $\boldsymbol{A}$ 可逆，则 $\boldsymbol{A}^{-1}$ 也可逆，且 $(\boldsymbol{A}^{-1})^{-1}=\boldsymbol{A}$；

（2）若矩阵 $\boldsymbol{A}$，$\boldsymbol{B}$ 都可逆，则 $\boldsymbol{AB}$ 也可逆，且 $(\boldsymbol{AB})^{-1}=\boldsymbol{B}^{-1}\boldsymbol{A}^{-1}$；

（3）若 $\boldsymbol{A}$ 可逆，则 $\boldsymbol{A}^{\mathrm{T}}$ 也可逆，且 $(\boldsymbol{A}^{\mathrm{T}})^{-1}=(\boldsymbol{A}^{-1})^{\mathrm{T}}$；

（4）若 $\boldsymbol{A}$ 可逆，常数 $k\neq0$，则 $k\boldsymbol{A}$ 也可逆，且 $(k\boldsymbol{A})^{-1}=\dfrac{1}{k}\boldsymbol{A}^{-1}$；

（5）$|\boldsymbol{A}^{-1}|=\dfrac{1}{|\boldsymbol{A}|}$；

（6）若 $\boldsymbol{A}$ 可逆，则 $\boldsymbol{A}$ 的伴随矩阵 $\boldsymbol{A}^*$ 也可逆，$(\boldsymbol{A}^*)^{-1}=\dfrac{1}{|\boldsymbol{A}|}\boldsymbol{A}$.

其中，$\boldsymbol{A}$ 的伴随矩阵
$$\boldsymbol{A}^*=\begin{pmatrix} A_{11} & A_{21} & \cdots & A_{n1} \\ A_{12} & A_{22} & \cdots & A_{n2} \\ \cdots & \cdots & \cdots & \cdots \\ A_{1n} & A_{2n} & \cdots & A_{nn} \end{pmatrix},$$

$A_{ij}$ 为矩阵 $\boldsymbol{A}$ 的元素 $a_{ij}$ 的代数余子式 $(i,j=1,2,\cdots,n)$.

特别注意　$\boldsymbol{A}^*$ 的元素排列次序以及 $A_{ij}$ 为 $a_{ij}$ 的代数余子式而不是余子式 $M_{ij}$.

**4. 逆矩阵的求法**

（1）公式法：若 $|\boldsymbol{A}|\neq0$，则 $\boldsymbol{A}^{-1}=\dfrac{1}{|\boldsymbol{A}|}\boldsymbol{A}^*$；

（2）初等变换法（见第三章）：利用分块矩阵，$(\boldsymbol{A}\,\vdots\,\boldsymbol{E})\xrightarrow{\text{初等行变换}}(\boldsymbol{E}\,\vdots\,\boldsymbol{A}^{-1})$.

**5. 有关伴随矩阵的几个结论**

设 $\boldsymbol{A}$,$\boldsymbol{B}$ 是 $n$ 阶矩阵，$\boldsymbol{A}^*$,$\boldsymbol{B}^*$ 分别为它们的伴随矩阵，则有

（1）$\boldsymbol{AA}^*=\boldsymbol{A}^*\boldsymbol{A}=|\boldsymbol{A}|\boldsymbol{E}$；　（2）$|\boldsymbol{A}^*|=|\boldsymbol{A}|^{n-1}$；　（3）$(\boldsymbol{A}^*)^*=|\boldsymbol{A}|^{n-2}\boldsymbol{A}$；

（4）$(\boldsymbol{A}^*)^{\mathrm{T}}=(\boldsymbol{A}^{\mathrm{T}})^*$；　（5）$(\boldsymbol{AB})^*=\boldsymbol{B}^*\boldsymbol{A}^*$；

（6）若 $\boldsymbol{A}$ 可逆，则 $(\boldsymbol{A}^*)^{-1}=(\boldsymbol{A}^{-1})^*$；　（7）$(k\boldsymbol{A})^*=k^{n-1}\boldsymbol{A}^*$.

注意　定义了 $\boldsymbol{A}^{-1}$ 后，则对任意整数 $k$，都有可逆方阵 $\boldsymbol{A}^k$ 都存在.

## 二、精选题解析

### （一）填空题

**【例 1】** 设 $\boldsymbol{A}$ 为 3 阶矩阵，且 $|\boldsymbol{A}|=-2$，则 $\left|\left(\dfrac{1}{12}\boldsymbol{A}\right)^{-1}+(3\boldsymbol{A})^*\right|=$______.

**【解析】** 方法一　因为 $\boldsymbol{A}^{-1}=\dfrac{1}{|\boldsymbol{A}|}\boldsymbol{A}^*$，所以　$\boldsymbol{A}^*=|\boldsymbol{A}|\boldsymbol{A}^{-1}$.

从而　$(3\boldsymbol{A})^*=|3\boldsymbol{A}|\cdot(3\boldsymbol{A})^{-1}=3^3|\boldsymbol{A}|\cdot\dfrac{1}{3}\boldsymbol{A}^{-1}=-18\boldsymbol{A}^{-1}$，$\left(\dfrac{1}{12}\boldsymbol{A}\right)^{-1}=12\boldsymbol{A}^{-1}$，

所以
$$\left|\left(\frac{1}{12}\boldsymbol{A}\right)^{-1}+(3\boldsymbol{A})^*\right|=|12\boldsymbol{A}^{-1}-18\boldsymbol{A}^{-1}|=|-6\boldsymbol{A}^{-1}|$$
$$=(-6)^3|\boldsymbol{A}^{-1}|=-6^3\cdot\left(-\frac{1}{2}\right)=108.$$

方法二　由 $\boldsymbol{A}^{-1}=\dfrac{1}{|\boldsymbol{A}|}\boldsymbol{A}^*$ 及 $(k\boldsymbol{A})^{-1}=\dfrac{1}{k}\boldsymbol{A}^{-1}$ 得

$$\left(\frac{1}{12}\boldsymbol{A}\right)^{-1}=12\boldsymbol{A}^{-1}=12\cdot\frac{1}{-2}\boldsymbol{A}^{*}=-6\boldsymbol{A}^{*},$$

又
$$(3\boldsymbol{A})^{*}=|3\boldsymbol{A}|\cdot(3\boldsymbol{A})^{-1}=3^{3}|\boldsymbol{A}|\cdot\frac{1}{3}\boldsymbol{A}^{-1}=9\boldsymbol{A}^{*}.$$

所以 $\left|\left(\frac{1}{12}\boldsymbol{A}\right)^{-1}+(3\boldsymbol{A})^{*}\right|=|-6\boldsymbol{A}^{*}+9\boldsymbol{A}^{*}|=|3\boldsymbol{A}^{*}|=3^{3}|\boldsymbol{A}^{*}|=27\cdot|\boldsymbol{A}|^{3-1}=108.$

注意 $\left|\left(\frac{1}{12}\boldsymbol{A}\right)^{-1}+(3\boldsymbol{A})^{*}\right|\neq\left|\left(\frac{1}{12}\boldsymbol{A}\right)^{-1}\right|+|(3\boldsymbol{A})^{*}|$，$|\boldsymbol{A}+\boldsymbol{B}|\neq|\boldsymbol{A}|+|\boldsymbol{B}|$.

**【例 2】** 设 $\boldsymbol{A}=\frac{1}{2}\begin{pmatrix}0&0&2\\1&3&0\\2&5&0\end{pmatrix}$，则 $\boldsymbol{A}^{-1}=$________.

**【解析】** 只需考虑矩阵 $\boldsymbol{B}=\begin{pmatrix}0&0&2\\1&3&0\\2&5&0\end{pmatrix}$ 的逆矩阵 $\boldsymbol{B}^{-1}$ 即可以.

$|\boldsymbol{B}|=-2$，$\boldsymbol{B}_{11}=0$，$\boldsymbol{B}_{12}=0$，$\boldsymbol{B}_{13}=-1$，$\boldsymbol{B}_{21}=10$，$\boldsymbol{B}_{22}=-4$，$\boldsymbol{B}_{23}=0$，$\boldsymbol{B}_{31}=-6$，$\boldsymbol{B}_{32}=2$，$\boldsymbol{B}_{33}=0$，所以

$$\boldsymbol{B}^{*}=\begin{pmatrix}0&10&-6\\0&-4&2\\-1&0&0\end{pmatrix},\quad \boldsymbol{B}^{-1}=-\frac{1}{2}\begin{pmatrix}0&10&-6\\0&-4&2\\-1&0&0\end{pmatrix}.$$

从而，$\boldsymbol{A}^{-1}=\left(\frac{1}{2}\boldsymbol{B}\right)^{-1}=2\boldsymbol{B}^{-1}=\begin{pmatrix}0&-10&6\\0&4&-2\\1&0&0\end{pmatrix}.$

**【例 3】** 设 $\boldsymbol{A}$ 为 3 阶矩阵，且 $|\boldsymbol{A}|=2$，则 $||\boldsymbol{A}|\boldsymbol{A}^{\mathrm{T}}|=$________.

**【解析】** $||\boldsymbol{A}|\boldsymbol{A}^{\mathrm{T}}|=|2\boldsymbol{A}^{\mathrm{T}}|=2^{3}|\boldsymbol{A}^{\mathrm{T}}|=8|\boldsymbol{A}|=16.$

**【例 4】** 设 $\boldsymbol{A},\boldsymbol{B}$ 均为 $n$ 阶矩阵，且 $|\boldsymbol{A}|=2$，$|\boldsymbol{B}|=-3$，则 $|2\boldsymbol{A}^{*}\boldsymbol{B}^{-1}|=$________.

**【解析】** 由 $|2\boldsymbol{A}^{*}\boldsymbol{B}^{-1}|=2^{n}|\boldsymbol{A}^{*}|\cdot|\boldsymbol{B}^{-1}|$，又 $|\boldsymbol{A}^{*}|=|\boldsymbol{A}|^{n-1}$，$|\boldsymbol{B}^{-1}|=\frac{1}{|\boldsymbol{B}|}$，得

$$|2\boldsymbol{A}^{*}\boldsymbol{B}^{-1}|=2^{n}\cdot2^{n-1}\cdot\left(-\frac{1}{3}\right)=-\frac{2^{2n-1}}{3}.$$

**【例 5】**（2000 年考研题）设 $\boldsymbol{A}=\begin{pmatrix}1&0&0&0\\-2&3&0&0\\0&-4&5&0\\0&0&-6&7\end{pmatrix}$，$\boldsymbol{E}$ 为 4 阶单位矩阵，且 $\boldsymbol{B}=(\boldsymbol{E}+\boldsymbol{A})^{-1}(\boldsymbol{E}-\boldsymbol{A})$，则 $(\boldsymbol{E}+\boldsymbol{B})^{-1}=$________.

**【解析】** 由 $\boldsymbol{B}=(\boldsymbol{E}+\boldsymbol{A})^{-1}(\boldsymbol{E}-\boldsymbol{A})$ 知，两边加 $\boldsymbol{E}$，得

$$\boldsymbol{B}+\boldsymbol{E}=(\boldsymbol{E}+\boldsymbol{A})^{-1}(\boldsymbol{E}-\boldsymbol{A})+\boldsymbol{E}=(\boldsymbol{E}+\boldsymbol{A})^{-1}[(\boldsymbol{E}-\boldsymbol{A})+(\boldsymbol{E}+\boldsymbol{A})]=2(\boldsymbol{E}+\boldsymbol{A})^{-1},$$

所以
$$(\boldsymbol{E}+\boldsymbol{B})^{-1}=\frac{1}{2}(\boldsymbol{E}+\boldsymbol{A})=\begin{pmatrix}1&0&0&0\\-1&2&0&0\\0&-2&3&0\\0&0&-3&4\end{pmatrix}.$$

**【例 6】** 设 4 阶方阵 $\boldsymbol{A}=\begin{pmatrix}5&2&0&1\\2&1&0&0\\0&1&1&-2\\0&0&1&1\end{pmatrix}$，则 $\boldsymbol{A}^{-1}=$________.

【解析】 将矩阵分块为$A=\begin{pmatrix}A_1 & O\\ O & A_2\end{pmatrix}$，则由分块对角矩阵的求逆公式得

$$A^{-1}=\begin{pmatrix}A_1^{-1} & O\\ O & A_2^{-1}\end{pmatrix}，其中A_1=\begin{pmatrix}5 & 2\\ 2 & 1\end{pmatrix}，A_2=\begin{pmatrix}1 & -2\\ 1 & 1\end{pmatrix}，$$

由此可得 $$A^{-1}=\begin{pmatrix}A_1^{-1} & O\\ O & A_2^{-1}\end{pmatrix}=\begin{pmatrix}1 & -2 & 0 & 0\\ -2 & 5 & 0 & 0\\ 0 & 0 & \frac{1}{3} & \frac{2}{3}\\ 0 & 0 & -\frac{1}{3} & \frac{1}{3}\end{pmatrix}.$$

【例 7】 设 3 阶矩阵 $A$，$B$ 满足：$A^{-1}BA=6A+BA$，且 $A=\begin{pmatrix}\frac{1}{3} & 0 & 0\\ 0 & \frac{1}{4} & 0\\ 0 & 0 & \frac{1}{7}\end{pmatrix}$，则 $B=$__________.

【解析】 对$A^{-1}BA=6A+BA$，两边右乘以$A^{-1}$（注意矩阵的左右乘），得$A^{-1}B=6E+B$，移项得，$(A^{-1}-E)B=6E$，所以　$B=6(A^{-1}-E)^{-1}$，

而 $$A^{-1}=\begin{pmatrix}3 & 0 & 0\\ 0 & 4 & 0\\ 0 & 0 & 7\end{pmatrix}，\quad (A^{-1}-E)^{-1}=\begin{pmatrix}\frac{1}{2} & 0 & 0\\ 0 & \frac{1}{3} & 0\\ 0 & 0 & \frac{1}{6}\end{pmatrix}，$$

所以 $$B=6(A^{-1}-E)^{-1}=\begin{pmatrix}3 & 0 & 0\\ 0 & 2 & 0\\ 0 & 0 & 1\end{pmatrix}.$$

【例 8】 设$A$为$n$（$n\geqslant 2$）阶可逆矩阵，$A^*$为$A$的伴随矩阵，则$(A^*)^*=$__________.

【解析】 注意到，$A^*=|A|A^{-1}$，$(A^*)^*=|A^*|(A^*)^{-1}=|A|^{n-1}(|A|A^{-1})^{-1}=|A|^{n-1}\cdot\frac{1}{|A|}\cdot A=|A|^{n-2}A$，所以，应填$|A|^{n-2}A$.

注意　由此还可看到，$(A^*)^{-1}=[|A|A^{-1}]^{-1}=\frac{1}{|A|}\cdot A$，同时，$(A^{-1})^*=|A^{-1}|(A^{-1})^{-1}=\frac{1}{|A|}\cdot A$，所以，又可以得到公式：$(A^*)^{-1}=(A^{-1})^*$.

【例 9】 设$A=\begin{pmatrix}1 & 0 & 0\\ 2 & 2 & 0\\ 3 & 4 & 5\end{pmatrix}$，$A^*$为$A$的伴随矩阵，则$(A^*)^{-1}=$__________.

【解析】 由于$A^*=|A|A^{-1}$，所以$(A^*)^{-1}=\frac{1}{|A|}\cdot A$，又$|A|=10$，所以

$$(A^*)^{-1}=\frac{1}{10}\begin{pmatrix}1 & 0 & 0\\ 2 & 2 & 0\\ 3 & 4 & 5\end{pmatrix}.$$

【例 10】 （2010 年考研数学题）设 $\boldsymbol{A}$，$\boldsymbol{B}$ 为 3 阶矩阵，且 $|\boldsymbol{A}|=3$，$|\boldsymbol{B}|=2$，$|\boldsymbol{A}^{-1}+\boldsymbol{B}|=2$，则 $|\boldsymbol{A}+\boldsymbol{B}^{-1}|=$________.

【解析】 由于 $\boldsymbol{A}+\boldsymbol{B}^{-1}=\boldsymbol{A}(\boldsymbol{B}+\boldsymbol{A}^{-1})\boldsymbol{B}^{-1}$，所以

$$|\boldsymbol{A}+\boldsymbol{B}^{-1}|=|\boldsymbol{A}|\cdot|\boldsymbol{A}^{-1}+\boldsymbol{B}|\cdot|\boldsymbol{B}^{-1}|=3\cdot 2\cdot\frac{1}{2}=3.$$

（二）选择题

【例 1】 若 $\boldsymbol{A},\boldsymbol{B},\boldsymbol{C}$ 为同阶方阵，且 $\boldsymbol{A}$ 可逆，下列结论成立的是________.

（A）若 $\boldsymbol{AB}=\boldsymbol{AC}$，则 $\boldsymbol{B}=\boldsymbol{C}$　　（B）若 $\boldsymbol{AB}=\boldsymbol{CB}$，则 $\boldsymbol{A}=\boldsymbol{C}$

（C）若 $\boldsymbol{BC}=\boldsymbol{O}$，则 $\boldsymbol{B}=\boldsymbol{O}$　　（D）若 $\boldsymbol{AB}=\boldsymbol{O}$，则 $\boldsymbol{A}=\boldsymbol{O}$ 或 $\boldsymbol{B}=\boldsymbol{O}$

【解析】 由于 $\boldsymbol{A}$ 可逆，对 $\boldsymbol{AB}=\boldsymbol{AC}$ 两边左乘以 $\boldsymbol{A}^{-1}$，得到 $\boldsymbol{B}=\boldsymbol{C}$，所以应选（A）．对于（B），因为 $\boldsymbol{AB}=\boldsymbol{CB}$，即相当于 $(\boldsymbol{A}-\boldsymbol{C})\boldsymbol{B}=\boldsymbol{O}$，但没有 $\boldsymbol{B}$ 可逆这一条件，所以不能得

$$\boldsymbol{A}-\boldsymbol{C}=\boldsymbol{O}.$$

同理（C），（D）也如此．此时只需注意两个非零矩阵的乘积可以是零矩阵这一事实，就知结论是不成立的．比如 $\begin{pmatrix}1&-1\\-1&1\end{pmatrix}\begin{pmatrix}1&1\\1&1\end{pmatrix}=\begin{pmatrix}0&0\\0&0\end{pmatrix}$ 就是如此.

【例 2】 当 $ad\neq bc$ 时，$\begin{pmatrix}a&b\\c&d\end{pmatrix}^{-1}=$________.

（A）$\begin{pmatrix}d&-c\\-b&a\end{pmatrix}$　　（B）$\dfrac{1}{ad-bc}\begin{pmatrix}d&-b\\-c&a\end{pmatrix}$

（C）$\dfrac{1}{bc-ad}\begin{pmatrix}d&-c\\-b&a\end{pmatrix}$　　（D）$\dfrac{1}{ad-bc}\begin{pmatrix}d&-c\\-b&a\end{pmatrix}$

【解析】 矩阵的行列式为 $ad-bc$，又其伴随矩阵的 4 个元素为 $A_{11}=d$；$A_{12}=-c$；$A_{21}=-b$；$A_{22}=a$，由公式 $\boldsymbol{A}^{-1}=\dfrac{1}{|\boldsymbol{A}|}\boldsymbol{A}^{*}$，且注意伴随矩阵 $\boldsymbol{A}^{*}$ 的排列次序及 $\boldsymbol{A}_{ij}=(-1)^{i+j}M_{ij}$，得到

$$\begin{pmatrix}a&b\\c&d\end{pmatrix}^{-1}=\frac{1}{ad-bc}\begin{pmatrix}d&-b\\-c&a\end{pmatrix}.$$

所以（B）成立．（A）中没有矩阵的行列式．（C）和（D）中伴随矩阵的 4 个元素排列次序不正确.

【例 3】 若 $\boldsymbol{A}=\begin{pmatrix}1&1&0\\1&3&1\\0&2&1\end{pmatrix}$，则有________.

（A）$\boldsymbol{A}^{\mathrm{T}}=\boldsymbol{A}$　　（B）$|\boldsymbol{A}|\neq 0$　　（C）$\boldsymbol{A}^{-1}=\boldsymbol{A}$　　（D）$\boldsymbol{A}^{-1}$ 不存在

【解析】 显然矩阵 $\boldsymbol{A}$ 不是对称矩阵，故不能选（A）．又知 $|\boldsymbol{A}|=0$，所以 $\boldsymbol{A}^{-1}$ 不存在，所以选（D）．自然也就不选（B）和（C）了.

【例 4】 设 $\boldsymbol{A}=\begin{pmatrix}1&2&1&2\\2&1&2&1\\1&1&2&2\end{pmatrix}$，$\boldsymbol{B}=\begin{pmatrix}3&0&1&0\\0&1&0&3\\0&3&1&0\end{pmatrix}$，则 $3\boldsymbol{A}-\boldsymbol{B}=$________.

（A）$\begin{pmatrix}3&6&3&6\\6&3&6&3\\3&3&6&6\end{pmatrix}$　　（B）$\begin{pmatrix}-3&0&-1&0\\0&-1&0&-3\\0&-3&-1&0\end{pmatrix}$

(C) $\begin{pmatrix}0&6&2&6\\6&4&6&6\\0&6&7&6\end{pmatrix}$　　(D) $\begin{pmatrix}0&6&2&6\\6&2&6&0\\3&0&5&6\end{pmatrix}$

**【解析】** 直接计算得，$3\boldsymbol{A}-\boldsymbol{B}=\begin{pmatrix}0&6&2&6\\6&2&6&0\\3&0&5&6\end{pmatrix}$.

**【例 5】** 已知 $n$ 阶方阵 $\boldsymbol{A}$，$\boldsymbol{B}$ 均为可逆矩阵，$k$ 为常数，下列仍为可逆矩阵的是________.

(A) $k\boldsymbol{AB}$　(B) $\boldsymbol{A}+\boldsymbol{B}$　(C) $\boldsymbol{AB}$　(D) $k\neq0$ 时，$k(\boldsymbol{A}+\boldsymbol{B})$

**【解析】** 注意到两个可逆矩阵 $\boldsymbol{A},\boldsymbol{B}$ 的乘积是一个可逆矩阵，这是由于$|\boldsymbol{AB}|=|\boldsymbol{A}||\boldsymbol{B}|$，故应选(C)．两个可逆矩阵 $\boldsymbol{A},\boldsymbol{B}$ 的和不一定是可逆矩阵，比如 $\boldsymbol{A}=\begin{pmatrix}1&1\\0&-1\end{pmatrix}$和 $\boldsymbol{B}=\begin{pmatrix}1&1\\0&1\end{pmatrix}$都是可逆矩阵，而它们的和 $\boldsymbol{A}+\boldsymbol{B}=\begin{pmatrix}2&2\\0&0\end{pmatrix}$不再是可逆矩阵．故 (B) 和 (D) 不成立．对于 (A)，当 $k\neq0$ 时是成立的，但这里没指明 $k\neq0$.

**【例 6】** 设 $\boldsymbol{A},\boldsymbol{B},\boldsymbol{C}$ 为同阶方阵，$\boldsymbol{E}$ 为单位矩阵，若 $\boldsymbol{ABC}=\boldsymbol{E}$，下列结论成立的是________.

(A) $\boldsymbol{BCA}=\boldsymbol{E}$　(B) $\boldsymbol{CBA}=\boldsymbol{E}$　(C) $\boldsymbol{ACB}=\boldsymbol{E}$　(D) $\boldsymbol{BAC}=\boldsymbol{E}$

**【解析】** 由 $\boldsymbol{ABC}=\boldsymbol{E}$ 得，$\boldsymbol{BCA}=\boldsymbol{E}$ 或 $\boldsymbol{CAB}=\boldsymbol{E}$，所以选 (A)．只需注意 $\boldsymbol{BC}$ 和 $\boldsymbol{AB}$ 不能交换即可.

**【例 7】** 已知 $n$ 阶方阵 $\boldsymbol{A}$ 可逆，下列正确的是________.

(A) $(2\boldsymbol{A})^{\mathrm{T}}=\frac{1}{2}\boldsymbol{A}^{\mathrm{T}}$　(B) $(2\boldsymbol{A})^{-1}=\frac{1}{2}\boldsymbol{A}^{-1}$　(C) $(2\boldsymbol{A})^{-1}=2\boldsymbol{A}^{-1}$　(D) $\boldsymbol{A}^{-1}=\frac{1}{\boldsymbol{A}}$

**【解析】** 注意到矩阵的转置和可逆矩阵的运算法则，$(k\boldsymbol{A})^{\mathrm{T}}=k\boldsymbol{A}^{\mathrm{T}}$ 和当 $k\neq0$ 时 $(k\boldsymbol{A})^{-1}=\frac{1}{k}\boldsymbol{A}^{-1}$，即知应选 (B)．再由 $\boldsymbol{A}^{-1}=\frac{1}{|\boldsymbol{A}|}\boldsymbol{A}^{*}$ 及$|\boldsymbol{A}^{-1}|=\frac{1}{|\boldsymbol{A}|}$知，(D) 是不成立的.

**【例 8】** (2005 年考研题) 设矩阵 $\boldsymbol{A}=(a_{ij})_{3\times3}$满足 $\boldsymbol{A}^{*}=\boldsymbol{A}^{\mathrm{T}}$，其中 $\boldsymbol{A}^{*}$ 是 $\boldsymbol{A}$ 的伴随矩阵，$\boldsymbol{A}^{\mathrm{T}}$为 $\boldsymbol{A}$ 的转置矩阵．若 $a_{11},a_{12},a_{13}$为 3 个相等的正数，则 $a_{11}$ 为________.

(A) $\frac{\sqrt{3}}{3}$　(B) 3　(C) $\frac{1}{3}$　(D) $\sqrt{3}$

**【解析】** 由 $\boldsymbol{A}^{*}=\boldsymbol{A}^{\mathrm{T}}$及 $\boldsymbol{AA}^{*}=\boldsymbol{A}^{*}\boldsymbol{A}=|\boldsymbol{A}|\boldsymbol{E}$，得 $a_{ij}=A_{ij}$($i,j=1,2,3$)，其中 $A_{ij}$ 为 $a_{ij}$ 的代数余子式，且

$$\boldsymbol{AA}^{\mathrm{T}}=\boldsymbol{AA}^{*}=|\boldsymbol{A}|\boldsymbol{E}\Rightarrow|\boldsymbol{A}|^{2}=|\boldsymbol{A}|^{3}\Rightarrow|\boldsymbol{A}|=0\quad\text{或}\quad|\boldsymbol{A}|=1.$$

而$|\boldsymbol{A}|=a_{11}\boldsymbol{A}_{11}+a_{12}\boldsymbol{A}_{12}+a_{13}\boldsymbol{A}_{13}=3a_{11}^{2}\neq0$，于是 $|\boldsymbol{A}|=1$，且 $a_{11}=\frac{\sqrt{3}}{3}$．故正确选项为 (A)．

**【例 9】** (2005 年考研题) 设 $\boldsymbol{A},\boldsymbol{B},\boldsymbol{C}$ 均为 $n$ 阶矩阵，$\boldsymbol{E}$ 为 $n$ 阶单位矩阵，若 $\boldsymbol{B}=\boldsymbol{E}+\boldsymbol{AB}$，$\boldsymbol{C}=\boldsymbol{A}+\boldsymbol{CA}$，则 $\boldsymbol{B}-\boldsymbol{C}$ 为________.

(A) $\boldsymbol{E}$　(B) $-\boldsymbol{E}$　(C) $\boldsymbol{A}$　(D) $-\boldsymbol{A}$

**【解析】** 由 $\boldsymbol{B}=\boldsymbol{E}+\boldsymbol{AB}$ 和 $\boldsymbol{C}=\boldsymbol{A}+\boldsymbol{CA}$ 知，$(\boldsymbol{E}-\boldsymbol{A})\boldsymbol{B}=\boldsymbol{E}$ 和 $\boldsymbol{C}(\boldsymbol{E}-\boldsymbol{A})=\boldsymbol{A}$ 成立．再由$(\boldsymbol{E}-\boldsymbol{A})\boldsymbol{B}=\boldsymbol{E}$ 知，$\boldsymbol{B}(\boldsymbol{E}-\boldsymbol{A})=\boldsymbol{E}$ 也成立，且 $\boldsymbol{E}-\boldsymbol{A}$ 是可逆矩阵．从而有$(\boldsymbol{B}-\boldsymbol{C})(\boldsymbol{E}-\boldsymbol{A})=\boldsymbol{B}(\boldsymbol{E}-\boldsymbol{A})-(\boldsymbol{C}-\boldsymbol{A})=\boldsymbol{E}-\boldsymbol{A}$，两边右乘以$(\boldsymbol{E}-\boldsymbol{A})^{-1}$，得 $\boldsymbol{B}-\boldsymbol{C}=\boldsymbol{E}$. 应选 (A).

注意　此题主要考察矩阵的运算.

【例 10】（2006 年考研题）设矩阵 $A=\begin{pmatrix} 2 & 1 \\ -1 & 2 \end{pmatrix}$，$E$ 为 2 阶单位矩阵，矩阵 $B$ 满足 $BA=B+2E$，则 $|B|=$________.

（A）5　　（B）3　　（C）2　　（D）$-2$

【解析】由 $BA=B+2E$，得 $B(A-E)=2E$，$B=2(A-E)^{-1}=2\begin{pmatrix} 1 & 1 \\ -1 & 1 \end{pmatrix}^{-1}=\begin{pmatrix} 1 & -1 \\ 1 & 1 \end{pmatrix}$，所以 $|B|=2$. 选（C）.

（三）计算题

1. 解矩阵方程及求逆矩阵

【例 1】已知矩阵 $X$ 满足：$\begin{pmatrix} 1 & 0 & 1 \\ 1 & 1 & 0 \\ 0 & 1 & 1 \end{pmatrix}X\begin{pmatrix} 1 & 1 & -1 \\ 2 & 1 & 0 \\ 1 & -1 & 1 \end{pmatrix}=\begin{pmatrix} 1 & 1 & 3 \\ 4 & 3 & 2 \\ 1 & 2 & 5 \end{pmatrix}$，求矩阵 $X$.

【解析】因为 $\begin{pmatrix} 1 & 0 & 1 \\ 1 & 1 & 0 \\ 0 & 1 & 1 \end{pmatrix}^{-1}=\frac{1}{2}\begin{pmatrix} 1 & 1 & -1 \\ -1 & 1 & 1 \\ 1 & -1 & 1 \end{pmatrix}$，$\begin{pmatrix} 1 & 1 & -1 \\ 2 & 1 & 0 \\ 1 & -1 & 1 \end{pmatrix}^{-1}$

$$=\frac{1}{2}\begin{pmatrix} 1 & 0 & 1 \\ -2 & 2 & -2 \\ -3 & 2 & -1 \end{pmatrix}.$$

所以，$X=\begin{pmatrix} 1 & 0 & 1 \\ 1 & 1 & 0 \\ 0 & 1 & 1 \end{pmatrix}^{-1}\begin{pmatrix} 1 & 1 & 3 \\ 4 & 3 & 2 \\ 1 & 2 & 5 \end{pmatrix}\begin{pmatrix} 1 & 1 & -1 \\ 2 & 1 & 0 \\ 1 & -1 & 1 \end{pmatrix}^{-1}$

$$=\frac{1}{2}\begin{pmatrix} 1 & 1 & -1 \\ -1 & 1 & 1 \\ 1 & -1 & 1 \end{pmatrix}\cdot\begin{pmatrix} 1 & 1 & 3 \\ 4 & 3 & 2 \\ 1 & 2 & 5 \end{pmatrix}\cdot\frac{1}{2}\begin{pmatrix} 1 & 0 & 1 \\ -2 & 2 & -2 \\ -3 & 2 & -1 \end{pmatrix}=\begin{pmatrix} 0 & 1 & 0 \\ -4 & 4 & -2 \\ -5 & 3 & -2 \end{pmatrix}.$$

注意　此题主要考察矩阵的左、右乘法以及求矩阵的逆矩阵.

【例 2】判断矩阵 $A=\begin{pmatrix} 2 & 1 & 1 \\ 3 & 1 & 2 \\ 1 & -1 & 0 \end{pmatrix}$是否可逆？若可逆求 $A^{-1}$.

【解析】因为 $|A|=\begin{vmatrix} 2 & 1 & 1 \\ 3 & 1 & 2 \\ 1 & -1 & 0 \end{vmatrix}=\begin{vmatrix} 2 & 3 & 1 \\ 3 & 4 & 2 \\ 1 & 0 & 0 \end{vmatrix}=2\neq 0$，所以 $A$ 是可逆的.

又 $A_{11}=(-1)^{1+1}\begin{vmatrix} 1 & 2 \\ -1 & 0 \end{vmatrix}=2$，$A_{12}=(-1)^{1+2}\begin{vmatrix} 3 & 2 \\ 1 & 0 \end{vmatrix}=2$，$A_{13}=(-1)^{1+3}\begin{vmatrix} 3 & 1 \\ 1 & -1 \end{vmatrix}=-4$，$A_{21}=-1$，$A_{22}=-1$，$A_{23}=3$，$A_{31}=1$，$A_{32}=-1$，$A_{33}=-1$.

所以
$$A^{-1}=\frac{1}{2}\begin{pmatrix} 2 & -1 & 1 \\ 2 & -1 & -1 \\ -4 & 3 & -1 \end{pmatrix}.$$

【例 3】利用逆矩阵解线性方程组$\begin{cases} x_1+x_2-x_3=1, \\ 2x_2+2x_3=0, \\ x_1+x_2=2. \end{cases}$

【解析】 由矩阵的乘法知，上述方程组相当于矩阵方程$\begin{pmatrix}1&1&-1\\0&2&2\\1&1&0\end{pmatrix}\begin{pmatrix}x_1\\x_2\\x_3\end{pmatrix}=\begin{pmatrix}1\\0\\2\end{pmatrix}$，由于

$$\begin{vmatrix}1&1&-1\\0&2&2\\1&1&0\end{vmatrix}=2\neq 0,$$

所以方程组有唯一解，且系数矩阵可逆，从而上式两边左乘以$\begin{pmatrix}1&1&-1\\0&2&2\\1&1&0\end{pmatrix}^{-1}$，

得 $$\begin{pmatrix}x_1\\x_2\\x_3\end{pmatrix}=\begin{pmatrix}1&1&-1\\0&2&2\\1&1&0\end{pmatrix}^{-1}\begin{pmatrix}1\\0\\2\end{pmatrix}，又\begin{pmatrix}1&1&-1\\0&2&2\\1&1&0\end{pmatrix}^{-1}=\frac{1}{2}\begin{pmatrix}-2&-1&4\\2&1&-2\\-2&0&2\end{pmatrix},$$

最后得

$$\begin{pmatrix}x_1\\x_2\\x_3\end{pmatrix}=\frac{1}{2}\begin{pmatrix}-2&-1&4\\2&1&-2\\-2&0&2\end{pmatrix}\begin{pmatrix}1\\0\\2\end{pmatrix}=\frac{1}{2}\begin{pmatrix}6\\-2\\2\end{pmatrix}=\begin{pmatrix}3\\-1\\1\end{pmatrix}，即 x_1=3，x_2=-1，x_3=1.$$

【例 4】（1999 年考研题）设 $\boldsymbol{A}=\begin{pmatrix}1&1&-1\\-1&1&1\\1&-1&1\end{pmatrix}$，矩阵 $\boldsymbol{X}$ 满足 $\boldsymbol{A}^*\boldsymbol{X}=\boldsymbol{A}^{-1}+2\boldsymbol{X}$，其中 $\boldsymbol{A}^*$ 是 $\boldsymbol{A}$ 的伴随矩阵，求矩阵 $\boldsymbol{X}$.

【解析】 对所给矩阵方程两边左乘 $\boldsymbol{A}$ 得，$\boldsymbol{AA}^*\boldsymbol{X}=\boldsymbol{E}+2\boldsymbol{AX}$，注意到，$\boldsymbol{AA}^*=|\boldsymbol{A}|\boldsymbol{E}$，又

$$|\boldsymbol{A}|=\begin{vmatrix}1&1&-1\\-1&1&1\\1&-1&1\end{vmatrix}=4,$$

所以 $\boldsymbol{AA}^*=4\boldsymbol{E}$，代入并移项得 $4\boldsymbol{X}-2\boldsymbol{AX}=\boldsymbol{E}$，$2(2\boldsymbol{E}-\boldsymbol{A})\boldsymbol{X}=\boldsymbol{E}$，$\boldsymbol{X}=\frac{1}{2}(2\boldsymbol{E}-\boldsymbol{A})^{-1}$，

$$2\boldsymbol{E}-\boldsymbol{A}=\begin{pmatrix}1&-1&1\\1&1&-1\\-1&1&1\end{pmatrix},$$

由公式得

$$(2\boldsymbol{E}-\boldsymbol{A})^{-1}=\frac{1}{2}\begin{pmatrix}1&1&0\\0&1&1\\1&0&1\end{pmatrix},$$

所以 $$\boldsymbol{X}=\frac{1}{4}\begin{pmatrix}1&1&0\\0&1&1\\1&0&1\end{pmatrix}.$$

**2. 抽象矩阵求逆矩阵**

【例 5】 设方阵 $\boldsymbol{B}$ 为幂等矩阵（即有 $\boldsymbol{B}^2=\boldsymbol{B}$），又矩阵 $\boldsymbol{A}=\boldsymbol{E}+\boldsymbol{B}$，$\boldsymbol{E}$ 是单位矩阵，证明 $\boldsymbol{A}$ 是可逆矩阵，并求 $\boldsymbol{A}^{-1}$.

【解析】 由于 $\boldsymbol{A}^2=(\boldsymbol{E}+\boldsymbol{B})^2=\boldsymbol{E}+2\boldsymbol{B}+\boldsymbol{B}^2=\boldsymbol{E}+3\boldsymbol{B}$，同时，$\boldsymbol{B}=\boldsymbol{A}-\boldsymbol{E}$，

所以，$\boldsymbol{A}^2=\boldsymbol{E}+3(\boldsymbol{A}-\boldsymbol{E})=3\boldsymbol{A}-2\boldsymbol{E}$，得 $\boldsymbol{A}^2-3\boldsymbol{A}=-2\boldsymbol{E}$，$-\frac{1}{2}\boldsymbol{A}(\boldsymbol{A}-3\boldsymbol{E})=\boldsymbol{E}$

即 $\boldsymbol{A}\left(-\frac{1}{2}\boldsymbol{A}+\frac{3}{2}\boldsymbol{E}\right)=\boldsymbol{E}$，故 $\boldsymbol{A}$ 是可逆矩阵，且 $\boldsymbol{A}^{-1}=\frac{1}{2}(3\boldsymbol{E}-\boldsymbol{A})$.

**【例 6】** 设 $\boldsymbol{A},\boldsymbol{B},\boldsymbol{AB}-\boldsymbol{E}$ 为同阶可逆矩阵.

(1) 试证 $\boldsymbol{A}-\boldsymbol{B}^{-1}$ 可逆，并求 $\boldsymbol{A}-\boldsymbol{B}^{-1}$ 的逆矩阵；

(2) 试证 $(\boldsymbol{A}-\boldsymbol{B}^{-1})^{-1}-\boldsymbol{A}^{-1}$ 可逆，并求它的逆矩阵.

**【解析】** (1) 由于 $\boldsymbol{A}-\boldsymbol{B}^{-1}=\boldsymbol{ABB}^{-1}-\boldsymbol{B}^{-1}=(\boldsymbol{AB}-\boldsymbol{E})\boldsymbol{B}^{-1}$，又由 $\boldsymbol{B}$，$\boldsymbol{AB}-\boldsymbol{E}$ 为可逆矩阵知，$|\boldsymbol{A}-\boldsymbol{B}^{-1}|=|\boldsymbol{AB}-\boldsymbol{E}|\cdot|\boldsymbol{B}^{-1}|\neq 0$，所以 $\boldsymbol{A}-\boldsymbol{B}^{-1}$ 可逆．对 $\boldsymbol{A}-\boldsymbol{B}^{-1}=(\boldsymbol{AB}-\boldsymbol{E})\boldsymbol{B}^{-1}$，取逆矩阵得

$$(\boldsymbol{A}-\boldsymbol{B}^{-1})^{-1}=\boldsymbol{B}(\boldsymbol{AB}-\boldsymbol{E})^{-1}.$$

(2)
$$\begin{aligned}(\boldsymbol{A}-\boldsymbol{B}^{-1})^{-1}-\boldsymbol{A}^{-1}&=(\boldsymbol{A}-\boldsymbol{B}^{-1})^{-1}-(\boldsymbol{A}-\boldsymbol{B}^{-1})^{-1}(\boldsymbol{A}-\boldsymbol{B}^{-1})\boldsymbol{A}^{-1}\\&=(\boldsymbol{A}-\boldsymbol{B}^{-1})^{-1}[\boldsymbol{E}-(\boldsymbol{A}-\boldsymbol{B}^{-1})\boldsymbol{A}^{-1}]\\&=(\boldsymbol{A}-\boldsymbol{B}^{-1})^{-1}[\boldsymbol{E}-\boldsymbol{AA}^{-1}+\boldsymbol{B}^{-1}\boldsymbol{A}^{-1}]\\&=(\boldsymbol{A}-\boldsymbol{B}^{-1})^{-1}\boldsymbol{B}^{-1}\boldsymbol{A}^{-1},\end{aligned}$$

由于 $\boldsymbol{A}-\boldsymbol{B}^{-1}$ 和 $\boldsymbol{A}^{-1}$ 及 $\boldsymbol{B}^{-1}$ 均为可逆矩阵，所以 $(\boldsymbol{A}-\boldsymbol{B}^{-1})^{-1}-\boldsymbol{A}^{-1}$ 可逆．显然

$$[(\boldsymbol{A}-\boldsymbol{B}^{-1})^{-1}-\boldsymbol{A}^{-1}]^{-1}=\boldsymbol{AB}(\boldsymbol{A}-\boldsymbol{B}^{-1}).$$

## (四) 证明题及杂例

**【例 1】** 设 $\boldsymbol{A}$ 为 $n$ 阶可逆矩阵．证明：对任意常数 $k\neq 0$，$(k\boldsymbol{A})^*=k^{n-1}\boldsymbol{A}^*$.

**【证明】** 因为对于 $n$ 阶矩阵 $\boldsymbol{A}$，$\boldsymbol{A}^*=|\boldsymbol{A}|\boldsymbol{A}^{-1}$，所以，对任意常数 $k\neq 0$，

$$(k\boldsymbol{A})^*=|k\boldsymbol{A}|\cdot(k\boldsymbol{A})^{-1}=k^n|\boldsymbol{A}|\cdot\frac{1}{k}\boldsymbol{A}^{-1}=k^{n-1}|\boldsymbol{A}|\boldsymbol{A}^{-1}=k^{n-1}\boldsymbol{A}^*.$$

**【例 2】** $\boldsymbol{E}$ 是 $n$ 阶单位矩阵，$n$ 阶矩阵 $\boldsymbol{A},\boldsymbol{B}$ 满足 $\boldsymbol{A}+\boldsymbol{B}=\boldsymbol{AB}$.

(1) 证明 $\boldsymbol{A}-\boldsymbol{E}$ 为可逆矩阵；　　(2) 已知 $\boldsymbol{B}=\begin{pmatrix}1&-3&0\\2&1&0\\0&0&2\end{pmatrix}$，求矩阵 $\boldsymbol{A}$.

**【证明】** (1) 由 $\boldsymbol{A}+\boldsymbol{B}=\boldsymbol{AB}$ 得，$\boldsymbol{AB}-\boldsymbol{A}-\boldsymbol{B}=\boldsymbol{O}$，两边加上 $\boldsymbol{E}$ 得，$\boldsymbol{AB}-\boldsymbol{A}-\boldsymbol{B}+\boldsymbol{E}=\boldsymbol{E}$，即，$(\boldsymbol{A}-\boldsymbol{E})(\boldsymbol{B}-\boldsymbol{E})=\boldsymbol{E}$，于是，$\boldsymbol{A}-\boldsymbol{E},\boldsymbol{B}-\boldsymbol{E}$ 为可逆矩阵.

(2) 由上知，$\boldsymbol{A}-\boldsymbol{E}=(\boldsymbol{B}-\boldsymbol{E})^{-1}$，又

$$\boldsymbol{B}-\boldsymbol{E}=\begin{pmatrix}0&-3&0\\2&0&0\\0&0&1\end{pmatrix},\ (\boldsymbol{B}-\boldsymbol{E})^{-1}=\begin{pmatrix}0&\frac{1}{2}&0\\-\frac{1}{3}&0&0\\0&0&1\end{pmatrix},\text{所以 }\boldsymbol{A}=\begin{pmatrix}1&\frac{1}{2}&0\\-\frac{1}{3}&1&0\\0&0&2\end{pmatrix}.$$

**【例 3】** 设 $\boldsymbol{A}$ 为 $n$ 阶非零矩阵 $(n>2)$，$\boldsymbol{A}^*$ 是 $\boldsymbol{A}$ 的伴随矩阵，$\boldsymbol{A}^{\mathrm{T}}$ 是 $\boldsymbol{A}$ 的转置矩阵，若 $\boldsymbol{A}^*=\boldsymbol{A}^{\mathrm{T}}$，证明 $\boldsymbol{A}$ 为 $n$ 阶可逆矩阵，并求 $|\boldsymbol{A}|$.

**【证明】** 只需证明 $|\boldsymbol{A}|\neq 0$. 因为 $\boldsymbol{A}^*=\boldsymbol{A}^{\mathrm{T}}$，即

$$\boldsymbol{A}^*=\begin{pmatrix}A_{11}&A_{21}&\cdots&A_{n1}\\A_{12}&A_{22}&\cdots&A_{n2}\\\cdots&\cdots&\cdots&\cdots\\A_{1n}&A_{2n}&\cdots&A_{nn}\end{pmatrix}=\begin{pmatrix}a_{11}&a_{21}&\cdots&a_{n1}\\a_{12}&a_{22}&\cdots&a_{n2}\\\cdots&\cdots&\cdots&\cdots\\a_{1n}&a_{2n}&\cdots&a_{nn}\end{pmatrix}=\boldsymbol{A}^{\mathrm{T}},$$

所以 $a_{ij}=A_{ij}\quad(i,j=1,2,\cdots,n)$. 又 $\boldsymbol{A}$ 为 $n$ 阶非零矩阵，不妨设 $a_{11}\neq 0$，则有

$$|\boldsymbol{A}|=a_{11}A_{11}+a_{12}A_{12}+\cdots+a_{1n}A_{1n}=a_{11}^2+a_{12}^2+\cdots+a_{1n}^2>0,$$

所以 $\boldsymbol{A}$ 为 $n$ 阶可逆矩阵. 因为 $\boldsymbol{A}^*=\boldsymbol{A}^{\mathrm{T}}$，得 $\boldsymbol{A}\boldsymbol{A}^{\mathrm{T}}=\boldsymbol{A}\boldsymbol{A}^*=|\boldsymbol{A}|\boldsymbol{E}$，取行列式得

$$|\boldsymbol{A}|^2=|\boldsymbol{A}\boldsymbol{A}^{\mathrm{T}}|=|\boldsymbol{A}|^n,$$

即有 $|\boldsymbol{A}|^2(|\boldsymbol{A}|^{n-2}-1)=0$，因为 $|\boldsymbol{A}|\neq 0$，得 $|\boldsymbol{A}|^{n-2}=1$，又 $|\boldsymbol{A}|>0$，所以 $|\boldsymbol{A}|=1$.

**【例 4】** 设 $\boldsymbol{A},\boldsymbol{B},\boldsymbol{A}+\boldsymbol{B}$ 都是可逆矩阵，试求 $(\boldsymbol{A}^{-1}+\boldsymbol{B}^{-1})^{-1}$.

**【解析】** $(\boldsymbol{A}^{-1}+\boldsymbol{B}^{-1})=\boldsymbol{B}(\boldsymbol{B}\boldsymbol{A}^{-1}+\boldsymbol{E})=\boldsymbol{B}^{-1}(\boldsymbol{B}\boldsymbol{A}^{-1}+\boldsymbol{A}\boldsymbol{A}^{-1})$

$$=\boldsymbol{B}^{-1}(\boldsymbol{B}+\boldsymbol{A})\boldsymbol{A}^{-1}=\boldsymbol{B}^{-1}(\boldsymbol{A}+\boldsymbol{B})\boldsymbol{A}^{-1},$$

所以 $\quad(\boldsymbol{A}^{-1}+\boldsymbol{B}^{-1})^{-1}=\boldsymbol{A}(\boldsymbol{A}+\boldsymbol{B})^{-1}\boldsymbol{B}.$

## 三、疑难解析

(1) 矩阵乘法一般不满足交换律　按照矩阵乘法的规定，只有当第一个矩阵 $\boldsymbol{A}$（左矩阵）的列数等于第二个矩阵 $\boldsymbol{B}$（右矩阵）的行数时，两个矩阵相乘 $\boldsymbol{AB}$ 才有意义，否则 $\boldsymbol{AB}$ 无意义. 对于方阵来说，尽管 $\boldsymbol{AB}$ 和 $\boldsymbol{BA}$ 都有意义，但不能保证 $\boldsymbol{AB}=\boldsymbol{BA}$，只是它们都是同阶方阵而已.

例如：$\boldsymbol{A}=\begin{pmatrix}0&0\\0&1\end{pmatrix}$，$\boldsymbol{B}=\begin{pmatrix}0&1\\0&0\end{pmatrix}$，$\boldsymbol{AB}=\begin{pmatrix}0&0\\0&1\end{pmatrix}\begin{pmatrix}0&1\\0&0\end{pmatrix}=\begin{pmatrix}0&0\\0&0\end{pmatrix}$，

而 $\boldsymbol{BA}=\begin{pmatrix}0&1\\0&0\end{pmatrix}\begin{pmatrix}0&0\\0&1\end{pmatrix}=\begin{pmatrix}0&1\\0&0\end{pmatrix}$，都是 2 阶方阵，但 $\boldsymbol{AB}\neq\boldsymbol{BA}$.

(2) 矩阵乘法一般不满足消去律　一般由 $\boldsymbol{AB}=\boldsymbol{AC}$，即便 $\boldsymbol{A}\neq\boldsymbol{O}$，也不能得到 $\boldsymbol{B}=\boldsymbol{C}$. 这是由于当 $\boldsymbol{AB}=\boldsymbol{O}$ 时，不能得到 $\boldsymbol{A}=\boldsymbol{O}$ 或 $\boldsymbol{B}=\boldsymbol{O}$ 或 $\boldsymbol{A}=\boldsymbol{B}=\boldsymbol{O}$. 由

$$\boldsymbol{AB}=\begin{pmatrix}0&0\\0&1\end{pmatrix}\begin{pmatrix}0&1\\0&0\end{pmatrix}=\begin{pmatrix}0&0\\0&0\end{pmatrix}$$

可以看出，显然 $\boldsymbol{A}\neq\boldsymbol{O}$，$\boldsymbol{B}\neq\boldsymbol{O}$，而 $\boldsymbol{AB}=\boldsymbol{O}$.

(3) 由矩阵乘法不满足交换律、消去律，自然也不能由 $\boldsymbol{AB}=\boldsymbol{A}$，得到 $\boldsymbol{B}=\boldsymbol{E}$.

例如：$\boldsymbol{AB}=\begin{pmatrix}0&1\\0&0\end{pmatrix}\begin{pmatrix}0&0\\0&1\end{pmatrix}=\begin{pmatrix}0&1\\0&0\end{pmatrix}=\boldsymbol{A}$，而 $\boldsymbol{B}=\begin{pmatrix}0&0\\0&1\end{pmatrix}$，并没有 $\boldsymbol{B}=\boldsymbol{E}$.

同样，由 $\boldsymbol{A}^2=\boldsymbol{O}$，也不能得到 $\boldsymbol{A}=\boldsymbol{O}$. 当然由 $\boldsymbol{A}^2=\boldsymbol{A}$，也不能得到 $\boldsymbol{A}=\boldsymbol{O}$ 或 $\boldsymbol{A}=\boldsymbol{E}$. 例如

$$\boldsymbol{A}=\begin{pmatrix}0&1\\0&0\end{pmatrix},\ \boldsymbol{A}^2=\begin{pmatrix}0&1\\0&0\end{pmatrix}\begin{pmatrix}0&1\\0&0\end{pmatrix}=\begin{pmatrix}0&0\\0&0\end{pmatrix},\ \text{而 }\boldsymbol{A}\neq\boldsymbol{O}.$$

实际上，由此例可以看出，对任意正整数 $k$，当 $\boldsymbol{A}^k=\boldsymbol{O}$，也不能得到 $\boldsymbol{A}=\boldsymbol{O}$.

(4) 尽管矩阵乘法一般不满足交换律，即一般 $\boldsymbol{AB}\neq\boldsymbol{BA}$.

但是由方阵的行列式运算规律知，对任意两个 $n$ 阶方阵 $\boldsymbol{A},\boldsymbol{B}$，总有 $|\boldsymbol{AB}|=|\boldsymbol{BA}|$ 成立.

(5) 尽管矩阵乘法一般不满足消去律，即由 $\boldsymbol{AB}=\boldsymbol{AC}$，$\boldsymbol{A}\neq\boldsymbol{O}$，不能得到 $\boldsymbol{B}=\boldsymbol{C}$.

但若将条件改为 $\boldsymbol{AB}=\boldsymbol{AC}$，$|\boldsymbol{A}|\neq 0$（或矩阵 $\boldsymbol{A}$ 非奇异），则能得到 $\boldsymbol{B}=\boldsymbol{C}$. 这是由于 $\boldsymbol{A}^{-1}$ 存在，对 $\boldsymbol{AB}=\boldsymbol{AC}$ 两边左乘 $\boldsymbol{A}^{-1}$，即可得到 $\boldsymbol{B}=\boldsymbol{C}$.

(6) 若在 $\boldsymbol{A}^2=\boldsymbol{A}$ 中，限制 $|\boldsymbol{A}|\neq 0$（或矩阵 $\boldsymbol{A}$ 非奇异），则能得到 $\boldsymbol{A}=\boldsymbol{E}$. 同样，在 $\boldsymbol{A}^2=\boldsymbol{O}$ 中，限制 $\boldsymbol{A}$ 是对称矩阵，则能得到 $\boldsymbol{A}=\boldsymbol{O}$.

(7) 应注意的是，由于矩阵与行列式是两个不同的概念，所以有时对两个方阵 $\boldsymbol{A},\boldsymbol{B}$，可能有 $\boldsymbol{A}\neq\boldsymbol{B}$，但 $|\boldsymbol{A}|=|\boldsymbol{B}|$ 可能成立.

(8) 由矩阵相等的定义知，零矩阵与零矩阵也可能不相等．这是由于它们可能是两个行数与列数不相等的零矩阵.

(9) 一个行矩阵与一个列矩阵的乘积是一个 1×1 的矩阵，一般 1×1 的矩阵我们就认为它是一个数．例如：$\boldsymbol{A}=(1,-1,2)$，$\boldsymbol{B}=\begin{pmatrix}0\\1\\-1\end{pmatrix}$，规定 $\boldsymbol{AB}=(1,-1,2)\begin{pmatrix}0\\1\\-1\end{pmatrix}=-3$.

但是 $\boldsymbol{BA}=\begin{pmatrix}0\\1\\-1\end{pmatrix}(1,-1,2)=\begin{pmatrix}0&0&0\\1&-1&2\\-1&1&-2\end{pmatrix}$，则是一个 3 阶方阵了.

(10) 用矩阵的分块法来计算行列式时应注意下列情况.

① 若 $\boldsymbol{A}$ 的分块矩阵只在主对角线及主对角线以下（上）存在非零方阵子块，其余子块都为零矩阵，而主对角线上的非零方阵子块为 $\boldsymbol{A}_i(i=1,2,\cdots,s)$，则 $|\boldsymbol{A}|=|\boldsymbol{A}_1|\cdot|\boldsymbol{A}_2|\cdots\cdots|\boldsymbol{A}_s|$．即分块后为

$$\boldsymbol{A}=\begin{pmatrix}\boldsymbol{A}_1&&&\\&\boldsymbol{A}_2&&\\&&\ddots&\\&&&\boldsymbol{A}_s\end{pmatrix},\ \boldsymbol{A}=\begin{pmatrix}\boldsymbol{A}_1&&&\\\boldsymbol{B}_2&\boldsymbol{A}_2&&\\\cdots&\cdots&\ddots&\\\boldsymbol{C}_1&\boldsymbol{C}_2&\cdots&\boldsymbol{A}_s\end{pmatrix},\ \boldsymbol{A}=\begin{pmatrix}\boldsymbol{A}_1&\boldsymbol{B}_2&\cdots&\boldsymbol{C}_1\\&\boldsymbol{A}_2&\cdots&\boldsymbol{C}_2\\&&\ddots&\cdots\\&&&\boldsymbol{A}_s\end{pmatrix}$$

时，才有 $|\boldsymbol{A}|=|\boldsymbol{A}_1|\cdot|\boldsymbol{A}_2|\cdots\cdots|\boldsymbol{A}_s|$ 成立.

② 绝对不能由用 $\boldsymbol{A}$ 分块后为 $\boldsymbol{A}=\begin{pmatrix}\boldsymbol{A}_1&\boldsymbol{A}_2\\\boldsymbol{A}_3&\boldsymbol{A}_4\end{pmatrix}$，得到 $|\boldsymbol{A}|=|\boldsymbol{A}_1|\cdot|\boldsymbol{A}_4|-|\boldsymbol{A}_2|\cdot|\boldsymbol{A}_3|$ 来求高阶矩阵的行列式.

## 四、强化练习题

### ☆ A 题 ☆

**(一) 填空题**

1. 设 $\boldsymbol{A}=\begin{pmatrix}1&0\\0&0\end{pmatrix}$，$\boldsymbol{B}=\begin{pmatrix}0&0\\0&1\end{pmatrix}$，则 $\boldsymbol{AB}=$________.

2. 设 $\boldsymbol{A}=\begin{pmatrix}1&1&1\\-1&1&1\\1&-1&1\end{pmatrix}$，$\boldsymbol{B}=\begin{pmatrix}1&2&1\\1&3&-1\\2&-1&4\end{pmatrix}$，则 $\boldsymbol{A}^2-\boldsymbol{B}^2=$________.

3. 设 $\boldsymbol{A}=(1,2,3)$，$\boldsymbol{B}=\begin{pmatrix}3\\2\\1\end{pmatrix}$，则 $\boldsymbol{AB}=$________；$\boldsymbol{BA}=$________.

4. 设 $\boldsymbol{A}=\begin{pmatrix}1&1\\0&0\end{pmatrix}$，则对正整数 $k$，有 $\boldsymbol{A}^k=$________.

5. 设 $\boldsymbol{A}=\begin{pmatrix}0&1&0\\0&0&1\\0&0&0\end{pmatrix}$，则对正整数 $k$，有 $\boldsymbol{A}^k=$________.

6. 设 $\boldsymbol{A}$ 为 4 阶矩阵，$\boldsymbol{B}$ 为 5 阶矩阵，且 $|\boldsymbol{A}|=2$，$|\boldsymbol{B}|=-2$，则 $|-|\boldsymbol{A}|\boldsymbol{B}|=$________；$|2\boldsymbol{A}|=$________；$|2\boldsymbol{B}^{-1}|=$________.

7. 设 $\boldsymbol{A}$ 为 3 阶矩阵，且 $|\boldsymbol{A}|=\dfrac{1}{2}$，则 $|(3\boldsymbol{A})^{-1}-2\boldsymbol{A}^*|=$________.

8. $\boldsymbol{A}$ 为 3 阶矩阵，且 $|\boldsymbol{A}|=4$，则 $\left|\left(\dfrac{1}{2}\boldsymbol{A}\right)^2\right|=$________.

9. $\boldsymbol{A}^2-\boldsymbol{B}^2=(\boldsymbol{A}+\boldsymbol{B})(\boldsymbol{A}-\boldsymbol{B})$的充分必要条件是________.

10. 设 $\boldsymbol{A}$ 为 3 阶矩阵，且 $|\boldsymbol{A}|=2$，则 $|(\boldsymbol{A}^*)^{-1}|=$________.

**（二）选择题**

1. 设有矩阵 $\boldsymbol{A}_{3\times2}$，$\boldsymbol{B}_{2\times3}$，$\boldsymbol{C}_{3\times3}$，下列运算中可行的是________.

（A）$\boldsymbol{AC}$　（B）$\boldsymbol{CB}$　（C）$\boldsymbol{ABC}$　（D）$\boldsymbol{AB}-\boldsymbol{BC}$

2. 设 $\boldsymbol{A},\boldsymbol{B}$ 是 $n$ 阶方阵，$\boldsymbol{E}$ 为单位矩阵，以下命题正确的是________.

（A）$(\boldsymbol{A}+\boldsymbol{B})^2=\boldsymbol{A}^2+2\boldsymbol{AB}+\boldsymbol{B}^2$　（B）$(\boldsymbol{A}+\boldsymbol{B})(\boldsymbol{A}-\boldsymbol{B})=\boldsymbol{A}^2-\boldsymbol{B}^2$

（C）$(\boldsymbol{A}+\boldsymbol{E})(\boldsymbol{A}-\boldsymbol{E})=\boldsymbol{A}^2-\boldsymbol{E}$　（D）$(\boldsymbol{AB})^2=\boldsymbol{A}^2\boldsymbol{B}^2$

3. 设 $\boldsymbol{A},\boldsymbol{B},\boldsymbol{X}$ 都是 $n$ 阶可逆方阵，且满足 $\boldsymbol{XA}=\boldsymbol{B}$，则有 $\boldsymbol{X}=$________.

（A）$\dfrac{\boldsymbol{B}}{\boldsymbol{A}}$　（B）$\boldsymbol{BA}^{-1}$　（C）$\boldsymbol{A}^{-1}\boldsymbol{B}$　（D）$\dfrac{\boldsymbol{A}}{\boldsymbol{B}}$

4. 设 $\boldsymbol{A}$ 是 3 阶可逆方阵，且 $|\boldsymbol{A}|=2$，则 $|-2\boldsymbol{A}^2|=$________.

（A）$-32$　（B）32　（C）$-8$　（D）8

5. 设 $\boldsymbol{A},\boldsymbol{B}$ 都是 $n$ 阶对称方阵，则下列结论不正确的是________.

（A）$\boldsymbol{A}+\boldsymbol{B}$ 对称　（B）$\boldsymbol{A}^{-1},\boldsymbol{B}^{-1}$ 都对称

（C）$\boldsymbol{AB}$ 对称　（D）$\boldsymbol{A}^{\mathrm{T}}+\boldsymbol{B}^{\mathrm{T}}$ 对称

6. 设 $\boldsymbol{A},\boldsymbol{B}$ 是 $n$ 阶方阵，以下命题不正确的是________.

（A）$\boldsymbol{A}$ 可逆，且 $\boldsymbol{AB}=\boldsymbol{O}$，则 $\boldsymbol{B}=\boldsymbol{O}$

（B）$\boldsymbol{A},\boldsymbol{B}$ 中有一个不可逆，则 $\boldsymbol{AB}$ 不可逆

（C）$\boldsymbol{A},\boldsymbol{B}$ 都可逆，则 $\boldsymbol{A}+\boldsymbol{B}$ 可逆　（D）$\boldsymbol{A},\boldsymbol{B}$ 都可逆，则 $\boldsymbol{A}^{\mathrm{T}}\boldsymbol{B}$ 可逆

7. 设 $\boldsymbol{A},\boldsymbol{B}$ 是 $n$ 阶方阵，下列各式总成立的是________.

（A）$|\boldsymbol{A}+\boldsymbol{B}|=|\boldsymbol{A}|+|\boldsymbol{B}|$　（B）$(\boldsymbol{AB})^{\mathrm{T}}=\boldsymbol{A}^{\mathrm{T}}\boldsymbol{B}^{\mathrm{T}}$

（C）$(\boldsymbol{A}+\boldsymbol{B})^2=\boldsymbol{A}^2+2\boldsymbol{AB}+\boldsymbol{B}^2$　（D）$|\boldsymbol{AB}|=|\boldsymbol{BA}|$

8. 设 $\boldsymbol{A}$ 是 3 阶方阵，$|\boldsymbol{A}|=2$，$\boldsymbol{A}^*$ 是 $\boldsymbol{A}$ 的伴随矩阵，则 $|\boldsymbol{A}^*|=$________.

（A）2　（B）4　（C）8　（D）16

9. 设 $\boldsymbol{A}=\begin{pmatrix}1&2\\4&3\end{pmatrix}$，$\boldsymbol{B}=\begin{pmatrix}x&1\\2&y\end{pmatrix}$，则当 $x$ 与 $y$ 之间满足________时，有 $\boldsymbol{AB}=\boldsymbol{BA}$ 成立.

（A）$2x=y$　（B）$2y=x$　（C）$y=x+1$　（D）$y=x-1$

10. 设 $\boldsymbol{A},\boldsymbol{B}$ 都是 $n$ 阶方阵，满足 $\boldsymbol{AB}=\boldsymbol{O}$，则________.

（A）$\boldsymbol{A}=\boldsymbol{B}=\boldsymbol{O}$　（B）$\boldsymbol{A}+\boldsymbol{B}=\boldsymbol{O}$

（C）$|\boldsymbol{A}|=0$ 或 $|\boldsymbol{B}|=0$　（D）$|\boldsymbol{A}|+|\boldsymbol{B}|=0$

**（三）计算题**

1. 设 $\boldsymbol{A}=\begin{pmatrix}1&0&2\\2&-1&3\\4&1&8\end{pmatrix}$，求 $\boldsymbol{A}^{-1}$.

2. 解下列矩阵方程：

（1）$\boldsymbol{X}\cdot\begin{pmatrix}-1&2\\1&-4\end{pmatrix}=\begin{pmatrix}0&1\\1&0\end{pmatrix}$；　　（2）$\begin{pmatrix}2&5\\1&3\end{pmatrix}\cdot\boldsymbol{X}=\begin{pmatrix}2&-2\\-1&3\end{pmatrix}$；

（3）$\begin{pmatrix}2&-1\\3&-2\end{pmatrix}\cdot\boldsymbol{X}\cdot\begin{pmatrix}-1&-1\\2&3\end{pmatrix}=\begin{pmatrix}1&-1\\2&-3\end{pmatrix}$；

（4）$\boldsymbol{X}=\begin{pmatrix}1&-1&0\\-1&1&-1\\-1&0&2\end{pmatrix}\cdot\boldsymbol{X}+\begin{pmatrix}2&1\\1&2\\3&0\end{pmatrix}$.

3. 设 $\boldsymbol{A}$ 是 3 阶方阵，且其伴随矩阵 $\boldsymbol{A}^*=\begin{pmatrix}1&0&0\\2&3&0\\4&6&3\end{pmatrix}$，求矩阵 $\boldsymbol{A}$.

4. （2003 年考研题）设 $\boldsymbol{A},\boldsymbol{B}$ 均为 3 阶矩阵，$\boldsymbol{E}$ 是 3 阶单位矩阵．已知 $\boldsymbol{AB}=2\boldsymbol{A}+\boldsymbol{B}$，$\boldsymbol{B}=\begin{pmatrix}2&0&2\\0&4&0\\2&0&2\end{pmatrix}$，求$(\boldsymbol{A}-\boldsymbol{E})^{-1}$.

5. 设 $\boldsymbol{A}=\begin{pmatrix}1&0&0\\2&2&0\\3&4&5\end{pmatrix}$，求$(\boldsymbol{A}^*)^{-1}$.

6. 设 $\boldsymbol{A}=\begin{pmatrix}0&1&0\\-1&1&1\\-1&0&-1\end{pmatrix}$，$\boldsymbol{B}=\begin{pmatrix}1&-1\\2&0\\5&-3\end{pmatrix}$，矩阵 $\boldsymbol{X}$ 满足 $\boldsymbol{X}=\boldsymbol{AX}+\boldsymbol{B}$，求 $\boldsymbol{X}$.

## ☆ B 题 ☆

### （一）填空题

1. 设 $\boldsymbol{A}=\begin{pmatrix}0&a_1&0&0\\0&0&a_2&0\\0&0&0&a_3\\a_4&0&0&0\end{pmatrix}$，且 $a_i\neq0,i=1,2,3,4$，则 $\boldsymbol{A}^{-1}=$________.

2. 设 $\boldsymbol{A}=\begin{pmatrix}1&1&0\\0&1&1\\0&0&1\end{pmatrix}$，将矩阵 $\boldsymbol{A}$ 分解成一个对称阵 $\boldsymbol{B}$ 与一个反对称阵 $\boldsymbol{C}$ 之和（即 $\boldsymbol{A}=\boldsymbol{B}+\boldsymbol{C}$，其中 $\boldsymbol{B}$ 为对称阵，$\boldsymbol{C}$ 为反对称阵）那么 $\boldsymbol{A}$ 与 $\boldsymbol{B}$ 分别是________.

3. 已知 $\boldsymbol{B}=(1,2,3)$，$\boldsymbol{C}=\left(1,\frac{1}{2},\frac{1}{3}\right)$，设 $\boldsymbol{A}=\boldsymbol{B}^{\mathrm{T}}\boldsymbol{C}$，则 $\boldsymbol{A}^n=$________.

4. 设 $\boldsymbol{A}=\frac{1}{2}(\boldsymbol{B}+\boldsymbol{E})$，则当且仅当 $\boldsymbol{B}^2=$________时，$\boldsymbol{A}^2=\boldsymbol{A}$.

5. 设 $\boldsymbol{A}=\begin{pmatrix}\boldsymbol{\alpha}\\2\boldsymbol{\alpha}_2\\3\boldsymbol{\alpha}_3\end{pmatrix}$，$\boldsymbol{B}=\begin{pmatrix}\boldsymbol{\beta}\\\boldsymbol{\alpha}_2\\\boldsymbol{\alpha}_3\end{pmatrix}$，其中 $\boldsymbol{\alpha},\boldsymbol{\beta},\boldsymbol{\alpha}_2,\boldsymbol{\alpha}_3$ 均为 $1\times3$ 阶矩阵，且 $|\boldsymbol{A}|=18$，$|\boldsymbol{B}|=2$，则 $|\boldsymbol{A}-\boldsymbol{B}|=$________.

6. 设$\boldsymbol{A}=\begin{pmatrix}2&7&2&-3\\2&5&1&-2\\5&7&0&0\\3&4&0&0\end{pmatrix}$，则$\boldsymbol{A}^{-1}=$________.

7. 已知$\boldsymbol{A}=\begin{pmatrix}1&0&0\\0&\frac{1}{2}&\frac{3}{2}\\0&1&\frac{5}{2}\end{pmatrix}$，则$(\boldsymbol{A}^*)^{-1}=$________.

8. 已知矩阵$\boldsymbol{A},\boldsymbol{B},\boldsymbol{C}$满足$\boldsymbol{AC}=\boldsymbol{CB}$，其中$\boldsymbol{C}=(c_{ij})_{s\times n}$，则$\boldsymbol{A}$与$\boldsymbol{B}$的阶数分别是________.

9. 设$\boldsymbol{B}=\begin{pmatrix}5&4\\3&2\end{pmatrix}$，$\boldsymbol{C}=\begin{pmatrix}2&1\\-3&4\end{pmatrix}$，且$\boldsymbol{BAC}=\boldsymbol{E}$，则$\boldsymbol{A}^{-1}=$________.

10. 设$\boldsymbol{A},\boldsymbol{B}$是$n$阶可逆方阵，则$\left|-2\begin{pmatrix}\boldsymbol{A}^{\mathrm{T}}&\boldsymbol{O}\\\boldsymbol{O}&\boldsymbol{B}^{-1}\end{pmatrix}\right|=$________.

**（二）选择题**

1. 设$\boldsymbol{A},\boldsymbol{B},\boldsymbol{X},\boldsymbol{Y}$都是$n$阶方阵，$\boldsymbol{C}=\begin{pmatrix}\boldsymbol{A}&\boldsymbol{B}\\\boldsymbol{X}&\boldsymbol{Y}\end{pmatrix}$，则有$\boldsymbol{C}^{\mathrm{T}}=$________.

（A）$\begin{pmatrix}\boldsymbol{A}^{\mathrm{T}}&\boldsymbol{B}^{\mathrm{T}}\\\boldsymbol{X}^{\mathrm{T}}&\boldsymbol{Y}^{\mathrm{T}}\end{pmatrix}$　（B）$\begin{pmatrix}\boldsymbol{A}^{\mathrm{T}}&\boldsymbol{X}^{\mathrm{T}}\\\boldsymbol{B}^{\mathrm{T}}&\boldsymbol{Y}^{\mathrm{T}}\end{pmatrix}$　（C）$\begin{pmatrix}\boldsymbol{A}&\boldsymbol{X}\\\boldsymbol{B}&\boldsymbol{Y}\end{pmatrix}$　（D）$\begin{pmatrix}\boldsymbol{X}^{\mathrm{T}}&\boldsymbol{Y}^{\mathrm{T}}\\\boldsymbol{A}^{\mathrm{T}}&\boldsymbol{B}^{\mathrm{T}}\end{pmatrix}$

2. 设$\boldsymbol{A},\boldsymbol{B},\boldsymbol{X}$，$\boldsymbol{Y}$都是$n$阶方阵，且$\boldsymbol{A}$为可逆方阵，$\boldsymbol{C}=\begin{pmatrix}\boldsymbol{A}&\boldsymbol{B}\\\boldsymbol{X}&\boldsymbol{Y}\end{pmatrix}$，则有$|\boldsymbol{C}|=$________.

（A）$|\boldsymbol{A}|\cdot|\boldsymbol{Y}|-|\boldsymbol{B}|\cdot|\boldsymbol{X}|$　（B）$|\boldsymbol{A}-\boldsymbol{X}|\cdot|\boldsymbol{B}-\boldsymbol{Y}|$

（C）$|\boldsymbol{AY}|-|\boldsymbol{BX}|$　（D）$|\boldsymbol{A}|\cdot|\boldsymbol{Y}-\boldsymbol{XA}^{-1}\boldsymbol{B}|$

3. 设$\boldsymbol{A}$是3阶方阵，$\boldsymbol{A}^*$是$\boldsymbol{A}$的伴随矩阵，$k\neq0,\pm1$为常数，则$(k\boldsymbol{A})^*=$________.

（A）$k\boldsymbol{A}^*$　（B）$k^2\boldsymbol{A}^*$　（C）$k^3\boldsymbol{A}^*$　（D）$\frac{1}{k}\boldsymbol{A}^*$

4. 设$\boldsymbol{A},\boldsymbol{B}$是$n$阶可逆方阵，则分块矩阵$\begin{pmatrix}\boldsymbol{O}&\boldsymbol{A}\\\boldsymbol{B}&\boldsymbol{O}\end{pmatrix}^{-1}=$________.

（A）$\begin{pmatrix}\boldsymbol{O}&\boldsymbol{A}^{-1}\\\boldsymbol{B}^{-1}&\boldsymbol{O}\end{pmatrix}$　（B）$\begin{pmatrix}\boldsymbol{O}&\boldsymbol{B}^{-1}\\\boldsymbol{A}^{-1}&\boldsymbol{O}\end{pmatrix}$　（C）$\begin{pmatrix}\boldsymbol{A}^{-1}&\boldsymbol{O}\\\boldsymbol{O}&\boldsymbol{B}^{-1}\end{pmatrix}$　（D）$\begin{pmatrix}\boldsymbol{B}^{-1}&\boldsymbol{O}\\\boldsymbol{O}&\boldsymbol{A}^{-1}\end{pmatrix}$

5. 设$\boldsymbol{A}$是$n$阶方阵，交换$\boldsymbol{A}$的前两列后所得矩阵设为$\boldsymbol{B}$，已知$|\boldsymbol{A}|\neq|\boldsymbol{B}|$，则有________.

（A）$|\boldsymbol{A}|$可能等于零　（B）$|\boldsymbol{A}|$不可能等于零

（C）$|\boldsymbol{A}+\boldsymbol{B}|=0$　（D）$|\boldsymbol{A}-\boldsymbol{B}|=0$

6.（2008年考研题）设$\boldsymbol{A}$是$n$阶非零方阵，$\boldsymbol{E}$为$n$阶单位矩阵，若$\boldsymbol{A}^3=\boldsymbol{O}$，则________.

（A）$\boldsymbol{E}-\boldsymbol{A}$不可逆，$\boldsymbol{E}+\boldsymbol{A}$不可逆　（B）$\boldsymbol{E}-\boldsymbol{A}$不可逆，$\boldsymbol{E}+\boldsymbol{A}$可逆

（C）$\boldsymbol{E}-\boldsymbol{A}$可逆，$\boldsymbol{E}+\boldsymbol{A}$可逆　（D）$\boldsymbol{E}-\boldsymbol{A}$可逆，$\boldsymbol{E}+\boldsymbol{A}$不可逆

7. 设$\boldsymbol{A}$是$n$阶矩阵，$\boldsymbol{A}^*$是$\boldsymbol{A}$的伴随矩阵，若$|\boldsymbol{A}|=a$，则$\begin{vmatrix}\boldsymbol{O}&\boldsymbol{A}^*\\2\boldsymbol{A}&\boldsymbol{O}\end{vmatrix}=$________.

（A）$-a^n$　（B）$a^n$　（C）$(-1)^{n^2}2a^n$　（D）$(-1)^{n^2}2^na^n$

8.（2009 年考研题）设 $\boldsymbol{A},\boldsymbol{B}$ 都是 2 阶方阵，$|\boldsymbol{A}|=2$，$|\boldsymbol{B}|=3$，$\boldsymbol{A}^*,\boldsymbol{B}^*$ 分别是 $\boldsymbol{A}$ 和 $\boldsymbol{B}$ 的伴随矩阵，则 $\begin{pmatrix}\boldsymbol{O} & \boldsymbol{A}\\ \boldsymbol{B} & \boldsymbol{O}\end{pmatrix}$ 的伴随矩阵为________.

(A) $\begin{pmatrix}\boldsymbol{O} & 3\boldsymbol{B}^*\\ 2\boldsymbol{A}^* & \boldsymbol{O}\end{pmatrix}$　(B) $\begin{pmatrix}\boldsymbol{O} & 2\boldsymbol{B}^*\\ 3\boldsymbol{A}^* & \boldsymbol{O}\end{pmatrix}$　(C) $\begin{pmatrix}\boldsymbol{O} & 3\boldsymbol{A}^*\\ 2\boldsymbol{B}^* & \boldsymbol{O}\end{pmatrix}$　(D) $\begin{pmatrix}\boldsymbol{O} & 2\boldsymbol{A}^*\\ 3\boldsymbol{B}^* & \boldsymbol{O}\end{pmatrix}$

**（三）计算题**

1. 已知 $f(x)=x^2-5x+3$，$\boldsymbol{A}=\begin{pmatrix}2 & -1\\ -3 & 3\end{pmatrix}$，定义 $f(\boldsymbol{A})=\boldsymbol{A}^2-5\boldsymbol{A}+3\boldsymbol{E}$，$\boldsymbol{E}$ 为单位矩阵，求 $f(\boldsymbol{A})$.

2. 已知 $\boldsymbol{AP}=\boldsymbol{PB}$，其中 $\boldsymbol{B}=\begin{pmatrix}1 & 0 & 0\\ 0 & 0 & 0\\ 0 & 0 & -1\end{pmatrix}$，$\boldsymbol{P}=\begin{pmatrix}1 & 0 & 0\\ 2 & -1 & 0\\ 2 & 1 & 1\end{pmatrix}$，求矩阵 $\boldsymbol{A}$ 及 $\boldsymbol{A}^5$.

3.（2003 年考研题）设 3 阶方阵 $\boldsymbol{A},\boldsymbol{B}$ 满足：$\boldsymbol{A}^2\boldsymbol{B}-\boldsymbol{A}-\boldsymbol{B}=\boldsymbol{E}$，其中 $\boldsymbol{E}$ 为 3 阶单位矩阵，若 $\boldsymbol{A}=\begin{pmatrix}1 & 0 & 1\\ 0 & 2 & 0\\ -2 & 0 & 1\end{pmatrix}$，求 $|\boldsymbol{B}|$.

4.（2004 年考研题）设 $\boldsymbol{A}=\begin{pmatrix}0 & -1 & 0\\ 1 & 0 & 0\\ 0 & 0 & -1\end{pmatrix}$，$\boldsymbol{B}=\boldsymbol{P}^{-1}\boldsymbol{AP}$，其中 $\boldsymbol{P}$ 为 3 阶可逆矩阵，求 $\boldsymbol{B}^{2004}-2\boldsymbol{A}^2$.

5. 设 $\boldsymbol{A}=\begin{pmatrix}1+a & 1 & 1 & \cdots & 1\\ 2 & 2+a & 2 & \cdots & 2\\ \cdots & \cdots & \cdots & \cdots & \cdots\\ n & n & n & \cdots & n+a\end{pmatrix}$，且 $|\boldsymbol{A}|=0$，求 $a$.

6. 设 $\boldsymbol{A}=\begin{pmatrix}1 & 1 & 1 & 1\\ 1 & 1 & -1 & -1\\ 1 & -1 & 1 & -1\\ 1 & -1 & -1 & 1\end{pmatrix}$，求 $\boldsymbol{A}^n$ 和伴随矩阵 $\boldsymbol{A}^*$.

7. 设 $\boldsymbol{A}=\begin{pmatrix}1 & 0 & 0\\ 0 & -2 & 0\\ 0 & 0 & 1\end{pmatrix}$，且满足 $\boldsymbol{A}^*\boldsymbol{BA}=2\boldsymbol{BA}-8\boldsymbol{E}$，求 $\boldsymbol{B}$.

8. 已知矩阵 $\boldsymbol{A}=(a_{ij})_{3\times 3}$，满足：(1) $a_{ij}=A_{ij}$ $(i,j=1,2,3)$，其中 $A_{ij}$ 为 $a_{ij}$ 的代数余子式；(2) $a_{33}=-1$. 试求 (1) 行列式 $|\boldsymbol{A}|$；(2) 求解方程组 $\boldsymbol{A}\begin{pmatrix}x_1\\ x_2\\ x_3\end{pmatrix}=0$.

**（四）证明题**

1. 证明：若 $\boldsymbol{A}^2=\boldsymbol{A}$，但 $\boldsymbol{A}$ 不是单位矩阵，则 $\boldsymbol{A}$ 必为奇异矩阵.
2. 若 $\boldsymbol{A},\boldsymbol{B}$ 为同阶可逆矩阵，证明：$(\boldsymbol{AB})^*=\boldsymbol{B}^*\boldsymbol{A}^*$.
3. 若 $2\boldsymbol{A}(\boldsymbol{A}-\boldsymbol{E})=\boldsymbol{A}^3$，证明 $\boldsymbol{E}-\boldsymbol{A}$ 可逆，并求 $(\boldsymbol{E}-\boldsymbol{A})^{-1}$.
4. 证明 $(\boldsymbol{A}+\boldsymbol{B})^{-1}=\boldsymbol{A}^{-1}-\boldsymbol{A}^{-1}(\boldsymbol{A}^{-1}+\boldsymbol{B}^{-1})^{-1}\boldsymbol{A}^{-1}$.
5. 设 $\boldsymbol{A}$ 为 $n$ 阶可逆矩阵，且 $\boldsymbol{A}^2=|\boldsymbol{A}|\boldsymbol{E}$，证明：$\boldsymbol{A}$ 的伴随矩阵 $\boldsymbol{A}^*=\boldsymbol{A}$.

# 第三章 矩阵的初等变换与线性方程组

## 本章基本要求

熟练掌握矩阵的初等变换，能够利用矩阵的初等变换将矩阵化为阶梯形、最简形及标准形；理解初等矩阵的概念及其性质；熟练掌握利用矩阵的初等变换求解逆矩阵的方法；理解矩阵秩的概念，能够利用矩阵的初等变换求矩阵的秩，并掌握矩阵秩的相关结论；能够利用矩阵的秩讨论线性方程组解的情况，并能够利用矩阵的初等行变换求解线性方程组.

## 一、内容要点

矩阵的初等变换是矩阵的一种十分重要的运算，它在求解线性方程组、求逆矩阵以及矩阵理论的探讨中都将起到重要的作用。另外，正确理解矩阵的秩的概念，并能够利用矩阵的秩讨论线性方程组的解的情况及求解，将是进一步学习线性代数后续课程的重要基础。

### （一）主要概念

**1. 矩阵的初等变换**

**定义 1** 以下三种变换称为矩阵的初等行变换：

（1）对调矩阵中的两行（如对调 $i$，$j$ 两行，记作 $r_i \leftrightarrow r_j$）；

（2）以数 $k \neq 0$ 乘矩阵中某一行的所有元素（如第 $i$ 行乘 $k$，记作 $r_i \times k$）；

（3）将矩阵中的某一行所有元素的 $k$ 倍加到另一行对应的元素上（如第 $i$ 行的 $k$ 倍加到第 $j$ 行，记作 $r_j + k \times r_i$）.

注意 矩阵的初等行变换是由线性方程组的同解变换转化而来的，因此，今后可以通过矩阵的初等行变换求解线性方程组。

**定义 2** 将定义 1 中的“行”换为“列”，即得矩阵的初等列变换（所用记号是将“$r$”换成“$c$”）.

**定义 3** 矩阵的初等行变换和初等列变换统称为矩阵的初等变换.

注意 矩阵的初等变换都是可逆的，并且其逆变换是同一类型的初等变换. 例如：变换 $r_i \leftrightarrow r_j$ 的逆变换就是其本身；变换 $r_i \times k$ 的逆变换为 $r_i \times \frac{1}{k}$；变换 $r_j + k \times r_i$ 的逆变换为 $r_j - k \times r_i$.

**2. 等价矩阵**

**定义 4** 若矩阵 $\boldsymbol{A}$ 经有限次初等行变换变成矩阵 $\boldsymbol{B}$，则称矩阵 $\boldsymbol{A}$ 与 $\boldsymbol{B}$ 行等价，记作 $\boldsymbol{A} \overset{r}{\sim} \boldsymbol{B}$；若矩阵 $\boldsymbol{A}$ 经有限次初等列变换变成矩阵 $\boldsymbol{B}$，则称矩阵 $\boldsymbol{A}$ 与 $\boldsymbol{B}$ 列等价，记作 $\boldsymbol{A} \overset{c}{\sim} \boldsymbol{B}$；若矩阵 $\boldsymbol{A}$ 经有限次初等变换变成矩阵 $\boldsymbol{B}$，则称矩阵 $\boldsymbol{A}$ 与 $\boldsymbol{B}$ 等价，记作 $\boldsymbol{A} \sim \boldsymbol{B}$（或 $\boldsymbol{A} \leftrightarrow \boldsymbol{B}$）.

等价矩阵的性质：（1）$\boldsymbol{A} \sim \boldsymbol{A}$（反身性）；（2）若 $\boldsymbol{A} \sim \boldsymbol{B}$，则 $\boldsymbol{B} \sim \boldsymbol{A}$（对称性）；（3）若 $\boldsymbol{A} \sim \boldsymbol{B}$，$\boldsymbol{B} \sim \boldsymbol{C}$，则 $\boldsymbol{A} \sim \boldsymbol{C}$（传递性）.

**3. 初等矩阵**

**定义 5** 由单位矩阵 $\boldsymbol{E}$ 经过一次初等变换得到的矩阵称为初等矩阵.

注意 三种初等变换对应有三种初等矩阵：

(1) 交换单位矩阵中的两行（列），得

$$\boldsymbol{E}(i,j)=\begin{pmatrix}1&&&&&&&&\\&\ddots&&&&&&&\\&&1&&&&&&\\&&&0&\cdots&1&&&\\&&&&1&&&&\\&&&\vdots&\ddots&\vdots&&&\\&&&&1&&&&\\&&&1&\cdots&0&&&\\&&&&&&1&&\\&&&&&&&\ddots&\\&&&&&&&&1\end{pmatrix};$$

(2) 以数 $k\neq0$ 乘单位矩阵的某一行（列），得

$$\boldsymbol{E}(i(k))=\begin{pmatrix}1&&&&&&\\&\ddots&&&&&\\&&1&&&&\\&&&k&&&\\&&&&1&&\\&&&&&\ddots&\\&&&&&&1\end{pmatrix};$$

(3) 将单位矩阵的某一行（列）所有元素的 $k$ 倍对应加到另一行（列）上，得

$$\boldsymbol{E}(i,j(k))=\begin{pmatrix}1&&&&&&\\&\ddots&&&&&\\&&1&\cdots&k&&\\&&&\ddots&\vdots&&\\&&&&1&&\\&&&&&\ddots&\\&&&&&&1\end{pmatrix}.$$

所有初等矩阵都是可逆矩阵，其逆矩阵仍是初等矩阵. 并且有

$$\boldsymbol{E}(i,j)^{-1}=\boldsymbol{E}(i,j);\quad \boldsymbol{E}(i(k))^{-1}=\boldsymbol{E}\left(i\left(\frac{1}{k}\right)\right);\quad \boldsymbol{E}(i,j(k))^{-1}=\boldsymbol{E}(i,j(-k)).$$

初等矩阵的性质：设矩阵 $\boldsymbol{A}_{m\times n}$，对 $\boldsymbol{A}$ 施行一次初等行变换相当于在 $\boldsymbol{A}$ 的左边乘以一个相应的 $m$ 阶初等矩阵；对 $\boldsymbol{A}$ 施行一次初等列变换相当于在 $\boldsymbol{A}$ 的右边乘以一个相应的 $n$ 阶初等矩阵. 反之亦然.

注意 此结论可简记为，行左列右. 它刻画了矩阵初等变换的实质.

**4. 矩阵的秩**

**定义 6** 在矩阵 $\boldsymbol{A}_{m\times n}$ 中，任取 $k$ 行 $k$ 列（$k\leqslant m$，$k\leqslant n$），位于这 $k$ 行 $k$ 列交叉处的 $k^2$ 个元素，不改变它们在 $\boldsymbol{A}$ 中所处的位置次序组成的 $k$ 阶行列式，称为矩阵 $\boldsymbol{A}$ 的一个 $k$ 阶子式.

注意 $\boldsymbol{A}_{m\times n}$ 的 $k$ 阶子式共有 $C_m^k\cdot C_n^k$ 个。

**定义 7** 若在矩阵 $\boldsymbol{A}_{m\times n}$ 中有一个 $r$ 阶子式 $D_r\neq 0$，而所有的 $r+1$ 阶子式 $D_{r+1}=0$（如果存在的话），则称 $D_r$ 为矩阵 $\boldsymbol{A}$ 的最高阶非零子式，数 $r$ 称为矩阵 $\boldsymbol{A}$ 的秩，记作 $R(\boldsymbol{A})$.

注意 (1) 规定零矩阵的秩等于 0，即 $R(\boldsymbol{O})=0$；

(2) 非零的 $r$ 阶子式只要存在即可，而所有的 $r+1$ 阶子式必须为零；

(3) 当矩阵 $\boldsymbol{A}$ 中的所有 $r+1$ 阶子式均为零时，所有高于 $r+1$ 阶的子式也必然为零，故 $D_r\neq 0$ 为矩阵 $\boldsymbol{A}$ 的最高阶非零子式；

(4) 矩阵 $\boldsymbol{A}$ 的秩就是最高阶非零子式的阶数 $r$，则 $0\leqslant R(\boldsymbol{A})\leqslant \min(m, n)$；

(5) 对于 $n$ 阶矩阵 $\boldsymbol{A}$，若 $|\boldsymbol{A}|\neq 0$（即可逆矩阵），则 $R(\boldsymbol{A})=n$（称为满秩矩阵）.

## (二) 主要结论

(1) 对于任意 $m\times n$ 矩阵 $\boldsymbol{A}$，总可经过初等变换（行变换和列变换）化为如下标准形：

$$\begin{pmatrix} 1 & 0 & \cdots & 0 & \cdots & 0 \\ 0 & 1 & \cdots & 0 & \cdots & 0 \\ \cdots & \cdots & \cdots & \cdots & \cdots & \cdots \\ 0 & 0 & \cdots & 1 & \cdots & 0 \\ 0 & 0 & \cdots & 0 & \cdots & 0 \\ \cdots & \cdots & \cdots & \cdots & \cdots & \cdots \\ 0 & 0 & \cdots & 0 & \cdots & 0 \end{pmatrix}=\begin{pmatrix} \boldsymbol{E}_r & \boldsymbol{O} \\ \boldsymbol{O} & \boldsymbol{O} \end{pmatrix}_{m\times n}.$$

它由 $m,n,r$ 三个数完全确定，其中主对角线上 1 的个数 $r$ 等于矩阵 $\boldsymbol{A}$ 的秩.

(2) 矩阵 $\boldsymbol{A}$ 与 $\boldsymbol{B}$ 等价的充分必要条件是：

① 存在有限个初等矩阵 $\boldsymbol{P}_1,\boldsymbol{P}_2,\cdots,\boldsymbol{P}_s,\boldsymbol{Q}_1,\boldsymbol{Q}_2,\cdots,\boldsymbol{Q}_t$，使得 $\boldsymbol{B}=\boldsymbol{P}_1\boldsymbol{P}_2\cdots\boldsymbol{P}_s\boldsymbol{A}\boldsymbol{Q}_1\boldsymbol{Q}_2\cdots\boldsymbol{Q}_t$；

② 存在可逆矩阵 $\boldsymbol{P},\boldsymbol{Q}$，使得 $\boldsymbol{B}=\boldsymbol{PAQ}$；

③ $\boldsymbol{A}$ 与 $\boldsymbol{B}$ 有相同的标准形（见第五章）.

(3) 矩阵的初等变换不改变矩阵的秩. 换句话说：等价的矩阵具有相同的秩. 即

① 若 $\boldsymbol{A}\sim\boldsymbol{B}$，则 $R(\boldsymbol{A})=R(\boldsymbol{B})$； ②若 $\boldsymbol{P},\boldsymbol{Q}$ 可逆，则 $R(\boldsymbol{PAQ})=R(\boldsymbol{A})$.

(4) $R(\boldsymbol{A})=R(\boldsymbol{A}^{\mathrm{T}})$；$R(k\boldsymbol{A})=R(\boldsymbol{A})(k\neq 0)$.

(5) $R(\boldsymbol{A}+\boldsymbol{B})\leqslant R(\boldsymbol{A})+R(\boldsymbol{B})$；$R(\boldsymbol{AB})\leqslant \min[R(\boldsymbol{A}),R(\boldsymbol{B})]$.

(6) $\max[R(\boldsymbol{A}),R(\boldsymbol{B})]\leqslant R(\boldsymbol{A},\boldsymbol{B})\leqslant R(\boldsymbol{A})+R(\boldsymbol{B})$.

(7) $n$ 阶矩阵 $\boldsymbol{A}$ 可逆（或 $\boldsymbol{A}^{-1}$ 存在）的充分必要条件是：

① $|\boldsymbol{A}|\neq 0$（$\boldsymbol{A}$ 为非奇异矩阵）； ② $R(\boldsymbol{A})=n$（$\boldsymbol{A}$ 为满秩矩阵）；

③ $\boldsymbol{A}\sim\boldsymbol{E}_n$（$\boldsymbol{A}$ 与 $n$ 阶单位矩阵等价）； ④ $\boldsymbol{A}$ 的 $n$ 个行（列）向量线性无关（见第四章）；

⑤ 存在有限个初等矩阵 $\boldsymbol{P}_1,\boldsymbol{P}_2,\cdots,\boldsymbol{P}_s$，使得 $\boldsymbol{A}=\boldsymbol{P}_1\boldsymbol{P}_2\cdots\boldsymbol{P}_s$. 即：任何一个可逆矩阵都可表示成若干个初等矩阵的乘积.（注意：由此结论可以得到求 $n$ 阶可逆矩阵 $\boldsymbol{A}$ 的逆矩阵的一种初等变换方法）

(8) 设 $\boldsymbol{A}$ 为 $n$ 阶矩阵（$n\geqslant 2$），$\boldsymbol{A}^*$ 为 $\boldsymbol{A}$ 的伴随阵，则 $R(\boldsymbol{A}^*)=\begin{cases} n, & R(\boldsymbol{A})=n, \\ 1, & R(\boldsymbol{A})=n-1, \\ 0, & R(\boldsymbol{A})\leqslant n-2. \end{cases}$

## (三) 线性方程组

### 1. 非齐次线性方程组

**定义 8** 设有 $n$ 个未知数、$m$ 个方程的线性方程组

$$\begin{cases} a_{11}x_1+a_{12}x_2+\cdots+a_{1n}x_n=b_1, \\ a_{21}x_1+a_{22}x_2+\cdots+a_{2n}x_n=b_2, \\ \cdots\cdots\cdots\cdots\cdots\cdots\cdots\cdots \\ a_{m1}x_1+a_{m2}x_2+\cdots+a_{mn}x_n=b_m \end{cases}$$

称为非齐次线性方程组.

记 $\boldsymbol{A}=\begin{pmatrix} a_{11} & a_{12} & \cdots & a_{1n} \\ a_{21} & a_{22} & \cdots & a_{2n} \\ \cdots & \cdots & \cdots & \cdots \\ a_{m1} & a_{m2} & \cdots & a_{mn} \end{pmatrix}$ 称为系数矩阵，$\boldsymbol{x}=\begin{pmatrix} x_1 \\ x_2 \\ \vdots \\ x_n \end{pmatrix}$ 称为未知向量，$\boldsymbol{b}=\begin{pmatrix} b_1 \\ b_2 \\ \vdots \\ b_m \end{pmatrix}$ 称为已知向量，

$\boldsymbol{B}=(\boldsymbol{A}\quad\boldsymbol{b})=\begin{pmatrix} a_{11} & a_{12} & \cdots & a_{1n} & b_1 \\ a_{21} & a_{22} & \cdots & a_{2n} & b_2 \\ \cdots & \cdots & \cdots & \cdots & \cdots \\ a_{m1} & a_{m2} & \cdots & a_{mn} & b_m \end{pmatrix}$ 称为增广矩阵，则上述方程组可记作

$$\boldsymbol{A}_{m\times n}\boldsymbol{x}=\boldsymbol{b}.$$

**定理 1** 非齐次线性方程组 $\boldsymbol{A}_{m\times n}\boldsymbol{x}=\boldsymbol{b}$

(1) 无解的充分必要条件是 $R(\boldsymbol{A})<R(\boldsymbol{B})$；

(2) 有唯一解的充分必要条件是 $R(\boldsymbol{A})=R(\boldsymbol{B})=n$；

(3) 有无穷多解的充分必要条件是 $R(\boldsymbol{A})=R(\boldsymbol{B})=r<n$. 此时，方程组 $\boldsymbol{A}_{m\times n}\boldsymbol{x}=\boldsymbol{b}$ 中含有 $r$ 个非自由未知量，$n-r$ 个自由未知量，从而可以写出含有 $n-r$ 个参数的通解.

**2. 齐次线性方程组**

**定义 9** 设有 $n$ 个未知数、$m$ 个方程的线性方程组：

$$\begin{cases} a_{11}x_1+a_{12}x_2+\cdots+a_{1n}x_n=0, \\ a_{21}x_1+a_{22}x_2+\cdots+a_{2n}x_n=0, \\ \cdots\cdots\cdots\cdots\cdots\cdots\cdots\cdots \\ a_{m1}x_1+a_{m2}x_2+\cdots+a_{mn}x_n=0 \end{cases}$$

称为齐次线性方程组，可记作

$$\boldsymbol{A}_{m\times n}\boldsymbol{x}=\boldsymbol{0}.$$

**定理 2** 齐次线性方程组 $\boldsymbol{A}_{m\times n}\boldsymbol{x}=\boldsymbol{0}$

(1) 只有零解的充分必要条件是 $R(\boldsymbol{A})=n$；

(2) 有非零解的充分必要条件是 $R(\boldsymbol{A})=r<n$.

## (四) 主要方法

**1. 利用矩阵的初等变换求逆矩阵**

(1) 对分块矩阵 $(\boldsymbol{A}\quad\boldsymbol{E})$ 施行一系列的初等行变换，使得 $(\boldsymbol{A}\quad\boldsymbol{E})\overset{行}{\sim}(\boldsymbol{E}\quad\boldsymbol{B})$，则

$$\boldsymbol{B}=\boldsymbol{A}^{-1}；$$

(2) 对分块矩阵 $\begin{pmatrix}\boldsymbol{A}\\ \boldsymbol{E}\end{pmatrix}$ 施行一系列的初等列变换，使得 $\begin{pmatrix}\boldsymbol{A}\\ \boldsymbol{E}\end{pmatrix}\overset{列}{\sim}\begin{pmatrix}\boldsymbol{E}\\ \boldsymbol{B}\end{pmatrix}$，则 $\boldsymbol{B}=\boldsymbol{A}^{-1}$.

注意 由此可以得到求解矩阵方程的初等变换方法：

(1) 对于矩阵方程 $\boldsymbol{AX}=\boldsymbol{B}$，若 $|\boldsymbol{A}|\neq0$，则对分块矩阵 $(\boldsymbol{A}\quad\boldsymbol{B})$ 施行一系列的初等行变

换，使得$(A \quad B) \overset{\text{行}}{\sim} (E \quad A^{-1}B)$，则 $X=A^{-1}B$；

(2) 对于矩阵方程 $XA=B$，若$|A|\neq 0$，则对分块矩阵$\begin{pmatrix} A \\ B \end{pmatrix}$施行一系列的初等列变换，使得$\begin{pmatrix} A \\ B \end{pmatrix} \overset{\text{列}}{\sim} \begin{pmatrix} E \\ BA^{-1} \end{pmatrix}$，则 $X=BA^{-1}$.

**2. 利用矩阵的初等变换求矩阵的秩**

对矩阵 $A_{m\times n}$施行一系列的初等行（列）变换，将其转化为行（列）阶梯形矩阵，则阶梯形矩阵中非零行的行数（即阶梯形矩阵的阶数）就是矩阵的秩.

**3. 利用矩阵的初等行变换求线性方程组的解**

对于非齐次线性方程组$\begin{cases} a_{11}x_1+a_{12}x_2+\cdots+a_{1n}x_n=b_1, \\ a_{21}x_1+a_{22}x_2+\cdots+a_{2n}x_n=b_2, \\ \cdots\cdots\cdots\cdots\cdots\cdots \\ a_{m1}x_1+a_{m2}x_2+\cdots+a_{mn}x_n=b_m \end{cases}$（假设该方程组有无穷多解）.

将其增广矩阵$B=(A \quad b)=\begin{pmatrix} a_{11} & a_{12} & \cdots & a_{1n} & b_1 \\ a_{21} & a_{22} & \cdots & a_{2n} & b_2 \\ \cdots & \cdots & \cdots & \cdots & \cdots \\ a_{m1} & a_{m2} & \cdots & a_{mn} & b_m \end{pmatrix}$施行一系列的初等行变换，转化为行最简形矩阵

$$\begin{pmatrix} 1 & 0 & \cdots & 0 & -k_{1,r+1} & \cdots & -k_{1n} & d_1 \\ 0 & 1 & \cdots & 0 & -k_{2,r+1} & \cdots & -k_{2n} & d_2 \\ \cdots & \cdots & \ddots & \cdots & \cdots & \cdots & \cdots & \cdots \\ 0 & 0 & \cdots & 1 & -k_{r,r+1} & \cdots & -k_{rn} & d_r \\ 0 & 0 & \cdots & 0 & 0 & \cdots & 0 & 0 \\ \cdots & \cdots & \cdots & \cdots & \cdots & \cdots & \cdots & \cdots \\ 0 & 0 & \cdots & 0 & 0 & \cdots & 0 & 0 \end{pmatrix}.$$

则得原方程组的同解方程组

$$\begin{cases} x_1=k_{1,r+1}x_{r+1}+k_{1,r+2}x_{r+2}+\cdots+k_{1n}x_n+d_1, \\ x_2=k_{2,r+1}x_{r+1}+k_{2,r+2}x_{r+2}+\cdots+k_{2n}x_n+d_2, \\ \cdots\cdots\cdots\cdots\cdots\cdots \\ x_r=k_{r,r+1}x_{r+1}+k_{r,r+2}x_{r+2}+\cdots+k_{rn}x_n+d_r. \end{cases}$$

令 $x_{r+1}=c_1$，$x_{r+2}=c_2$，…，$x_{r+n}=c_{n-r}$，则方程组的通解为

$$\begin{pmatrix} x_1 \\ x_2 \\ \vdots \\ x_r \\ x_{r+1} \\ x_{r+2} \\ \vdots \\ x_n \end{pmatrix}=c_1\begin{pmatrix} k_{1,r+1} \\ k_{2,r+1} \\ \vdots \\ k_{r,r+1} \\ 1 \\ 0 \\ \vdots \\ 0 \end{pmatrix}+c_2\begin{pmatrix} k_{1,r+2} \\ k_{2,r+2} \\ \vdots \\ k_{r,r+2} \\ 0 \\ 1 \\ \vdots \\ 0 \end{pmatrix}+\cdots+c_{n-r}\begin{pmatrix} k_{1n} \\ k_{2n} \\ \vdots \\ k_{rn} \\ 0 \\ 0 \\ \vdots \\ 1 \end{pmatrix}+\begin{pmatrix} d_1 \\ d_2 \\ \vdots \\ d_r \\ 0 \\ 0 \\ \vdots \\ 1 \end{pmatrix}.$$

式中，$c_1, c_2, \cdots, c_{n-r}$为任意常数.

## 二、精选题解析

### （一）矩阵的初等变换及初等矩阵

【例 1】 用初等行变换将矩阵$A=\begin{pmatrix}1&-1&3&-4&3\\3&-3&5&-4&1\\2&-2&3&-2&0\\3&-3&4&-2&1\end{pmatrix}$化为行阶梯形及行最简形矩阵.

【解析】$\begin{pmatrix}1&-1&3&-4&3\\3&-3&5&-4&1\\2&-2&3&-2&0\\3&-3&4&-2&1\end{pmatrix}\xrightarrow[\substack{r_3-2r_1\\r_4-3r_1}]{r_2-3r_1}\begin{pmatrix}1&-1&3&-4&3\\0&0&-4&8&-8\\0&0&-3&6&-6\\0&0&-5&10&-10\end{pmatrix}\xrightarrow[\substack{r_3+3r_2\\r_4+5r_2}]{r_2\div(-4)}$

$$\begin{pmatrix}1&-1&3&-4&3\\0&0&1&-2&2\\0&0&0&0&0\\0&0&0&0&0\end{pmatrix}\text{（行阶梯形）}\xrightarrow{r_1-3r_2}\begin{pmatrix}1&-1&0&2&-3\\0&0&1&-2&2\\0&0&0&0&0\\0&0&0&0&0\end{pmatrix}\text{（行最简形）}.$$

【例 2】 （2012 年考研题）设$A$为 3 阶矩阵，$|A|=3$，$A^*$为$A$的伴随矩阵，若交换$A$的第 1 行与第 2 行得矩阵$B$，则$|BA^*|=$__________.

【解析】 $B=\begin{pmatrix}0&1&0\\1&0&0\\0&0&1\end{pmatrix}\cdot A=E(1,2)\cdot A$，

$E(1,2)$为交换$n$阶单位矩阵第 1 行与第 2 行所得，所以

$$|B|=-|A|=-3.\quad |BA^*|=|B|\cdot|A^*|=-3\cdot 3^2=-27.$$

【例 3】 设$A$，$B$均为$n$阶方阵，且$A$与$B$等价，则下列结论不正确的是__________.

（A）如果$|A|>0$，则$|B|>0$ （B）如果$|A|\neq 0$，则存在可逆矩阵$P$使$PB=E$

（C）如果$A$与$E$等价，则$B$是可逆矩阵 （D）存在可逆矩阵$P$与$Q$，使$PAQ=B$

【解析】 由于$A$与$B$等价，从而$R(A)=R(B)$. 但它们的行列式不一定相等，符号也不一定相同. 比如：$A=\begin{pmatrix}1&1\\0&1\end{pmatrix}$，交换两行后得到$B=\begin{pmatrix}0&1\\1&1\end{pmatrix}$，显然$A$与$B$等价，但它们的行列式正好相差一个负号. 所以(A)不正确. 对于(B)，由$|A|\neq 0$知，$A$为可逆矩阵，所以由等价得知，$B$为可逆矩阵，由矩阵可逆的充分必要条件知(B)正确. 又因为$A$与$B$等价，如果$A$与$E$等价，由矩阵等价的传递性知$B$与$E$等价，得$B$为满秩矩阵，所以$B$是可逆矩阵，(C)自然成立. 再由矩阵等价的充分必要条件知(D)成立.

【例 4】 （2005 年考研题）设$A$为$n(n\geqslant 2)$阶可逆矩阵，交换$A$的第 1 行与第 2 行得矩阵$B$，$A^*$，$B^*$分别为$A$，$B$的伴随矩阵，则__________.

（A）交换$A^*$的第 1 列与第 2 列得$B^*$ （B）交换$A^*$的第 1 行与第 2 行得$B^*$

（C）交换$A^*$的第 1 列与第 2 列得$-B^*$ （D）交换$A^*$的第 1 行与第 2 行得$-B^*$

【解析】 对矩阵作一次初等行变换相当于在其左边乘以一个相应的初等矩阵. 所以，由条件知，存在初等矩阵$E(1,2)$ （交换$n$阶单位矩阵的第 1 行与第 2 行所得），使得$E(1,2)A=B$，于是，由结论

$$(AB)^*=B^*A^*\text{ 及 }A^*=|A|A^{-1},\quad E(i,j)^{-1}=E(i,j)$$

得 $$B^*=(E(1,2)A)^*=A^*E^*(1,2)=A^*|E(1,2)|\cdot E(1,2)^{-1}=-A^*E(1,2),$$

即 $A^*E(1,2)=-B^*$，可见应选(C).

**【例 5】**（2011 年考研题）设 $A$ 为 3 阶矩阵，将 $A$ 的第 2 列加到第 1 列得矩阵 $B$，再交换 $B$ 的第 2 行与第 3 行得到单位矩阵，记 $P_1=\begin{pmatrix}1&0&0\\1&1&0\\0&0&1\end{pmatrix}$，$P_2=\begin{pmatrix}1&0&0\\0&0&1\\0&1&0\end{pmatrix}$，则 $A=$____________.

(A) $P_1P_2$　　(B) $P_1^{-1}P_2$　　(C) $P_2P_1$　　(D) $P_2^{-1}P_1$

**【解析】** $B=A\cdot\begin{pmatrix}1&0&0\\1&1&0\\0&0&1\end{pmatrix}=AP_1$，$\begin{pmatrix}1&0&0\\0&0&1\\0&1&0\end{pmatrix}\cdot B=P_2B=E$，

所以，$P_2AP_1=E$，得 $A=P_2^{-1}P_1$，选(D).

**(二) 矩阵的秩**

**【例 1】** 求矩阵 $A=\begin{pmatrix}1&1&2&2\\2&5&3&4\\0&3&2&-3\\2&2&1&1\end{pmatrix}$的秩及一个最高阶非零子式.

**【解析】** 方法一　按定义求. 用子式计算矩阵的秩. 取前 3 行、3 列构成的子式有 $\begin{vmatrix}1&1&2\\2&5&3\\0&3&2\end{vmatrix}=9\neq 0$，有一个 3 阶子式不等于零. 计算 4 阶子式（只有一个），即 $|A|=\begin{vmatrix}1&1&2&2\\2&5&3&4\\0&3&2&-3\\2&2&1&1\end{vmatrix}=0$，所以 $R(A)=3$. 显然 $\begin{vmatrix}1&1&2\\2&5&3\\0&3&2\end{vmatrix}=9$ 即为其一个最高阶非零子式.

方法二　用初等变换求矩阵的秩.

$$A=\begin{pmatrix}1&1&2&2\\2&5&3&4\\0&3&2&-3\\2&2&1&1\end{pmatrix}\sim\begin{pmatrix}1&1&2&2\\0&3&-1&0\\0&3&2&-3\\0&0&-1&-1\end{pmatrix}\sim\begin{pmatrix}1&1&2&2\\0&3&-1&0\\0&0&3&-3\\0&0&-1&-1\end{pmatrix}\sim\begin{pmatrix}1&1&2&2\\0&3&-1&0\\0&0&1&-1\\0&0&0&0\end{pmatrix},$$

有 3 个非零行，所以 $R(A)=3$. 又由于最后的阶梯形矩阵中的前 3 行及前 3 列组成的子式不为零，所以对应 $A$ 的前 3 行及前 3 列组成的子式也不为零（注意：这里没做交换两列的变换），可得 $\begin{vmatrix}1&1&2\\2&5&3\\0&3&2\end{vmatrix}=9$ 即为其一个最高阶非零子式（当然也可以取前 3 行及第 1,2,4 列组成的 3 阶子式）.

注意　由以上解法可知，方法二是较简单的，所以做这类题时，最好选用此类方法. 对于方法一，当 $r+1$ 阶子式不是只有一个时，计算工作量是很大的. 所以一般不选用此类方法.

**【例 2】** 已知矩阵 $A=\begin{pmatrix}1&1&1&1\\0&1&-1&b\\2&3&a&4\\3&5&1&7\end{pmatrix}$，求矩阵 $A$ 的秩.

**【解析】**方法一　对矩阵 $\boldsymbol{A}$ 作初等变换得

$$\boldsymbol{A}=\begin{pmatrix}1&1&1&1\\0&1&-1&b\\2&3&a&4\\3&5&1&7\end{pmatrix}\sim\begin{pmatrix}1&1&1&1\\0&1&-1&b\\0&1&a-2&2\\0&2&-2&4\end{pmatrix}$$

$$\sim\begin{pmatrix}1&1&1&1\\0&1&-1&b\\0&0&a-1&2-b\\0&0&0&4-2b\end{pmatrix}\sim\begin{pmatrix}1&1&1&1\\0&1&-1&b\\0&0&a-1&2-b\\0&0&0&2-b\end{pmatrix}.$$

显然，当 $a\neq1$ 且 $b\neq2$ 时，阶梯形矩阵有 4 个非零行，所以 $R(\boldsymbol{A})=4$.

当 $a=1$，$b\neq2$ 或 $b=2$，$a\neq1$ 时，阶梯形矩阵有 3 个非零行，所以 $R(\boldsymbol{A})=3$.

当 $a=1$ 且 $b=2$ 时，阶梯形矩阵有 2 个非零行，所以 $R(\boldsymbol{A})=2$.

方法二　由于矩阵 $\boldsymbol{A}$ 为方阵，所以可计算其行列式

$$|\boldsymbol{A}|=\begin{vmatrix}1&1&1&1\\0&1&-1&b\\2&3&a&4\\3&5&1&7\end{vmatrix}=\begin{vmatrix}1&1&1&1\\0&1&-1&b\\0&1&a-2&2\\0&2&-2&4\end{vmatrix}=\begin{vmatrix}1&1&1&1\\0&1&-1&b\\0&0&a-1&2-b\\0&0&0&4-2b\end{vmatrix}=2(a-1)(2-b).$$

显然，当 $a\neq1$ 且 $b\neq2$ 时，$|\boldsymbol{A}|\neq0$，$\boldsymbol{A}$ 为满秩矩阵，所以 $R(\boldsymbol{A})=4$.

当 $a=1$，$b\neq2$ 或 $b=2$，$a\neq1$ 时，$|\boldsymbol{A}|=0$，所以 $R(\boldsymbol{A})<4$.

对 $a=1$，$b\neq2$，对矩阵 $\boldsymbol{A}$ 作初等变换

$$\boldsymbol{A}=\begin{pmatrix}1&1&1&1\\0&1&-1&b\\2&3&1&4\\3&5&1&7\end{pmatrix}\to\begin{pmatrix}1&1&1&1\\0&1&-1&b\\0&1&-1&2\\0&2&-2&4\end{pmatrix}\to\begin{pmatrix}1&1&1&1\\0&1&-1&b\\0&0&0&2-b\\0&0&0&4-2b\end{pmatrix}\to\begin{pmatrix}1&1&1&1\\0&1&-1&b\\0&0&0&2-b\\0&0&0&0\end{pmatrix},$$

阶梯形矩阵有 3 个非零行，所以 $R(\boldsymbol{A})=3$.

同理，$b=2$，$a\neq1$ 时，对矩阵 $\boldsymbol{A}$ 作初等变换，可知阶梯形矩阵有 3 个非零行，所以 $R(\boldsymbol{A})=3$.

当 $a=1$ 且 $b=2$ 时，对矩阵 $\boldsymbol{A}$ 作初等变换，阶梯形矩阵有 2 个非零行，所以 $R(\boldsymbol{A})=2$.

**【例 3】**　已知 $5\times4$ 矩阵 $\boldsymbol{A}=\begin{pmatrix}1&2&3&1\\2&-1&x&2\\0&1&1&3\\1&-1&0&4\\2&0&2&5\end{pmatrix}$ 的秩为 3，求 $x$.

**【解析】**方法一　用初等变换法.

$$\boldsymbol{A}=\begin{pmatrix}1&2&3&1\\2&-1&x&2\\0&1&1&3\\1&-1&0&4\\2&0&2&5\end{pmatrix}\to\begin{pmatrix}1&2&3&1\\0&-5&x-6&0\\0&1&1&3\\0&-3&-3&3\\0&-4&-4&3\end{pmatrix}\to\begin{pmatrix}1&2&3&1\\0&1&1&3\\0&-5&x-6&0\\0&-3&-3&3\\0&-4&-4&3\end{pmatrix}$$

$$\rightarrow\begin{pmatrix}1&2&3&1\\0&1&1&3\\0&0&x-1&15\\0&0&0&15\\0&0&0&-9\end{pmatrix}\rightarrow\begin{pmatrix}1&2&3&1\\0&1&1&3\\0&0&x-1&15\\0&0&0&1\\0&0&0&0\end{pmatrix},$$

因为 $R(\boldsymbol{A})=3$，所以必有 $x-1=0$，即 $x=1$.

方法二　用矩阵秩的定义. 由于 $R(\boldsymbol{A})=3$，所以 $\boldsymbol{A}$ 的所有 4 阶子式全为零，当然含有 $x$ 的 4 阶子式也为零. 取含有 $x$ 的一个 4 阶子式 $\begin{vmatrix}2&-1&x&2\\0&1&1&3\\1&-1&0&4\\2&0&2&5\end{vmatrix}$，它必须为零. 由于

$$\begin{vmatrix}2&-1&x&2\\0&1&1&3\\1&-1&0&4\\2&0&2&5\end{vmatrix}=\begin{vmatrix}2&0&x+1&5\\0&1&1&3\\1&0&1&7\\2&0&2&5\end{vmatrix}=\begin{vmatrix}2&x+1&5\\1&1&7\\2&2&5\end{vmatrix}=\begin{vmatrix}0&x-1&-9\\1&1&7\\0&0&-2\end{vmatrix}$$

$$=-\begin{vmatrix}x-1&-9\\0&-2\end{vmatrix}=2(x-1)=0,$$

所以 $x=1$.

**【例 4】**　设 $\boldsymbol{\alpha}=\begin{pmatrix}1\\2\\3\end{pmatrix}$，$\boldsymbol{\beta}=(0,1,2)$，$\boldsymbol{A}=\boldsymbol{\alpha\beta}$，则 $R(\boldsymbol{A})=$________.

**【解析】**　$R(\boldsymbol{AB})\leqslant\min[R(\boldsymbol{A}),R(\boldsymbol{B})]$得知，$R(\boldsymbol{A})\leqslant\min[R(\boldsymbol{\alpha}),R(\boldsymbol{\beta})]$，又 $R(\boldsymbol{\alpha})=R(\boldsymbol{\beta})=1$，所以 $R(\boldsymbol{A})\leqslant1$，又 $\boldsymbol{A}\neq\boldsymbol{O}$，故 $R(\boldsymbol{A})\geqslant1$，从而 $R(\boldsymbol{A})=1$.

**【例 5】**　设 $\boldsymbol{A}$ 是 $4\times3$ 矩阵，且 $R(\boldsymbol{A})=2$，而 $\boldsymbol{B}=\begin{pmatrix}1&0&2\\0&2&0\\-1&0&3\end{pmatrix}$，则 $R(\boldsymbol{AB})=$________.

**【解析】**　因为 $|\boldsymbol{B}|=6\neq0$，所以 $\boldsymbol{B}$ 为可逆矩阵，由主要结论的（18）和（15）知，存在有限个初等矩阵 $\boldsymbol{P}_1,\boldsymbol{P}_2,\cdots,\boldsymbol{P}_s$，使得 $\boldsymbol{B}=\boldsymbol{P}_1\boldsymbol{P}_2\cdots\boldsymbol{P}_s$. 所以 $\boldsymbol{AB}=\boldsymbol{AP}_1\boldsymbol{P}_2\cdots\boldsymbol{P}_s$，即相当于对矩阵 $\boldsymbol{A}$ 实行有限次初等列变换，而矩阵的初等变换不改变矩阵的秩，故有 $R(\boldsymbol{AB})=R(\boldsymbol{A})=2$. 应填 2.

**【例 6】**　设 3 阶方阵 $\boldsymbol{A}=\begin{pmatrix}a&1&1\\1&a&1\\1&1&a\end{pmatrix}$，且 $R(\boldsymbol{A}^*)=1$，其中 $\boldsymbol{A}^*$ 为其伴随矩阵，则 $a$ 应满足________.

**【解析】**　由于 $R(\boldsymbol{A}^*)=1$，故 $\boldsymbol{A}^*$ 中至少有一个元素不为零，而 $\boldsymbol{A}^*$ 的元素是由矩阵 $\boldsymbol{A}$ 的代数余子式组成的，从而 $\boldsymbol{A}$ 中至少有一个代数余子式不为零（实际是 $\boldsymbol{A}$ 的一个 2 阶子式不为零），于是得 $R(\boldsymbol{A})\geqslant2$. 若 $R(\boldsymbol{A})=3$，则 $|\boldsymbol{A}|\neq0$，又 $|\boldsymbol{A}^*|=|\boldsymbol{A}|^2\neq0$，这与 $R(\boldsymbol{A}^*)=1$ 矛盾，所以 $R(\boldsymbol{A})=2$.

从而 $\begin{vmatrix}a&1&1\\1&a&1\\1&1&a\end{vmatrix}=(a+2)(a-1)^2=0$，即 $a=1$ 或 $a=-2$，又当 $a=1$ 时，$\boldsymbol{A}=\begin{pmatrix}1&1&1\\1&1&1\\1&1&1\end{pmatrix}$得

知 $R(\boldsymbol{A})=1$，所以应填 $a=-2$.

【例 7】 设 $\boldsymbol{A}$ 为 $m\times n$ 矩阵，$\boldsymbol{B}$ 为 $n\times m$ 矩阵，则当 $m>n$ 时，$R(\boldsymbol{AB})$__________.

(A) 大于 $m$　(B) 等于 $m$　(C) 小于 $m$　(D) 不小于 $m$

【解析】由于 $R(\boldsymbol{AB})\leqslant\min[R(\boldsymbol{A}),R(\boldsymbol{B})]$，而当 $m>n$ 时，$R(\boldsymbol{A})\leqslant n$ 且 $R(\boldsymbol{B})\leqslant n$，所以 $R(\boldsymbol{AB})\leqslant n<m$. 故应选(C).

【例 8】 设 $\boldsymbol{A}$，$\boldsymbol{B}$ 都是 $n$ 阶非零矩阵，且 $\boldsymbol{AB}=\boldsymbol{O}$，则 $\boldsymbol{A}$ 和 $\boldsymbol{B}$ 的秩__________.

(A) 必有一个等于零　(B) 一个小于 $n$，一个等于 $n$

(C) 都小于 $n$　(D) 都等于 $n$

【解析】由于 $\boldsymbol{A}$，$\boldsymbol{B}$ 都是 $n$ 阶非零矩阵，所以 $\boldsymbol{A}$ 和 $\boldsymbol{B}$ 的秩不可能有一个等于 $n$，也不可能有一个等于零（秩为零的矩阵是零矩阵）. 因为若 $R(\boldsymbol{A})=n$，则 $\boldsymbol{A}^{-1}$ 存在，对 $\boldsymbol{AB}=\boldsymbol{O}$ 两边同时左乘以 $\boldsymbol{A}^{-1}$，得 $\boldsymbol{B}=\boldsymbol{O}$，与条件矛盾. 故(A)、(B)、(D)不成立. 可见只有(C)成立.

注意　对于两个 $n$ 阶矩阵，若有 $\boldsymbol{AB}=\boldsymbol{O}$，则必有 $\boldsymbol{A}$ 和 $\boldsymbol{B}$ 的秩都小于 $n$. 但若其中有一个矩阵可逆时，则另一个矩阵一定是零矩阵.

【例 9】 设 4 阶方阵 $\boldsymbol{A}$ 的秩为 2，则其伴随矩阵 $\boldsymbol{A}^*$ 的秩为__________.

(A) 0　(B) 1　(C) 2　(D) 4

【解析】$n(n\geqslant2)$阶矩阵 $\boldsymbol{A}$ 的秩与其伴随矩阵 $\boldsymbol{A}^*$ 的秩之间的关系为

$$R(\boldsymbol{A}^*)=\begin{cases}n, & R(\boldsymbol{A})=n,\\0, & R(\boldsymbol{A})<n-1,\\1, & R(\boldsymbol{A})=n-1,\end{cases}$$

由于当 $R(\boldsymbol{A})=n$ 时，$\boldsymbol{A}$ 为可逆矩阵. 即 $|\boldsymbol{A}|\neq0$，又 $|\boldsymbol{A}^*|=|\boldsymbol{A}|^{n-1}\neq0$，所以 $\boldsymbol{A}^*$ 为可逆矩阵，得 $R(\boldsymbol{A}^*)=n$. 当 $R(\boldsymbol{A})<n-1$ 时，$\boldsymbol{A}$ 中最高阶非零子式最多是 $n-2$ 阶，而 $\boldsymbol{A}^*$ 的元素为 $\boldsymbol{A}$ 的代数余子式组成，也即每一个元素都是 $\boldsymbol{A}$ 的一个 $n-1$ 阶子式，所以 $\boldsymbol{A}^*$ 的元素全为零，从而 $\boldsymbol{A}^*$ 为零矩阵，故 $R(\boldsymbol{A}^*)=0$.

当 $R(\boldsymbol{A})=n-1$ 时，$\boldsymbol{A}$ 为不可逆矩阵，得 $|\boldsymbol{A}|=0$. 又 $\boldsymbol{AA}^*=|\boldsymbol{A}|\boldsymbol{E}=0$，所以 $\boldsymbol{A}^*$ 的 $n$ 个列向量均为以 $\boldsymbol{A}$ 为系数矩阵的齐次线性方程组 $\boldsymbol{AX}=0$ 的解，由第四章齐次线性方程组基础解系的理论知，$\boldsymbol{AX}=0$ 的线性无关解不超过一个，即 $R(\boldsymbol{A}^*)\leqslant1$. 又因为 $R(\boldsymbol{A})=n-1$，知 $\boldsymbol{A}$ 中至少有一个 $n-1$ 阶子式不等于零，即 $\boldsymbol{A}^*$ 的元素中至少一个不为零，所以 $R(\boldsymbol{A}^*)\geqslant1$，从而 $R(\boldsymbol{A}^*)=1$. 在此 $n=4$，故得 $R(\boldsymbol{A}^*)=0$. 应选（A）.

【例 10】 设 $\boldsymbol{A}$，$\boldsymbol{B}$ 为两个 $n$ 阶矩阵，证明 $R(\boldsymbol{A}+\boldsymbol{B})\leqslant R(\boldsymbol{A})+R(\boldsymbol{B})$.

【证明】设 $\boldsymbol{A}=(\boldsymbol{\alpha}_1,\boldsymbol{\alpha}_2,\cdots,\boldsymbol{\alpha}_n)$，$\boldsymbol{B}=(\boldsymbol{\beta}_1,\boldsymbol{\beta}_2,\cdots,\boldsymbol{\beta}_n)$，$\boldsymbol{\alpha}_i,\boldsymbol{\beta}_i$（$i=1,2,\cdots,n$）分别表示 $\boldsymbol{A}$，$\boldsymbol{B}$ 的列向量. $\boldsymbol{A}+\boldsymbol{B}=(\boldsymbol{\alpha}_1+\boldsymbol{\beta}_1,\boldsymbol{\alpha}_2+\boldsymbol{\beta}_2,\cdots,\boldsymbol{\alpha}_n+\boldsymbol{\beta}_n)$，不妨设向量组 $\boldsymbol{A}$ 的列向量组的极大无关组为 $\boldsymbol{\alpha}_1,\boldsymbol{\alpha}_2,\cdots,\boldsymbol{\alpha}_r$，$\boldsymbol{B}$ 的列向量组的极大无关组为 $\boldsymbol{\beta}_1,\boldsymbol{\beta}_2,\cdots,\boldsymbol{\beta}_s$，显然向量组 $\boldsymbol{\alpha}_1+\boldsymbol{\beta}_1,\boldsymbol{\alpha}_2+\boldsymbol{\beta}_2,\cdots,\boldsymbol{\alpha}_n+\boldsymbol{\beta}_n$ 可由向量组 $\boldsymbol{\alpha}_1,\boldsymbol{\alpha}_2,\cdots,\boldsymbol{\alpha}_n,\boldsymbol{\beta}_1,\boldsymbol{\beta}_2,\cdots,\boldsymbol{\beta}_n$ 线性表示，进而可由向量组 $\boldsymbol{\alpha}_1,\boldsymbol{\alpha}_2,\cdots,\boldsymbol{\alpha}_r$，$\boldsymbol{\beta}_1,\boldsymbol{\beta}_2,\cdots,\boldsymbol{\beta}_s$ 线性表示，所以向量组 $\boldsymbol{\alpha}_1+\boldsymbol{\beta}_1,\boldsymbol{\alpha}_2+\boldsymbol{\beta}_2,\cdots,\boldsymbol{\alpha}_n+\boldsymbol{\beta}_n$ 的秩不超过向量组 $\boldsymbol{\alpha}_1,\boldsymbol{\alpha}_2,\cdots,\boldsymbol{\alpha}_r,\boldsymbol{\beta}_1,\boldsymbol{\beta}_2,\cdots,\boldsymbol{\beta}_s$ 的秩，又

$$R(\boldsymbol{\alpha}_1,\boldsymbol{\alpha}_2,\cdots,\boldsymbol{\alpha}_r,\boldsymbol{\beta}_1,\boldsymbol{\beta}_2,\cdots,\boldsymbol{\beta}_s)\leqslant r+s.\ \text{所以}\ R(\boldsymbol{A}+\boldsymbol{B})\leqslant R(\boldsymbol{A})+R(\boldsymbol{B}).$$

【例 11】 设 $\boldsymbol{A},\boldsymbol{B}$ 为两个 $n$ 阶矩阵，证明 $R(\boldsymbol{AB})\geqslant R(\boldsymbol{A})+R(\boldsymbol{B})-n$.

【证明】设 $R(\boldsymbol{A})=r$，$R(\boldsymbol{B})=s$，则存在可逆矩阵 $\boldsymbol{P}_1,\boldsymbol{P}_2,\boldsymbol{Q}_1,\boldsymbol{Q}_2$ 使得

$$\boldsymbol{P}_1\boldsymbol{AQ}_1=\begin{pmatrix}\boldsymbol{E}_r & \boldsymbol{O}\\ \boldsymbol{O} & \boldsymbol{O}\end{pmatrix},\ \boldsymbol{P}_2\boldsymbol{BQ}_2=\begin{pmatrix}\boldsymbol{E}_s & \boldsymbol{O}\\ \boldsymbol{O} & \boldsymbol{O}\end{pmatrix},$$

于是 $\boldsymbol{P}_1\boldsymbol{ABQ}_2=\boldsymbol{P}_1\boldsymbol{AQ}_1(\boldsymbol{Q}_1^{-1}\boldsymbol{P}_2^{-1})\boldsymbol{P}_2\boldsymbol{BQ}_2$. 记 $\boldsymbol{C}=\boldsymbol{Q}_1^{-1}\boldsymbol{P}_2^{-1}=(c_{ij})_{n\times n}$，则有

$$P_1ABQ_2=\begin{pmatrix}E_r & O\\ O & O\end{pmatrix}\begin{pmatrix}c_{11} & c_{12} & \cdots & c_{1n}\\ c_{21} & c_{22} & \cdots & c_{2n}\\ \cdots & \cdots & \cdots & \cdots\\ c_{n1} & c_{n2} & \cdots & c_{nn}\end{pmatrix}\begin{pmatrix}E_s & O\\ O & O\end{pmatrix}=\begin{pmatrix}c_{11} & c_{12} & \cdots & c_{1s} & 0 & \cdots & 0\\ c_{21} & c_{22} & \cdots & c_{2s} & 0 & \cdots & 0\\ \cdots & \cdots & \cdots & \cdots & \cdots & \cdots & \cdots\\ c_{r1} & c_{r2} & \cdots & c_{rs} & 0 & \cdots & 0\\ 0 & 0 & \cdots & 0 & 0 & \cdots & 0\\ \cdots & \cdots & \cdots & \cdots & \cdots & \cdots & \cdots\\ 0 & 0 & \cdots & 0 & 0 & \cdots & 0\end{pmatrix},$$

又当矩阵每减少一行（列）时，它的秩至多减少 1．又因为

$$R(C)=n,$$

所以 $$R(P_1ABQ_2)\geqslant n-(n-r)-(n-s)=r+s-n,$$

于是得 $$R(AB)=R(P_1ABQ_2)\geqslant r+s-n=R(A)+R(B)-n.$$

**(三) 逆矩阵及矩阵方程**

**【例 1】** 已知 $A^{-1}=\begin{pmatrix}1 & 1 & 1\\ 1 & 2 & 1\\ 1 & 1 & 3\end{pmatrix}$，试求伴随矩阵 $A^*$ 的逆矩阵.

**【解析】**由公式 $A^{-1}=\frac{1}{|A|}A^*$ 知，$A^*=|A|A^{-1}$，所以

$$(A^*)^{-1}=\frac{1}{|A|}A.$$

又 $$\frac{1}{|A|}=|A^{-1}|=\begin{vmatrix}1 & 1 & 1\\ 1 & 2 & 1\\ 1 & 1 & 3\end{vmatrix}=\begin{vmatrix}1 & 1 & 1\\ 0 & 1 & 0\\ 0 & 0 & 2\end{vmatrix}=2,$$

以下利用矩阵的初等变换求矩阵 $A$，即求 $(A^{-1})^{-1}$.

$$(A^{-1}\quad E)=\begin{pmatrix}1 & 1 & 1 & 1 & 0 & 0\\ 1 & 2 & 1 & 0 & 1 & 0\\ 1 & 1 & 3 & 0 & 0 & 1\end{pmatrix}\rightarrow\begin{pmatrix}1 & 1 & 1 & 1 & 0 & 0\\ 0 & 1 & 0 & -1 & 1 & 0\\ 0 & 0 & 2 & -1 & 0 & 1\end{pmatrix}$$

$$\rightarrow\begin{pmatrix}1 & 0 & 1 & 2 & -1 & 0\\ 0 & 1 & 0 & -1 & 1 & 0\\ 0 & 0 & 2 & -1 & 0 & 1\end{pmatrix}\rightarrow\begin{pmatrix}1 & 0 & 1 & 2 & -1 & 0\\ 0 & 1 & 0 & -1 & 1 & 0\\ 0 & 0 & 2 & -1 & 0 & 1\end{pmatrix}$$

$$\rightarrow\begin{pmatrix}1 & 0 & 1 & 2 & -1 & 0\\ 0 & 1 & 0 & -1 & 1 & 0\\ 0 & 0 & 1 & -1/2 & 0 & 1/2\end{pmatrix}\rightarrow\begin{pmatrix}1 & 0 & 0 & 5/2 & -1 & -1/2\\ 0 & 1 & 0 & -1 & 1 & 0\\ 0 & 0 & 1 & -1/2 & 0 & 1/2\end{pmatrix}.$$

所以 $$A=\begin{pmatrix}5/2 & -1 & -1/2\\ -1 & 1 & 0\\ -1/2 & 0 & 1/2\end{pmatrix},$$

$$(A^*)^{-1}=\frac{1}{|A|}A=2\begin{pmatrix}5/2 & -1 & -1/2\\ -1 & 1 & 0\\ -1/2 & 0 & 1/2\end{pmatrix}=\begin{pmatrix}5 & -2 & -1\\ -2 & 2 & 0\\ -1 & 0 & 1\end{pmatrix}.$$

**【例 2】** (2000 年考研题)设矩阵 $A$ 的伴随矩阵 $A^*=\begin{pmatrix}1 & 0 & 0 & 0\\ 0 & 1 & 0 & 0\\ 1 & 0 & 1 & 0\\ 0 & -3 & 0 & 8\end{pmatrix}$，且 $ABA^{-1}=BA^{-1}$

$+3\boldsymbol{E}$，其中 $\boldsymbol{E}$ 为 4 阶单位矩阵，求矩阵 $\boldsymbol{B}$.

**【解析】**由 $\boldsymbol{ABA}^{-1}=\boldsymbol{BA}^{-1}+3\boldsymbol{E}$ 得，$\boldsymbol{ABA}^{-1}-\boldsymbol{BA}^{-1}=3\boldsymbol{E}$，$(\boldsymbol{A}-\boldsymbol{E})\boldsymbol{BA}^{-1}=3\boldsymbol{E}$，右乘 $\boldsymbol{A}$ 得，$(\boldsymbol{A}-\boldsymbol{E})\boldsymbol{B}=3\boldsymbol{A}$，所以 $\boldsymbol{B}=3(\boldsymbol{A}-\boldsymbol{E})^{-1}\boldsymbol{A}$. 由 $\boldsymbol{AA}^*=|\boldsymbol{A}|\boldsymbol{E}$ 知，$\boldsymbol{A}=|\boldsymbol{A}|\ (\boldsymbol{A}^*)^{-1}$，又 $\boldsymbol{A}$ 为 4 阶矩阵，$|\boldsymbol{A}^*|=|\boldsymbol{A}|^{4-1}=8$，所以 $|\boldsymbol{A}|=2$.

$$(\boldsymbol{A}^*\quad \boldsymbol{E})=\begin{pmatrix}1&0&0&0&1&0&0&0\\0&1&0&0&0&1&0&0\\1&0&1&0&0&0&1&0\\0&-3&0&8&0&0&0&1\end{pmatrix}\to\begin{pmatrix}1&0&0&0&1&0&0&0\\0&1&0&0&0&1&0&0\\0&0&1&0&-1&0&1&0\\0&0&0&1&0&3/8&0&1/8\end{pmatrix}.$$

$$\boldsymbol{A}=|\boldsymbol{A}|(\boldsymbol{A}^*)^{-1}=2\begin{pmatrix}1&0&0&0\\0&1&0&0\\-1&0&1&0\\0&3/8&0&1/8\end{pmatrix}=\begin{pmatrix}2&0&0&0\\0&2&0&0\\-2&0&2&0\\0&3/4&0&1/4\end{pmatrix}.$$

$$((\boldsymbol{A}-\boldsymbol{E})\quad \boldsymbol{A})=\begin{pmatrix}1&0&0&0&2&0&0&0\\0&1&0&0&0&2&0&0\\-2&0&1&0&-2&0&2&0\\0&3/4&0&-3/4&0&3/4&0&1/4\end{pmatrix}$$

$$\to\begin{pmatrix}1&0&0&0&2&0&0&0\\0&1&0&0&0&2&0&0\\0&0&1&0&2&0&2&0\\0&3/4&0&-3/4&0&3/4&0&1/4\end{pmatrix}$$

$$\to\begin{pmatrix}1&0&0&0&2&0&0&0\\0&1&0&0&0&2&0&0\\0&0&1&0&2&0&2&0\\0&0&0&-3/4&0&-3/4&0&1/4\end{pmatrix}\to\begin{pmatrix}1&0&0&0&2&0&0&0\\0&1&0&0&0&2&0&0\\0&0&1&0&2&0&2&0\\0&0&0&1&0&1&0&-1/3\end{pmatrix}.$$

$$\boldsymbol{B}=3(\boldsymbol{A}-\boldsymbol{E})^{-1}\boldsymbol{A}=3\begin{pmatrix}2&0&0&0\\0&2&0&0\\2&0&2&0\\0&1&0&-1/3\end{pmatrix}=\begin{pmatrix}6&0&0&0\\0&6&0&0\\6&0&6&0\\0&3&0&-1\end{pmatrix}.$$

**【例 3】** 设 $\boldsymbol{T}=\begin{pmatrix}\boldsymbol{A}&\boldsymbol{B}\\\boldsymbol{C}&\boldsymbol{D}\end{pmatrix}$是可逆矩阵，其中 $\boldsymbol{A}$，$\boldsymbol{D}$ 分别是 $m$ 阶和 $n$ 阶可逆矩阵，$\boldsymbol{B}$ 是 $m\times n$ 矩阵，$\boldsymbol{C}$ 是 $n\times m$ 矩阵，试用初等变换法求 $\boldsymbol{T}$ 的逆矩阵.

**【解析】**对 $(\boldsymbol{T}\quad \boldsymbol{E}_{mn})=\begin{pmatrix}\boldsymbol{A}&\boldsymbol{B}&\boldsymbol{E}_m&\boldsymbol{O}\\\boldsymbol{C}&\boldsymbol{D}&\boldsymbol{O}&\boldsymbol{E}_n\end{pmatrix}$，用 $\boldsymbol{A}^{-1}$ 左乘前 $m$ 行得

$$(\boldsymbol{T}\quad \boldsymbol{E}_{mn})\to\begin{pmatrix}\boldsymbol{E}_m&\boldsymbol{A}^{-1}\boldsymbol{B}&\boldsymbol{A}^{-1}&\boldsymbol{O}\\\boldsymbol{C}&\boldsymbol{D}&\boldsymbol{O}&\boldsymbol{E}_n\end{pmatrix},$$

用 $-\boldsymbol{C}$ 左乘前 $m$ 行后加到后 $n$ 行上得

$$(\boldsymbol{T}\quad \boldsymbol{E}_{mn})\to\begin{pmatrix}\boldsymbol{E}_m&\boldsymbol{A}^{-1}\boldsymbol{B}&\boldsymbol{A}^{-1}&\boldsymbol{O}\\\boldsymbol{O}&\boldsymbol{D}-\boldsymbol{CA}^{-1}\boldsymbol{B}&-\boldsymbol{CA}^{-1}&\boldsymbol{E}_n\end{pmatrix},$$

用 $(\boldsymbol{D}-\boldsymbol{CA}^{-1}\boldsymbol{B})^{-1}$ 左乘后 $n$ 行得

$$(\boldsymbol{T}\quad \boldsymbol{E}_{mn})\to\begin{pmatrix}\boldsymbol{E}_m&\boldsymbol{A}^{-1}\boldsymbol{B}&\boldsymbol{A}^{-1}&\boldsymbol{O}\\\boldsymbol{O}&\boldsymbol{E}_n&-(\boldsymbol{D}-\boldsymbol{CA}^{-1}\boldsymbol{B})^{-1}\boldsymbol{CA}^{-1}&(\boldsymbol{D}-\boldsymbol{CA}^{-1}\boldsymbol{B})^{-1}\end{pmatrix},$$

用$-A^{-1}B$左乘后$n$行后加到前$m$行上得

$$(T\quad E_{mn})\to\begin{pmatrix}E_m & O & A^{-1}+A^{-1}B(D-CA^{-1}B)^{-1}CA^{-1} & -A^{-1}B(D-CA^{-1}B)^{-1}\\ O & E_n & -(D-CA^{-1}B)^{-1}CA^{-1} & (D-CA^{-1}B)^{-1}\end{pmatrix},$$

所以　$T^{-1}=\begin{pmatrix}A^{-1}+A^{-1}B(D-CA^{-1}B)^{-1}CA^{-1} & -A^{-1}B(D-CA^{-1}B)^{-1}\\ -(D-CA^{-1}B)^{-1}CA^{-1} & (D-CA^{-1}B)^{-1}\end{pmatrix}.$

**【例 4】** 设$A$为$n$阶方阵，$B$为$n\times s$矩阵，且$R(B)=n$，证明：

(1) 若$AB=O$，则$A=O$;　　(2) 若$AB=B$，则$A=E$. $E$为单位矩阵.

**【证明】**方法一　(1) 因为$R(B)=n$，显然$n\leqslant s$，若$s=n$，则$B$为$n$阶方阵，从而由$R(B)=n$知，$B^{-1}$存在，将以上两式右乘$B^{-1}$，结论即得证.

下设$s>n$，适当调整矩阵$B$的列向量，使其前$n$列线性无关，不妨设$B=(B_1\quad B_2)$，其中$B_1$为$n$阶方阵，且其$n$个列向量线性无关，$B_2$为$n\times(s-n)$矩阵．由于交换列向量相当于右乘初等矩阵，所以调整后仍有$AB=O$．即$A(B_1\quad B_2)=(AB_1\quad AB_2)=O$，得$AB_1=O$，右乘$B_1^{-1}$，得到$A=O$.

(2) 同上，若$s=n$，由以上知，结论成立．$s>n$时，同样由$A(B_1\quad B_2)=(AB_1\quad AB_2)=(B_1\quad B_2)$，得$AB_1=B_1$，右乘$B_1^{-1}$，得到$A=E$.

方法二　(1) 因为$R(B)=n$，故存在可逆矩阵$P_{n\times n}$及$Q_{s\times s}$使得

$$PBQ=(E_n\quad O),\ B=P^{-1}(E_n\quad O)Q^{-1},$$

由$AB=O$知，$AP^{-1}(E_n\quad O)Q^{-1}=O$，右乘$Q$得

$$AP^{-1}(E_n\quad O)=(AP^{-1}\quad O)=O,$$

即$AP^{-1}=O$，所以$A=O$.

(2) 同上，由$AB=B$，得$(A-E)B=O$，由 (1) 的结论知，$A-E=O$，得$A=E$成立.

**【例 5】** 设$A$为$n$阶方阵，则$R(A)=1$的充要条件为存在两个非零列向量$\alpha=(a_1,a_2,\cdots,a_n)^T$和$\beta=(b_1,b_2,\cdots,b_n)^T$，使得

$$A=\alpha\beta^T=\begin{pmatrix}a_1b_1 & a_1b_2 & \cdots & a_1b_n\\ a_2b_1 & a_2b_2 & \cdots & a_2b_n\\ \cdots & \cdots & \cdots & \cdots\\ a_nb_1 & a_nb_2 & \cdots & a_nb_n\end{pmatrix}.$$

**【证明】**充分性显然，只需证必要性.

因为$R(A)=1$，则存在两个$n$阶可逆阵$P,Q$使得

$$PAQ=\begin{pmatrix}1 & 0 & \cdots & 0\\ 0 & 0 & \cdots & 0\\ \cdots & \cdots & \cdots & \cdots\\ 0 & 0 & \cdots & 0\end{pmatrix},$$

设$P^{-1}=\begin{pmatrix}a_{11} & a_{12} & \cdots & a_{1n}\\ a_{21} & a_{22} & \cdots & a_{2n}\\ \cdots & \cdots & \cdots & \cdots\\ a_{n1} & a_{n2} & \cdots & a_{nn}\end{pmatrix}$，$Q^{-1}=\begin{pmatrix}b_{11} & b_{12} & \cdots & b_{1n}\\ b_{21} & b_{22} & \cdots & b_{2n}\\ \cdots & \cdots & \cdots & \cdots\\ b_{n1} & b_{n2} & \cdots & b_{nn}\end{pmatrix}$，得知

$$A=P^{-1}\begin{pmatrix}1&0&\cdots&0\\0&0&\cdots&0\\ \cdots&\cdots&\cdots&\cdots\\0&0&\cdots&0\end{pmatrix}Q^{-1}=\begin{pmatrix}a_{11}&a_{12}&\cdots&a_{1n}\\a_{21}&a_{22}&\cdots&a_{2n}\\ \cdots&\cdots&\cdots&\cdots\\a_{n1}&a_{n2}&\cdots&a_{nn}\end{pmatrix}\begin{pmatrix}1&0&\cdots&0\\0&0&\cdots&0\\ \cdots&\cdots&\cdots&\cdots\\0&0&\cdots&0\end{pmatrix}\begin{pmatrix}b_{11}&b_{12}&\cdots&b_{1n}\\b_{21}&b_{22}&\cdots&b_{2n}\\ \cdots&\cdots&\cdots&\cdots\\b_{n1}&b_{n2}&\cdots&b_{nn}\end{pmatrix}$$

$$=\begin{pmatrix}a_{11}&a_{12}&\cdots&a_{1n}\\a_{21}&a_{22}&\cdots&a_{2n}\\ \cdots&\cdots&\cdots&\cdots\\a_{n1}&a_{n2}&\cdots&a_{nn}\end{pmatrix}\begin{pmatrix}1&0&\cdots&0\\0&0&\cdots&0\\ \cdots&\cdots&\cdots&\cdots\\0&0&\cdots&0\end{pmatrix}\begin{pmatrix}1&0&\cdots&0\\0&0&\cdots&0\\ \cdots&\cdots&\cdots&\cdots\\0&0&\cdots&0\end{pmatrix}\begin{pmatrix}b_{11}&b_{12}&\cdots&b_{1n}\\b_{21}&b_{22}&\cdots&b_{2n}\\ \cdots&\cdots&\cdots&\cdots\\b_{n1}&b_{n2}&\cdots&b_{nn}\end{pmatrix}$$

$$=\begin{pmatrix}a_{11}&0&\cdots&0\\a_{21}&0&\cdots&0\\ \cdots&\cdots&\cdots&\cdots\\a_{n1}&0&\cdots&0\end{pmatrix}\begin{pmatrix}b_{11}&b_{12}&\cdots&b_{1n}\\0&0&\cdots&0\\ \cdots&\cdots&\cdots&\cdots\\0&0&\cdots&0\end{pmatrix}=\begin{pmatrix}a_{11}\\a_{21}\\ \vdots\\a_{n1}\end{pmatrix}(b_{11},b_{12},\cdots,b_{1n}).$$

令
$$\boldsymbol{\alpha}=(a_1,a_2,\cdots,a_n)^{\mathrm{T}}=\begin{pmatrix}a_{11}\\a_{21}\\ \vdots\\a_{n1}\end{pmatrix},\ \boldsymbol{\beta}^{\mathrm{T}}=(b_1,b_2,\cdots,b_n)=(b_{11},b_{12},\cdots,b_{1n}),$$

即得证. 由于 $\boldsymbol{P},\boldsymbol{Q}$ 为可逆矩阵，所以 $\boldsymbol{\alpha},\boldsymbol{\beta}$ 非零.

### （四）线性方程组

**【例 1】** 设 $\boldsymbol{A}$ 是 $n$ 阶方阵，对任何 $n$ 维列向量 $\boldsymbol{b}$，方程组 $\boldsymbol{Ax}=\boldsymbol{b}$ 都有解的充要条件是__________.

**【解析】**显然当 $R(\boldsymbol{A})=n$ 时，方程组 $\boldsymbol{Ax}=\boldsymbol{b}$ 有唯一解. 反之，由于对任何 $n$ 维列向量 $\boldsymbol{b}$，方程组 $\boldsymbol{Ax}=\boldsymbol{b}$ 都有解，相当于都存在数 $x_1,x_2,\cdots,x_n$ 使得 $x_1\boldsymbol{\alpha}_1+x_2\boldsymbol{\alpha}_2+\cdots+x_n\boldsymbol{\alpha}_n=\boldsymbol{b}$ 成立（这里 $\boldsymbol{\alpha}_i$ 为矩阵 $\boldsymbol{A}$ 的第 $i$ 列)，即 $n$ 维列向量 $\boldsymbol{b}$ 可由 $\boldsymbol{A}$ 的列向量线性表示. 若 $\boldsymbol{b}$ 依次取 $\boldsymbol{e}_1=(1,0,\cdots,0)^{\mathrm{T}}$，$\boldsymbol{e}_2=(0,1,\cdots,0)^{\mathrm{T}},\cdots,\boldsymbol{e}_n=(0,0,\cdots,1)^{\mathrm{T}}$，则 $\boldsymbol{Ax}=\boldsymbol{b}$ 也都有解，即说明 $\boldsymbol{e}_1,\boldsymbol{e}_2,\cdots,\boldsymbol{e}_n$ 可由 $\boldsymbol{A}$ 的列向量线性表示. 所以 $n=R(\boldsymbol{e}_1,\boldsymbol{e}_2,\cdots,\boldsymbol{e}_n)\leqslant R(\boldsymbol{A})$，又 $\boldsymbol{A}$ 是 $n$ 阶方阵，应有 $R(\boldsymbol{A})\leqslant n$，所以 $R(\boldsymbol{A})=n$. 应填 $R(\boldsymbol{A})=n$（或填 $|\boldsymbol{A}|\neq 0$).

**【例 2】** 求齐次解线性方程组 $\begin{cases}x_1+x_2+x_5=0,\\x_1+x_2-x_3=0,\\x_3+x_4+x_5=0\end{cases}$ 的通解.

**【解析】**对方程组的系数矩阵进行初等行变换

$$\boldsymbol{A}=\begin{pmatrix}1&1&0&0&1\\1&1&-1&0&0\\0&0&1&1&1\end{pmatrix}\to\begin{pmatrix}1&1&0&0&1\\0&0&-1&0&-1\\0&0&1&1&1\end{pmatrix}\to\begin{pmatrix}1&1&0&0&1\\0&0&1&0&1\\0&0&0&1&0\end{pmatrix},$$

可见系数矩阵 $\boldsymbol{A}$ 的秩为 3，方程组有非零解.

与原方程组具有相同通解的方程组为

$$\begin{cases}x_2=-x_1-x_5,\\x_3=-x_5,\\x_4=0,\end{cases}\quad 即\begin{cases}x_1=x_1,\\x_2=-x_1-x_5,\\x_3=-x_5,\\x_4=0,\\x_5=x_5,\end{cases}$$

自由未知数 $x_1=k_1$，$x_5=k_2$，得原方程组的通解为

$$\boldsymbol{x}=k_1\begin{pmatrix}1\\-1\\0\\0\\0\end{pmatrix}+k_2\begin{pmatrix}0\\-1\\-1\\0\\1\end{pmatrix}，k_1,k_2\text{为任意常数.}$$

**【例 3】** 求齐次线性方程组 $\begin{cases}x_1+3x_2+2x_3+x_4=0,\\x_2+ax_3-ax_4=0,\\x_1+2x_2+3x_4=0\end{cases}$ 的通解.

**【解析】**对方程组的系数矩阵进行初等行变换

$$\boldsymbol{A}=\begin{pmatrix}1&3&2&1\\0&1&a&-a\\1&2&0&3\end{pmatrix}\to\begin{pmatrix}1&3&2&1\\0&1&a&-a\\0&-1&-2&2\end{pmatrix}\to\begin{pmatrix}1&3&2&1\\0&1&a&-a\\0&0&a-2&2-a\end{pmatrix},$$

可见当 $a=2$ 时，$R(\boldsymbol{A})=2<4$，方程组有非零解. 此时

$$\boldsymbol{A}\to\begin{pmatrix}1&0&-4&7\\0&1&2&-2\\0&0&0&0\end{pmatrix},$$

得同解方程组为

$$\begin{cases}x_1=4x_3-7x_4,\\x_2=-2x_3+2x_4,\end{cases}\text{即}\begin{cases}x_1=4x_3-7x_4,\\x_2=-2x_3+2x_4,\\x_3=x_3,\\x_4=x_4,\end{cases}$$

得通解为 $$\boldsymbol{x}=k_1\begin{pmatrix}4\\-2\\1\\0\end{pmatrix}+k_2\begin{pmatrix}-7\\2\\0\\1\end{pmatrix}，\text{其中 }k_1，k_2\text{为任意常数.}$$

当 $a\neq2$ 时，$R(\boldsymbol{A})=3<4$，方程组也有非零解，此时

$$\boldsymbol{A}\to\begin{pmatrix}1&0&0&3\\0&1&0&0\\0&0&1&-1\end{pmatrix},$$

得同解方程组为

$$\begin{cases}x_1=-3x_4,\\x_2=0,\\x_3=x_4,\end{cases}\text{即}\begin{cases}x_1=-3x_4,\\x_2=0,\\x_3=x_4,\\x_4=x_4,\end{cases}$$

得通解为 $\boldsymbol{x}=c\begin{pmatrix}-3\\0\\1\\1\end{pmatrix}$，$c$ 为任意常数.

【例 4】 求非齐次线性方程组$\begin{cases}x_1+2x_2-x_3-2x_4=0,\\2x_1-x_2-x_3+x_4=1,\\3x_1+x_2-2x_3-x_4=1\end{cases}$的通解.

【解析】 增广矩阵

$$\boldsymbol{B}=\begin{pmatrix}1&2&-1&-2&0\\2&-1&-1&1&1\\3&1&-2&-1&1\end{pmatrix}\to\begin{pmatrix}1&2&-1&-2&0\\0&-5&1&5&1\\0&-5&1&5&1\end{pmatrix}\to\begin{pmatrix}1&2&-1&-2&0\\0&-5&1&5&1\\0&0&0&0&0\end{pmatrix}.$$

可见 $R(\boldsymbol{A})=R(\boldsymbol{B})=2<4$，得知线性方程组有无穷多解.

原方程的同解方程组

$$\begin{cases}x_1=3x_2-3x_4+1,\\x_2=x_2,\\x_3=5x_2-5x_4+1,\\x_4=x_4,\end{cases}$$

设自由未知量 $x_2=k_1$，$x_4=k_2$，得方程组的通解为

$$\boldsymbol{x}=k_1\begin{pmatrix}3\\1\\5\\0\end{pmatrix}+k_2\begin{pmatrix}-3\\0\\-5\\1\end{pmatrix}+\begin{pmatrix}1\\0\\1\\0\end{pmatrix}，k_1,k_2\text{为任意常数}.$$

【例 5】 设非齐次线性方程组$\begin{cases}\lambda x_1+x_2+x_3=1\\x_1+\lambda x_2+x_3=\lambda\\x_1+x_2+\lambda x_3=\lambda^2\end{cases}$，问 $\lambda$ 取何值时，此方程组（1）有唯一解；（2）无解；（3）无穷多解？并在有无穷多解时求其通解。

【解析】 方法一 $\boldsymbol{B}=\begin{pmatrix}\lambda&1&1&1\\1&\lambda&1&\lambda\\1&1&\lambda&\lambda^2\end{pmatrix}\xrightarrow[\substack{r_2-\lambda r_1\\r_3-r_1}]{r_1\leftrightarrow r_2}\begin{pmatrix}1&\lambda&1&\lambda\\0&1-\lambda^2&1-\lambda&1-\lambda^2\\0&1-\lambda&\lambda-1&\lambda^2-\lambda\end{pmatrix}\xrightarrow{r_3\times(1+\lambda)}$

$$\begin{pmatrix}1&\lambda&1&\lambda\\0&1-\lambda^2&1-\lambda&1-\lambda^2\\0&1-\lambda^2&\lambda^2-1&\lambda(\lambda^2-1)\end{pmatrix}\xrightarrow{r_3-r_2}\begin{pmatrix}1&\lambda&1&\lambda\\0&1-\lambda^2&1-\lambda&1-\lambda^2\\0&0&(\lambda-1)(\lambda+2)&(\lambda+1)(\lambda^2-1)\end{pmatrix}.$$

所以(1)当 $\lambda\neq-2$ 且 $\lambda\neq1$ 时，$R(\boldsymbol{A})=R(\boldsymbol{B})=3$，方程组有唯一解；

（2）当 $\lambda=-2$ 时，$R(\boldsymbol{A})=2$. $R(\boldsymbol{B})=3$. $R(\boldsymbol{A})<R(\boldsymbol{B})$，方程组无解；

（3）当 $\lambda=1$ 时，$R(\boldsymbol{A})=R(\boldsymbol{B})=1<3$，方程组有无穷多解.

此时，

$$\boldsymbol{B}=\begin{pmatrix}1&1&1&1\\1&1&1&1\\1&1&1&1\end{pmatrix}\to\begin{pmatrix}1&1&1&1\\0&0&0&0\\0&0&0&0\end{pmatrix},$$

得通解为

$$\boldsymbol{x}=k_1\begin{pmatrix}-1\\1\\0\end{pmatrix}+k_2\begin{pmatrix}-1\\0\\1\end{pmatrix}+\begin{pmatrix}1\\0\\0\end{pmatrix}，k_1,k_2\text{为任意常数}.$$

方法二 $|\boldsymbol{A}|=\begin{vmatrix}\lambda&1&1\\1&\lambda&1\\1&1&\lambda\end{vmatrix}=(\lambda+2)\cdot(\lambda-1)^2$，

所以(1)当 $\lambda\neq-2$ 且 $\lambda\neq1$ 时，$|\boldsymbol{A}|\neq0$，知 $R(\boldsymbol{A})=R(\boldsymbol{B})=3$，方程组有唯一解；

(2)当 $\lambda=-2$ 时，$\boldsymbol{B}=\begin{pmatrix}-2&1&1&1\\1&-2&1&-2\\1&1&-2&4\end{pmatrix}\to\begin{pmatrix}1&-2&1&-2\\0&-1&1&-1\\0&0&0&1\end{pmatrix}$，

$R(\boldsymbol{A})=2$，$R(\boldsymbol{B})=3$，$R(\boldsymbol{A})<R(\boldsymbol{B})$，方程组无解；

(3)当 $\lambda=1$ 时，$\boldsymbol{B}=\begin{pmatrix}1&1&1&1\\1&1&1&1\\1&1&1&1\end{pmatrix}\to\begin{pmatrix}1&1&1&1\\0&0&0&0\\0&0&0&0\end{pmatrix}$，

得知 $R(\boldsymbol{A})=R(\boldsymbol{B})=1<3$，方程组有无穷多解．通解为

$$\boldsymbol{x}=k_1\begin{pmatrix}-1\\1\\0\end{pmatrix}+k_2\begin{pmatrix}-1\\0\\1\end{pmatrix}+\begin{pmatrix}1\\0\\0\end{pmatrix}，k_1,k_2 \text{为任意常数}.$$

## 三、疑难解析

(1) 由矩阵秩的定义可知：在秩为 $r$ 的矩阵中，有可能有等于零的 $r-1$ 阶子式，也可能有等于零的 $r$ 阶子式，但没有不等于零的 $r+1$ 阶子式（只要存在）．比如：$\boldsymbol{A}=\begin{pmatrix}1&1&0\\2&2&1\\3&3&1\end{pmatrix}$，显然 $R(\boldsymbol{A})=2$，它有一个 1 阶子式为零，也有 2 阶子式 $\begin{vmatrix}1&1\\2&2\end{vmatrix}=0$，但是至少有一个 2 阶子式不为零，比如 $\begin{vmatrix}1&0\\2&1\end{vmatrix}=1$，而所有的 3 阶子式全部为零（在此只有一个 3 阶子式 $|\boldsymbol{A}|$）．

(2) 矩阵秩的定义是求矩阵秩的基本方法，方法的实质就是找出矩阵 $\boldsymbol{A}$ 中不为零的子式的最高阶数，其阶数就是矩阵的秩．但若矩阵的阶数较高时，其计算量相当大，所以此方法只适用于阶数较低的矩阵．通常情况下，我们利用矩阵的初等变换求矩阵的秩．

(3) 利用初等变换求逆矩阵的方法实质：设矩阵 $\boldsymbol{A}$ 可逆，则 $\boldsymbol{A}^{-1}$ 也可逆，于是存在有限个初等矩阵 $\boldsymbol{P}_1,\boldsymbol{P}_2,\cdots,\boldsymbol{P}_s$，使得 $\boldsymbol{A}^{-1}=\boldsymbol{P}_1\boldsymbol{P}_2\cdots\boldsymbol{P}_s$，对此式两边分别右乘 $\boldsymbol{A}$ 和 $\boldsymbol{E}$，得 $\boldsymbol{P}_1\boldsymbol{P}_2\cdots\boldsymbol{P}_s\boldsymbol{A}=\boldsymbol{E}$ 和 $\boldsymbol{P}_1\boldsymbol{P}_2\cdots\boldsymbol{P}_s\boldsymbol{E}=\boldsymbol{A}^{-1}$．由此可见，若对矩阵 $\boldsymbol{A}$ 和 $\boldsymbol{E}$ 施行同样的初等行变换，则当 $\boldsymbol{A}$ 转化为单位矩阵 $\boldsymbol{E}$ 时，矩阵 $\boldsymbol{E}$ 就转化为 $\boldsymbol{A}^{-1}$．即

$$(\boldsymbol{A}\quad\boldsymbol{E})\overset{\text{行}}{\sim}(\boldsymbol{E}\quad\boldsymbol{A}^{-1}).$$

同理，$\begin{pmatrix}\boldsymbol{A}\\\boldsymbol{E}\end{pmatrix}\overset{\text{列}}{\sim}\begin{pmatrix}\boldsymbol{E}\\\boldsymbol{A}^{-1}\end{pmatrix}$，$(\boldsymbol{A}\quad\boldsymbol{B})\sim(\boldsymbol{E}\quad\boldsymbol{A}^{-1}\boldsymbol{B})$，$\begin{pmatrix}\boldsymbol{A}\\\boldsymbol{B}\end{pmatrix}\sim\begin{pmatrix}\boldsymbol{E}\\\boldsymbol{B}\boldsymbol{A}^{-1}\end{pmatrix}$.

(4) 在本章中，我们仅给出了线性方程组求解的一种方法（高斯消元法）．在第四章中，我们将继续学习线性方程组的其他求解方法及解的结构．

## 四、强化练习题

☆ A 题 ☆

### (一) 填空题

1. 已知矩阵 $\boldsymbol{A}=(a_{ij})_{4\times3}$ 与 $\boldsymbol{B}=\begin{pmatrix}2&-1&1\\0&1&1\\0&0&-1\\0&0&1\end{pmatrix}$ 等价，则 $R(\boldsymbol{A})=$__________.

2. 设 $\boldsymbol{A},\boldsymbol{B}$ 均是 $n$ 阶方阵，且 $\boldsymbol{A}$ 为可逆阵，则 $R(\boldsymbol{AB})=$__________.

3. 设 5 阶方阵 $\boldsymbol{A}$ 的秩等于 3，则其伴随矩阵 $\boldsymbol{A}^*$ 的秩必等于__________.

4. 如果线性方程组 $\boldsymbol{A}_{m\times n}\boldsymbol{x}=\boldsymbol{0}$ 和 $\boldsymbol{B}_{s\times n}\boldsymbol{x}=\boldsymbol{0}$ 有相同的解集 $S$，则 $R(\boldsymbol{A})$__________$R(\boldsymbol{B})$.

5. 设方程 $\begin{pmatrix} a & 1 & 1 \\ 1 & a & 1 \\ 1 & 1 & a \end{pmatrix}\begin{pmatrix} x \\ y \\ z \end{pmatrix}=\begin{pmatrix} 1 \\ 1 \\ -2 \end{pmatrix}$ 有无穷多解，则 $a=$__________.

## （二）选择题

1. 设 $\boldsymbol{A}$ 为 $4\times 3$ 矩阵，且 $R(\boldsymbol{A})=2$，若 $|\boldsymbol{B}|\neq 0$，则 $R(\boldsymbol{AB})=$__________.

（A）2　　（B）3　　（C）4　　（D）1

2. 设 $\boldsymbol{A}$，$\boldsymbol{B}$ 为满足 $\boldsymbol{AB}=\boldsymbol{O}$ 的任意两个 $n$ 阶非零矩阵，则必有__________.

（A）$R(\boldsymbol{A})+R(\boldsymbol{B})\leqslant n$　　（B）$R(\boldsymbol{A})+R(\boldsymbol{B})=n$

（C）$R(\boldsymbol{A})=n$，$R(\boldsymbol{B})=n$　　（D）$R(\boldsymbol{A})+R(\boldsymbol{B})\geqslant n$

3. 设矩阵 $\boldsymbol{A}_{m\times n}$ 的秩 $R(\boldsymbol{A})=m<n$，$\boldsymbol{E}_m$ 为 $m$ 阶单位矩阵，则下列结论正确的是__________.

（A）$\boldsymbol{A}_{m\times n}$的任意 $m$ 个列向量必线性无关

（B）$\boldsymbol{A}_{m\times n}$的任意一个 $m$ 阶子式不等于零

（C）若矩阵 $\boldsymbol{B}$ 满足 $\boldsymbol{BA}=\boldsymbol{O}$，则 $\boldsymbol{B}=\boldsymbol{O}$

（D）$\boldsymbol{A}_{m\times n}$通过初等行变换，必可以化为$(\boldsymbol{E}_m,\ \boldsymbol{O})$的形式

4. 设 $\boldsymbol{AB}=\boldsymbol{C}$，则必有__________.

（A）$R(\boldsymbol{C})\geqslant R(\boldsymbol{B})$，$R(\boldsymbol{C})\geqslant R(\boldsymbol{A})$　　（B）$R(\boldsymbol{C})=R(\boldsymbol{B})$

（C）$R(\boldsymbol{C})=R(\boldsymbol{A})$　　（D）$R(\boldsymbol{C})\leqslant R(\boldsymbol{A})$，$R(\boldsymbol{C})\leqslant R(\boldsymbol{B})$

5. 设 $\boldsymbol{A}$ 为 $m\times n$ 矩阵（$m\leqslant n$），则下列命题正确的是__________.

（A）若 $R(\boldsymbol{A})=R(\boldsymbol{A}\quad \boldsymbol{b})<n$，则方程 $\boldsymbol{Ax}=\boldsymbol{b}$ 有唯一的解

（B）若 $R(\boldsymbol{A})=n$，则方程 $\boldsymbol{Ax}=\boldsymbol{b}$ 有唯一的解

（C）若 $R(\boldsymbol{A})=R(\boldsymbol{A}\quad \boldsymbol{b})$，则方程 $\boldsymbol{Ax}=\boldsymbol{b}$ 有无穷多解

（D）若 $R(\boldsymbol{A})=n$，则方程 $\boldsymbol{Ax}=\boldsymbol{b}$ 无解

6. 设 $\boldsymbol{A}$ 为 $n(n\geqslant 3)$阶方阵，且 $\boldsymbol{A}=\begin{pmatrix} 1 & a & a & \cdots & a \\ a & 1 & a & \cdots & a \\ a & a & 1 & \cdots & a \\ \cdots & \cdots & \cdots & \cdots & \cdots \\ a & a & a & \cdots & 1 \end{pmatrix}$，若已知 $R(\boldsymbol{A})=n-1$，则 $a=$__________.

（A）1　　（B）$\dfrac{1}{1-n}$　　（C）$-1$　　（D）$\dfrac{1}{n-1}$

## （三）计算题

1. 用初等行变换把下列矩阵化为行最简形矩阵：

（1）$\begin{pmatrix} 1 & 0 & 2 & -1 \\ 2 & 0 & 3 & 1 \\ 3 & 0 & 4 & 3 \end{pmatrix}$；　　（2）$\begin{pmatrix} 2 & 3 & 1 & -3 & -7 \\ 1 & 2 & 0 & -2 & -4 \\ 3 & -2 & 8 & 3 & 0 \\ 2 & -3 & 7 & 4 & 3 \end{pmatrix}$.

2. 求矩阵 $\boldsymbol{A}=\begin{pmatrix}3 & 2 & 2 & -1 & 0\\ 6 & 2 & 4 & 2 & 0\\ 9 & 0 & 6 & 1 & 1\\ 0 & -3 & 0 & 0 & 1\end{pmatrix}$的秩.

3. 设 3 阶矩阵 $\boldsymbol{A}=\begin{pmatrix}x & 1 & 1\\ 1 & x & 1\\ 1 & 1 & x\end{pmatrix}$，试求 $R(\boldsymbol{A})$.

4. 设 $\boldsymbol{A}=\begin{pmatrix}3 & 0 & 0\\ 1 & 4 & 0\\ 0 & 0 & 3\end{pmatrix}$，求 $(\boldsymbol{A}-2\boldsymbol{E})^{-1}$.

5. 利用矩阵的初等变换求解矩阵方程 $\begin{pmatrix}1 & 2 & 3\\ 2 & 2 & 1\\ 3 & 4 & 3\end{pmatrix}\boldsymbol{X}=\begin{pmatrix}2 & 5\\ 3 & 1\\ 4 & 3\end{pmatrix}$.

6. 设 $\boldsymbol{A}=\begin{pmatrix}0 & 3 & 3\\ 1 & 1 & 0\\ -1 & 2 & 3\end{pmatrix}$，且满足 $\boldsymbol{AB}=\boldsymbol{A}+2\boldsymbol{B}$，求矩阵 $\boldsymbol{B}$.

7. 求解下列线性方程组：

(1) $\begin{cases}x_1+x_2+2x_3-x_4=0,\\ 2x_1+x_2+x_3-x_4=0,\\ 2x_1+2x_2+x_3+2x_4=0;\end{cases}$　(2) $\begin{cases}2x+3y+z=4,\\ x-2y+4z=-5,\\ 3x+8y-2z=13,\\ 4x-y+9z=-6.\end{cases}$

8. 设有线性方程组 $\begin{cases}\lambda x_1+x_2+x_3=\lambda-3,\\ x_1+\lambda x_2+x_3=-2,\\ x_1+x_2+\lambda x_3=-2,\end{cases}$ 问 $\lambda$ 取何值时，此方程组(1)有唯一解；(2)无解；(3)无穷多解，并在无穷多解时求其通解。

## (四) 证明题

1. 设 $n$ 阶矩阵 $\boldsymbol{A}$ 满足 $\boldsymbol{A}^2=\boldsymbol{A}$，$\boldsymbol{E}$ 为 $n$ 阶单位阵，证明 $R(\boldsymbol{A})+R(\boldsymbol{A}-\boldsymbol{E})=n$.

2. 设 $\boldsymbol{A}$ 为 $m\times n$ 矩阵，证明：方程 $\boldsymbol{AX}=\boldsymbol{E}_m$ 有解的充分必要条件是 $R(\boldsymbol{A})=m$.

# ☆ B 题 ☆

## (一) 填空题

1. 设 $\boldsymbol{A}$ 为 $4\times 3$ 矩阵，且 $R(\boldsymbol{A})=2$，又 $\boldsymbol{B}=\begin{pmatrix}1 & 0 & 2\\ 0 & 2 & 0\\ -1 & 0 & 3\end{pmatrix}$，则 $R(\boldsymbol{AB})=$________.

2. 设 $\boldsymbol{A},\boldsymbol{B}$ 均为 $n$ 阶非零矩阵，且 $\boldsymbol{AB}=\boldsymbol{O}$，则 $R(\boldsymbol{A})$________ $n$.

3. 已知 $\boldsymbol{A},\boldsymbol{B}$ 均为 $4\times 3$ 矩阵，且 $R(\boldsymbol{A})=2$，$R(\boldsymbol{B})=3$，则 $R(\boldsymbol{A}+\boldsymbol{B})=$________.

4. 设 $\boldsymbol{A}$ 为 3 阶方阵，将 $\boldsymbol{A}$ 的第 1 行与第 3 行交换后，再用 $-2$ 乘以第 2 行加到第 1 列上得到矩阵 $\boldsymbol{B}$，若 $\boldsymbol{PA}=\boldsymbol{B}$，则 $\boldsymbol{P}=$________.

5. 设$\boldsymbol{A}=\begin{pmatrix}0&1&0&0\\0&0&1&0\\0&0&0&1\\0&0&0&0\end{pmatrix}$，则$\boldsymbol{A}^3$的秩为__________.

## （二）选择题

1. $n$个同阶初等矩阵的乘积为__________.

(A) 奇异矩阵　(B) 非奇异矩阵　(C) 初等矩阵　(D) 单位矩阵

2. 设$\boldsymbol{A}$为$m\times n$矩阵，$\boldsymbol{C}$与$n$阶单位矩阵$\boldsymbol{E}$等价，$\boldsymbol{B}=\boldsymbol{AC}$，若$R(\boldsymbol{A})=r$，$R(\boldsymbol{B})=r_1$，则有__________.

(A) $r>r_1$　(B) $r<r_1$　(C) $r=r_1$　(D) $r$与$r_1$的关系由$\boldsymbol{C}$确定

3. 设$\boldsymbol{A}$为3阶矩阵，将$\boldsymbol{A}$的第2行加到第1行得$\boldsymbol{B}$，再将$\boldsymbol{B}$的第1列的$-1$倍加到第2列得$\boldsymbol{C}$，记$\boldsymbol{P}=\begin{pmatrix}1&1&0\\0&1&0\\0&0&1\end{pmatrix}$，则__________.

(A) $\boldsymbol{C}=\boldsymbol{P}^{-1}\boldsymbol{AP}$　(B) $\boldsymbol{C}=\boldsymbol{PAP}^{-1}$　(C) $\boldsymbol{C}=\boldsymbol{P}^{\mathrm{T}}\boldsymbol{AP}$　(D) $\boldsymbol{C}=\boldsymbol{PAP}^{\mathrm{T}}$.

4. 设$\boldsymbol{A}$为$m\times n$矩阵，$\boldsymbol{B}$为$n\times m$矩阵，$\boldsymbol{E}$为$m$阶单位矩阵，若$\boldsymbol{AB}=\boldsymbol{E}$，则__________.

(A) 秩$R(\boldsymbol{A})=m$，秩$R(\boldsymbol{B})=m$　(B) 秩$R(\boldsymbol{A})=m$，秩$R(\boldsymbol{B})=n$

(C) 秩$R(\boldsymbol{A})=n$，秩$R(\boldsymbol{B})=m$　(D) 秩$R(\boldsymbol{A})=n$，秩$R(\boldsymbol{B})=n$

5. 设矩阵$\boldsymbol{A}=\begin{pmatrix}a&b&b\\b&a&b\\b&b&a\end{pmatrix}$，若$\boldsymbol{A}$的伴随矩阵$\boldsymbol{A}^*$的秩等于1，则__________.

(A) $a=b$或$a+2b=0$　(B) $a=b$或$a+2b\neq 0$

(C) $a\neq b$且$a+2b=0$　(D) $a\neq b$且$a+2b\neq 0$

6. 设$\boldsymbol{A}$是$m\times n$矩阵，$\boldsymbol{B}$是$n\times m$矩阵，则线性方程组$(\boldsymbol{AB})\boldsymbol{x}=\boldsymbol{0}$__________.

(A) 当$n>m$时，仅有零解　(B) 当$n>m$时，必有非零解

(C) 当$m>n$时，仅有零解　(D) 当$m>n$时，必有非零解

## （三）计算题

1. 设$\boldsymbol{A}=\begin{pmatrix}-5&3&1\\2&-1&1\end{pmatrix}$，求可逆矩阵$\boldsymbol{P}$，使$\boldsymbol{PA}$为行最简形.

2. 求矩阵$\boldsymbol{B}=\begin{pmatrix}1&2&3&4&5&6\\2&3&4&5&6&7\\3&4&5&6&7&8\\4&5&6&7&8&9\\5&6&7&8&9&10\end{pmatrix}$的秩.

3. 设$\boldsymbol{A}=\begin{pmatrix}1&-2&3k\\-1&2k&-3\\k&-2&3\end{pmatrix}$，问$k$为何值，可使

(1) $R(\boldsymbol{A})=1$；(2) $R(\boldsymbol{A})=2$；(3) $R(\boldsymbol{A})=3$.

4. 设$\boldsymbol{A}=\begin{pmatrix}0&0&1\\0&2&3\\3&4&5\end{pmatrix}$，求$(\boldsymbol{A}^*)^{-1}$.

5. 设 $\boldsymbol{A}$ 是 $n$ 阶可逆方阵，将 $\boldsymbol{A}$ 的第 $i$ 行与第 $j$ 行交换后得到的矩阵记为 $\boldsymbol{B}$. 求 $\boldsymbol{AB}^{-1}$.

6. 设线性方程组 $\begin{cases}(2-\lambda)x_1+2x_2-2x_3=1,\\ 2x_1+(5-\lambda)x_2-4x_3=2,\\ -2x_1-4x_2+(5-\lambda)x_3=-\lambda-1,\end{cases}$

问 $\lambda$ 为何值时，此方程组有唯一解、无解或有无穷多解？并在有无穷多解时求其通解.

**(四) 证明题**

1. 设 $\boldsymbol{A},\boldsymbol{B}$ 均为 $n$ 阶方阵，$\boldsymbol{E}$ 为 $n$ 阶单位阵，若 $\boldsymbol{ABA}=\boldsymbol{B}^{-1}$，证明

$$R(\boldsymbol{E}-\boldsymbol{AB})+R(\boldsymbol{E}+\boldsymbol{AB})=n.$$

2. 证明：$R(\boldsymbol{A})=1$ 的充分必要条件是存在非零列向量 $\boldsymbol{a}$ 及非零行向量 $\boldsymbol{b}^{\mathrm{T}}$，使 $\boldsymbol{A}=\boldsymbol{ab}^{\mathrm{T}}$.

# 第四章　向量组的线性相关性

**本章基本要求**

理解向量的线性组合与线性表示的概念；理解向量组线性相关、线性无关的概念，重点掌握向量组线性相关、线性无关的有关性质及判别法；理解向量组的最大线性无关组和向量组的秩的概念，会求向量组的最大线性无关组及秩；并将不是最大无关组的向量用最大无关组线性表示．理解向量组等价的概念，理解矩阵的秩与其行（列）向量组的秩之间的关系；理解线性方程组解向量的性质，掌握齐次与非齐次线性方程组的基础解系及通解的求法．了解向量空间、维数、基、坐标等概念．

## 一、内容要点

### （一）主要概念

**1. $n$ 维向量的概念和运算**

**定义 1**　$n$ 维向量：$n$ 个数 $a_1, a_2, \cdots, a_n$ 组成的有序数组称为一个 $n$ 维向量．若 $a_i$ 为实（复）数，则向量称为实（复）向量．向量通常记为 $\boldsymbol{\alpha}, \boldsymbol{\beta}, \boldsymbol{\gamma}$ 等，并且 $\boldsymbol{\alpha}=(a_1, a_2, \cdots, a_n)$ 称为行向量，$\boldsymbol{\alpha}=\begin{pmatrix} a_1 \\ a_2 \\ \vdots \\ a_n \end{pmatrix}$称为列向量．

注意　若不特殊说明，今后所指向量均为实的列向量．

**定义 2**　向量的相等：两个向量 $\boldsymbol{\alpha}=\begin{pmatrix} a_1 \\ a_2 \\ \vdots \\ a_n \end{pmatrix}$ 与 $\boldsymbol{\beta}=\begin{pmatrix} b_1 \\ b_2 \\ \vdots \\ b_n \end{pmatrix}$ 相等，当且仅当 $a_i=b_i(i=1,2,\cdots,n)$，记为 $\boldsymbol{\alpha}=\boldsymbol{\beta}$.

注意　$\boldsymbol{\alpha}=(a_1, a_2, \cdots, a_n)$ 与 $\boldsymbol{\alpha}=\begin{pmatrix} a_1 \\ a_2 \\ \vdots \\ a_n \end{pmatrix}$ 作为向量可以认为是相同的，但作为矩阵是不同的．为此我们一般认为它们是不同的，而认为列向量 $\boldsymbol{\alpha}=\begin{pmatrix} a_1 \\ a_2 \\ \vdots \\ a_n \end{pmatrix}$ 是行向量 $\boldsymbol{\alpha}=(a_1, a_2, \cdots, a_n)$

的转置．即$(a_1,a_2,\cdots,a_n)^{\mathrm{T}}=\begin{pmatrix}a_1\\a_2\\\vdots\\a_n\end{pmatrix}$.

向量的数乘运算：$k\boldsymbol{\alpha}=k(a_1,a_2,\cdots,a_n)^{\mathrm{T}}=(ka_1,ka_2,\cdots,ka_n)^{\mathrm{T}}$，其中 $k$ 为实数.

向量的加法和减法：$\boldsymbol{\alpha}\pm\boldsymbol{\beta}=(a_1,a_2,\cdots,a_n)^{\mathrm{T}}\pm(b_1,b_2,\cdots,b_n)^{\mathrm{T}}$

$$=(a_1\pm b_1,a_2\pm b_2,\cdots,a_n\pm b_n)^{\mathrm{T}}.$$

向量的数乘运算与向量的加减法统称为向量的线性运算.

注意　只有维数相同的向量才能进行比较和线性运算.

**2. 向量组的线性相关性**

**定义 3**　向量组的线性组合：若 $\boldsymbol{\alpha}_1,\boldsymbol{\alpha}_2,\cdots,\boldsymbol{\alpha}_m$ 是 $m$ 个 $n$ 维向量组成的向量组，$k_1,k_2,\cdots,k_m$ 是 $m$ 个数，则向量 $k_1\boldsymbol{\alpha}_1+k_2\boldsymbol{\alpha}_2+\cdots+k_m\boldsymbol{\alpha}_m$ 称为这 $m$ 个向量的一个线性组合.

注意　这里对 $k_1,k_2,\cdots,k_m$ 是否等于零无任何限制.

**定义 4**　向量组的线性表示：对于给定的 $n$ 维向量组 $\boldsymbol{\alpha}_1,\boldsymbol{\alpha}_2,\cdots,\boldsymbol{\alpha}_m$ 及 $\boldsymbol{\beta}$，如果存在 $m$ 个数 $k_1,k_2,\cdots,k_m$，使得 $\boldsymbol{\beta}=k_1\boldsymbol{\alpha}_1+k_2\boldsymbol{\alpha}_2+\cdots+k_m\boldsymbol{\alpha}_m$，则称向量 $\boldsymbol{\beta}$ 可由向量组 $\boldsymbol{\alpha}_1,\boldsymbol{\alpha}_2,\cdots,\boldsymbol{\alpha}_m$ 线性表示，或称 $\boldsymbol{\beta}$ 为 $\boldsymbol{\alpha}_1,\boldsymbol{\alpha}_2,\cdots,\boldsymbol{\alpha}_m$ 的线性组合.

**定义 5**　向量组的线性相关、线性无关：对于给定的向量组 $\boldsymbol{\alpha}_1,\boldsymbol{\alpha}_2,\cdots,\boldsymbol{\alpha}_m$，如果存在一组不全为零的数 $k_1,k_2,\cdots,k_m$，使得 $k_1\boldsymbol{\alpha}_1+k_2\boldsymbol{\alpha}_2+\cdots+k_m\boldsymbol{\alpha}_m=\mathbf{0}$ 成立，则称向量组 $\boldsymbol{\alpha}_1,\boldsymbol{\alpha}_2,\cdots,\boldsymbol{\alpha}_m$ 线性相关；当且仅当 $k_1=k_2=\cdots=k_m=0$ 时，关系式 $k_1\boldsymbol{\alpha}_1+k_2\boldsymbol{\alpha}_2+\cdots+k_m\boldsymbol{\alpha}_m=\mathbf{0}$ 才成立，则称向量组 $\boldsymbol{\alpha}_1,\boldsymbol{\alpha}_2,\cdots,\boldsymbol{\alpha}_m$ 线性无关.

注意　对于任何向量组 $\boldsymbol{\alpha}_1,\boldsymbol{\alpha}_2,\cdots,\boldsymbol{\alpha}_m$，只要取 $k_1=k_2=\cdots=k_m=0$，总有 $k_1\boldsymbol{\alpha}_1+k_2\boldsymbol{\alpha}_2+\cdots+k_m\boldsymbol{\alpha}_m=\mathbf{0}$ 成立，关键是区分“当且仅当 $k_1=k_2=\cdots=k_m=0$”还是“$k_1,k_2,\cdots,k_m$ 不全为零时”有 $k_1\boldsymbol{\alpha}_1+k_2\boldsymbol{\alpha}_2+\cdots+k_m\boldsymbol{\alpha}_m=\mathbf{0}$ 成立的问题．这里指的向量组线性相关强调的是 $k_1,k_2,\cdots,k_m$ 不全为零时有 $k_1\boldsymbol{\alpha}_1+k_2\boldsymbol{\alpha}_2+\cdots+k_m\boldsymbol{\alpha}_m=\mathbf{0}$ 成立的问题.

由向量组线性相关、线性无关的定义可得如下结论：

（1）含有零向量的向量组必然线性相关；

（2）由单个向量组成的向量组线性相关的充分必要条件是此向量为零向量；

（3）由两个向量组成的向量组线性相关的充分必要条件是两个向量中对应分量成比例（即一个向量是另一个向量的某一倍数）.

**3. 向量组的最大线性无关组及其秩**

**定义 6**　向量组的最大线性无关组：设 $\boldsymbol{A}:\boldsymbol{\alpha}_1,\boldsymbol{\alpha}_2,\cdots,\boldsymbol{\alpha}_m$ 是由 $m$ 个 $n$ 维向量所组成的向量组，在 $\boldsymbol{A}$ 中选取 $r$ 个向量 $\boldsymbol{\alpha}_{i_1},\boldsymbol{\alpha}_{i_2},\cdots,\boldsymbol{\alpha}_{i_r}$（以后不妨设为 $\boldsymbol{\alpha}_1,\boldsymbol{\alpha}_2,\cdots,\boldsymbol{\alpha}_r$），如果满足：

（1）$\boldsymbol{\alpha}_{i_1},\boldsymbol{\alpha}_{i_2},\cdots,\boldsymbol{\alpha}_{i_r}$ 线性无关；

（2）任取 $\boldsymbol{\alpha}\in\boldsymbol{A}$（若还存在 $\boldsymbol{\alpha}\in\boldsymbol{A}$ 的话）总有 $r+1$ 个向量 $\boldsymbol{\alpha}_{i_1},\boldsymbol{\alpha}_{i_2},\cdots,\boldsymbol{\alpha}_{i_r},\boldsymbol{\alpha}$ 线性相关.

则称向量组 $\boldsymbol{\alpha}_{i_1},\boldsymbol{\alpha}_{i_2},\cdots,\boldsymbol{\alpha}_{i_r}$ 为向量组 $\boldsymbol{A}$ 的一个最大线性无关组（或极大线性无关组），简称最大无关组.

**定义 7**　向量组的秩：向量组 $\boldsymbol{A}$ 的最大线性无关组中所含向量的个数，称为这个向量组的秩，记作 $R(\boldsymbol{A})=r$，或 $R(\boldsymbol{\alpha}_1,\boldsymbol{\alpha}_2,\cdots,\boldsymbol{\alpha}_m)=r$.

由向量组的秩的定义自然得到：

（1）若向量组的秩等于向量组本身所含向量的个数，则该向量组为线性无关向量组（也称满秩向量组），反之亦然；

(2) 向量组 $\boldsymbol{\alpha}_1,\boldsymbol{\alpha}_2,\cdots,\boldsymbol{\alpha}_m$ 线性无关的充分必要条件是它的最大线性无关组就是它本身(或满秩向量组);

(3) 向量组 $\boldsymbol{\alpha}_1,\boldsymbol{\alpha}_2,\cdots,\boldsymbol{\alpha}_m$ 线性无关$\Leftrightarrow R(\boldsymbol{\alpha}_1,\boldsymbol{\alpha}_2,\cdots,\boldsymbol{\alpha}_m)=m$.

注意 一个向量组的最大无关组不一定是唯一的，但各最大无关组中所含向量的个数是唯一确定的. 即向量组的秩是唯一的.

向量组的秩及其最大无关组的计算方法:

(1) 向量组的秩等于它所构成的矩阵的秩;

(2) 向量组构成的矩阵中，阶梯形矩阵最高阶不为零的子式的列所对应的原矩阵的列向量即为向量组的一个最大线性无关组.

**4. 两个向量组等价**

**定义 8** 设向量组 $\boldsymbol{A}$: $\boldsymbol{\alpha}_1,\boldsymbol{\alpha}_2,\cdots,\boldsymbol{\alpha}_r$, $\boldsymbol{B}$: $\boldsymbol{\beta}_1,\boldsymbol{\beta}_2,\cdots,\boldsymbol{\beta}_s$.

(1) 向量组 $\boldsymbol{A}$ 可由向量组 $\boldsymbol{B}$ 线性表示：若向量组 $\boldsymbol{A}$ 中每一个向量 $\boldsymbol{\alpha}_i(i=1,2,\cdots,r)$都可由向量组 $\boldsymbol{B}$ 中的向量 $\boldsymbol{\beta}_1,\boldsymbol{\beta}_2,\cdots,\boldsymbol{\beta}_s$ 线性表示，则称向量组 $\boldsymbol{A}$ 可由向量组 $\boldsymbol{B}$ 线性表示.

(2) 向量组 $\boldsymbol{A}$ 与向量组 $\boldsymbol{B}$ 等价：若向量组 $\boldsymbol{A}$ 可由向量组 $\boldsymbol{B}$ 线性表示，向量组 $\boldsymbol{B}$ 也可由向量组 $\boldsymbol{A}$ 线性表示，则称向量组 $\boldsymbol{A}$ 与向量组 $\boldsymbol{B}$ 等价.

**5. 线性方程组的解**

**定义 9** 线性方程组

$$\begin{cases} a_{11}x_1+a_{12}x_2+\cdots+a_{1n}x_n=b_1, \\ a_{21}x_1+a_{22}x_2+\cdots+a_{2n}x_n=b_2, \\ \cdots\cdots\cdots\cdots\cdots\cdots\cdots\cdots \\ a_{m1}x_1+a_{m2}x_2+\cdots+a_{mn}x_n=b_m \end{cases} \tag{4-1}$$

称为 $m$ 个方程 $n$ 个未知数的非齐次线性方程组.

记 $\boldsymbol{A}=\begin{pmatrix} a_{11} & a_{12} & \cdots & a_{1n} \\ a_{21} & a_{22} & \cdots & a_{2n} \\ \cdots & \cdots & \cdots & \cdots \\ a_{m1} & a_{m2} & \cdots & a_{mn} \end{pmatrix}$, $\boldsymbol{x}=\begin{pmatrix} x_1 \\ x_2 \\ \vdots \\ x_n \end{pmatrix}$, $\boldsymbol{b}=\begin{pmatrix} b_1 \\ b_2 \\ \vdots \\ b_m \end{pmatrix}$, 则上述方程组可记为

$$\boldsymbol{A}\boldsymbol{x}=\boldsymbol{b}. \tag{4-2}$$

若记 $\boldsymbol{\alpha}_i=\begin{pmatrix} a_{1i} \\ a_{2i} \\ \vdots \\ a_{mi} \end{pmatrix}$ $(i=1,2,\cdots,n)$, 则上述方程组又可记为

$$x_1\boldsymbol{\alpha}_1+x_2\boldsymbol{\alpha}_2+\cdots+x_n\boldsymbol{\alpha}_n=\boldsymbol{b}. \tag{4-3}$$

**定义 10** 矩阵 $\boldsymbol{B}=(\boldsymbol{A}\quad \boldsymbol{b})=\begin{pmatrix} a_{11} & a_{12} & \cdots & a_{1n} & b_1 \\ a_{21} & a_{22} & \cdots & a_{2n} & b_2 \\ \cdots & \cdots & \cdots & \cdots & \cdots \\ a_{m1} & a_{m2} & \cdots & a_{mn} & b_m \end{pmatrix}$ 称为方程组(4-1)的增广矩阵(有些教材也记为 $\overline{\boldsymbol{A}}$).

**定义 11** 当 $b_1=b_2=\cdots=b_m=0$ 时，式 (4-1)成为线性方程组

$$\begin{cases} a_{11}x_1+a_{12}x_2+\cdots+a_{1n}x_n=0, \\ a_{21}x_1+a_{22}x_2+\cdots+a_{2n}x_n=0, \\ \cdots\cdots\cdots\cdots\cdots\cdots\cdots\cdots \\ a_{m1}x_1+a_{m2}x_2+\cdots+a_{mn}x_n=0 \end{cases} \tag{4-4}$$

则称为 $m$ 个方程 $n$ 个未知数的齐次线性方程组．它也常被称为方程组(4-1)的导出（对应的）齐次线性方程组．常记为 $\boldsymbol{Ax}=\mathbf{0}$ 或 $x_1\boldsymbol{\alpha}_1+x_2\boldsymbol{\alpha}_2+\cdots+x_n\boldsymbol{\alpha}_n=\mathbf{0}$.

**定义 12**　若设 $R(\boldsymbol{A})=r$，$n$ 维向量组 $\boldsymbol{\xi}_1$，$\boldsymbol{\xi}_2$，$\cdots$，$\boldsymbol{\xi}_{n-r}$ 是齐次线性方程组 $\boldsymbol{Ax}=\mathbf{0}$ 的 $n-r$ 个线性无关的解向量，则称其为齐次线性方程组 $\boldsymbol{Ax}=\mathbf{0}$ 的一个基础解系．它的任一个线性组合

$$\boldsymbol{x}=k_1\boldsymbol{\xi}_1+k_2\boldsymbol{\xi}_2+\cdots+k_{n-r}\boldsymbol{\xi}_{n-r}\quad (k_1,k_2,\cdots,k_{n-r}\text{为任意常数})$$

称为齐次线性方程组 $\boldsymbol{Ax}=\mathbf{0}$ 的通解.

**6. 向量空间**

**定义 13**　向量空间：设 $V$ 为 $n$ 维向量的非空集合

$$V=\{\boldsymbol{\alpha}=(x_1,\ x_2,\ \cdots,\ x_n)^{\mathrm{T}}\,|\,x_i\in\mathbf{R},\ i=1,2,\cdots,n\},$$

如果集合 $V$ 对于向量的加法及数量乘法这两种运算封闭，则称集合 $V$ 为实数域 $\mathbf{R}$ 上的向量空间．所谓封闭是指：若 $\boldsymbol{\alpha},\boldsymbol{\beta}\in V$，有 $\boldsymbol{\alpha}+\boldsymbol{\beta}\in V$；若 $k\in\mathbf{R}$，$\boldsymbol{\alpha}\in V$，有 $k\boldsymbol{\alpha}\in V$.

**定义 14**　向量空间的基与维数：设 $V$ 为向量空间，如果 $V$ 中 $r$ 个向量 $\boldsymbol{\alpha}_1,\boldsymbol{\alpha}_2,\cdots,\boldsymbol{\alpha}_r$ 满足：

(1) $\boldsymbol{\alpha}_1,\boldsymbol{\alpha}_2,\cdots,\boldsymbol{\alpha}_r$ 线性无关；

(2) 任取 $\boldsymbol{\alpha}\in V$（若还存在 $\boldsymbol{\alpha}\in V$ 的话）总有 $r+1$ 个向量 $\boldsymbol{\alpha}_1$，$\boldsymbol{\alpha}_2,\cdots,\boldsymbol{\alpha}_r$，$\boldsymbol{\alpha}$ 线性相关（或 $\boldsymbol{\alpha}$ 可由 $\boldsymbol{\alpha}_1$，$\boldsymbol{\alpha}_2$，$\cdots$，$\boldsymbol{\alpha}_r$ 线性表示）.

那么向量组 $\boldsymbol{\alpha}_1$，$\boldsymbol{\alpha}_2,\cdots,\boldsymbol{\alpha}_r$ 就称为向量空间 $V$ 的一个基，$r$ 称为向量空间 $V$ 的维数，并称 $V$ 为 $r$ 维向量空间.

注意 (1) 同向量组的线性最大无关组一样，向量空间的基一般不唯一．但各个基中所含向量的个数相等.

(2) 若 $V$ 为一个向量空间，一般 $V$ 含有无穷多个元素．如果向量空间含有有限个元素时，那么 $V=\{0\}$．即只含一个零元素，此时我们规定 $V=\{0\}$ 不存在基，其维数等于零.

## (二) 线性方程组的解的结构

**1. 线性方程组解的性质**

**性质 1**　如果 $\xi_1,\xi_2$ 是齐次线性方程组 $\boldsymbol{Ax}=\mathbf{0}$ 的解，则 $\boldsymbol{\xi}_1+\boldsymbol{\xi}_2$ 也是它的解.

**性质 2**　如果 $\xi$ 是齐次线性方程组 $\boldsymbol{Ax}=\mathbf{0}$ 的解，则对任意常数 $k$，$k\boldsymbol{\xi}$ 也是它的解.

**性质 3**　如果 $\boldsymbol{\eta}_1,\boldsymbol{\eta}_2$ 是非齐次线性方程组 $\boldsymbol{Ax}=\boldsymbol{b}$ 的两个解，则 $\boldsymbol{\eta}_1-\boldsymbol{\eta}_2$ 是对应的齐次线性方程组 $\boldsymbol{Ax}=\mathbf{0}$ 的解.

**性质 4**　如果 $\xi$ 是齐次线性方程组 $\boldsymbol{Ax}=\mathbf{0}$ 的解，$\boldsymbol{\eta}$ 是非齐次线性方程组 $\boldsymbol{Ax}=\boldsymbol{b}$ 的一个解，则 $\boldsymbol{\xi}+\boldsymbol{\eta}$ 是方程组 $\boldsymbol{Ax}=\boldsymbol{b}$ 的解.

**2. 齐次线性方程组 $\boldsymbol{Ax}=\mathbf{0}$ 解的结构**

设 $\boldsymbol{A}$ 为 $m\times n$ 矩阵，若 $R(\boldsymbol{A})=n$（$\boldsymbol{A}$ 为方阵时，$|\boldsymbol{A}|\neq 0$），则 $\boldsymbol{Ax}=\mathbf{0}$ 有唯一零解；若 $R(\boldsymbol{A})=r<n$，则齐次线性方程组 $\boldsymbol{Ax}=\mathbf{0}$ 有非零解，从而存在基础解系，且基础解系中包含 $n-r$ 个线性无关的解向量 $\xi_1,\xi_2,\cdots,\xi_{n-r}$，这时方程组的通解可表为 $\boldsymbol{x}=k_1\boldsymbol{\xi}_1+k_2\boldsymbol{\xi}_2+\cdots+k_{n-r}\boldsymbol{\xi}_{n-r}$，其中 $k_1$，$k_2,\cdots,k_{n-r}$ 为任意常数，$\xi_1,\xi_2,\cdots,\xi_{n-r}$ 为 $\boldsymbol{Ax}=\mathbf{0}$ 的一个基础解系.

基础解系的求法：不妨设系数矩阵 $\boldsymbol{A}$ 的前 $r$ 个列向量线性无关，对 $\boldsymbol{A}$ 作初等行变换可得

$$A\to\cdots\to\begin{pmatrix}1&0&\cdots&0&-c_{1,r+1}&\cdots&-c_{1n}\\0&1&\cdots&0&-c_{2,r+1}&\cdots&-c_{2n}\\\cdots&\cdots&\ddots&\cdots&\cdots&\cdots&\cdots\\0&0&\cdots&1&-c_{r,r+1}&\cdots&-c_{rn}\\0&0&\cdots&0&0&\cdots&0\\&&\cdots&\cdots&\cdots&&\\0&0&\cdots&0&0&\cdots&0\end{pmatrix}=\begin{pmatrix}\boldsymbol{E}_r&-\boldsymbol{C}_{r,n-r}\\\boldsymbol{O}&\boldsymbol{O}\end{pmatrix}.$$

由于所作的是初等行变换，所以，以 $\boldsymbol{A}$ 为系数矩阵的齐次线性方程组 $\boldsymbol{Ax}=\boldsymbol{0}$ 与以 $\begin{pmatrix}\boldsymbol{E}_r&-\boldsymbol{C}_{r,n-r}\\\boldsymbol{O}&\boldsymbol{O}\end{pmatrix}$ 为系数矩阵的齐次线性方程组是同解的. 而以 $\begin{pmatrix}\boldsymbol{E}_r&-\boldsymbol{C}_{r,n-r}\\\boldsymbol{O}&\boldsymbol{O}\end{pmatrix}$ 为系数矩阵的齐次线性方程组为

$$\begin{cases}x_1=c_{1,r+1}x_{r+1}+c_{1,r+2}x_{r+2}+\cdots+c_{1n}x_n,\\x_2=c_{2,r+1}x_{r+1}+c_{2,r+2}x_{r+2}+\cdots+c_{2n}x_n,\\\cdots\cdots\\x_r=c_{r,r+1}x_{r+1}+c_{r,r+2}x_{r+2}+\cdots+c_{rn}x_n,\end{cases}$$

将其改写成

$$\begin{cases}x_1=c_{1,r+1}x_{r+1}+c_{1,r+2}x_{r+2}+\cdots+c_{1n}x_n,\\x_2=c_{2,r+1}x_{r+1}+c_{2,r+2}x_{r+2}+\cdots+c_{2n}x_n,\\\cdots\cdots\\x_r=c_{r,r+1}x_{r+1}+c_{r,r+2}x_{r+2}+\cdots+c_{rn}x_n,\\x_{r+1}=x_{r+1},\\\cdots\cdots\\x_n=x_n.\end{cases}$$

写成向量形式即为 $\begin{pmatrix}x_1\\x_2\\\vdots\\x_r\\x_{r+1}\\x_{r+2}\\\vdots\\x_n\end{pmatrix}=x_{r+1}\begin{pmatrix}c_{1,r+1}\\c_{2,r+1}\\\vdots\\c_{r,r+1}\\1\\0\\\vdots\\0\end{pmatrix}+x_{r+2}\begin{pmatrix}c_{1,r+2}\\c_{2,r+2}\\\vdots\\c_{r,r+2}\\0\\1\\\vdots\\0\end{pmatrix}+\cdots+x_n\begin{pmatrix}c_{1n}\\c_{2n}\\\vdots\\c_{rn}\\0\\0\\\vdots\\1\end{pmatrix}$,

则得 $\boldsymbol{Ax}=\boldsymbol{0}$ 的一个基础解系为

$$\boldsymbol{\xi}_1=\begin{pmatrix}c_{1,r+1}\\c_{2,r+1}\\\vdots\\c_{r,r+1}\\1\\0\\\vdots\\0\end{pmatrix},\ \boldsymbol{\xi}_2=\begin{pmatrix}c_{1,r+2}\\c_{2,r+2}\\\vdots\\c_{r,r+2}\\0\\1\\\vdots\\0\end{pmatrix},\ \cdots,\ \boldsymbol{\xi}_{n-r}=\begin{pmatrix}c_{1n}\\c_{2n}\\\vdots\\c_{rn}\\0\\0\\\vdots\\1\end{pmatrix}.$$

注意 (1) 向量 $\boldsymbol{\xi}_1$ 实际上是方程组改写后 $x_{r+1}$ 的系数组成的，$\xi_2$，…，$\xi_{n-r}$ 分别是 $x_{r+1}$，…，$x_n$ 的系数组成的.

(2) $\boldsymbol{Ax}=\boldsymbol{0}$ 的基础解系实质上是齐次线性方程组 $\boldsymbol{Ax}=\boldsymbol{0}$ 的全体解构成的线性空间（又称解空间）的一个基，所以一般它不是唯一的. 齐次线性方程组 $\boldsymbol{Ax}=\boldsymbol{0}$ 的任意 $n-r$ 个线性无关的解，都是它的一个基础解系.

(3) 若系数矩阵 $\boldsymbol{A}$ 的前 $r$ 个列向量线性相关，但由于 $R(\boldsymbol{A})=r$，对 $\boldsymbol{A}$ 作初等行变换后所得到的矩阵中总有一个 $r$ 阶子式不为零，$r$ 阶子式所对应的列向量即为线性无关的，其对应的未知数可看成真正未知数，其他列向量对应的未知数可看成自由未知数，当自由未知数分别轮流取 1，其他取 0 时，即可得到所有未知数的 $n-r$ 组值，这 $n-r$ 组值就可作为齐次线性方程组 $\boldsymbol{Ax}=\boldsymbol{0}$ 的一个基础解系（详见例题说明）.

**3. 非齐次线性方程组 $\boldsymbol{Ax}=\boldsymbol{b}$ 解的结构**

非齐次线性方程组 $\boldsymbol{Ax}=\boldsymbol{b}$ 的任意解均可表示为方程组 $\boldsymbol{Ax}=\boldsymbol{b}$ 的一个特解与其导出组 $\boldsymbol{Ax}=\boldsymbol{0}$ 的通解之和. 当非齐次线性方程组有无穷多解时，它的通解可表示为

$$\boldsymbol{x}=k_1\boldsymbol{\xi}_1+k_2\boldsymbol{\xi}_2+\cdots+k_{n-r}\boldsymbol{\xi}_{n-r}+\boldsymbol{\eta}^*.$$

其中 $k_1,k_2,\cdots,k_{n-r}$ 为任意常数，$\boldsymbol{\xi}_1,\boldsymbol{\xi}_2,\cdots,\boldsymbol{\xi}_{n-r}$ 为 $\boldsymbol{Ax}=\boldsymbol{0}$ 的一个基础解系，$\boldsymbol{\eta}^*$ 为 $\boldsymbol{Ax}=\boldsymbol{b}$ 的一个特解.

注意　求非齐次线性方程组 $\boldsymbol{Ax}=\boldsymbol{b}$ 的通解，在基础解系已经求出时，主要是求 $\boldsymbol{Ax}=\boldsymbol{b}$ 的一个特解，此时只需将所有自由未知数都取成零，即可得出所求特解.

## (三) 主要定理、结论

(1) 判定向量组线性相关性常用方法

① 定义法　这是判别向量组线性相关性的基本方法，既适用于分量没有具体给出的抽象向量组，又适用于分量已具体给出的向量组.

② 利用矩阵的秩判别　将所给定的 $m$ 个 $n$ 维列向量组 $\boldsymbol{\alpha}_1,\boldsymbol{\alpha}_2,\cdots,\boldsymbol{\alpha}_m$，构成一个 $n\times m$ 的矩阵 $\boldsymbol{A}=(\boldsymbol{\alpha}_1,\boldsymbol{\alpha}_2,\cdots,\boldsymbol{\alpha}_m)$，通过对矩阵的初等变换求得矩阵的秩. 当 $R(\boldsymbol{A})=m$ 时，向量组 $\boldsymbol{\alpha}_1,\boldsymbol{\alpha}_2,\cdots,\boldsymbol{\alpha}_m$ 线性无关；当 $R(\boldsymbol{A})<m$ 时，向量组线性相关.

③ 利用行列式判别　若向量组的向量个数与维数相同，将所给定的 $n$ 个 $n$ 维列向量组 $\boldsymbol{\alpha}_1,\boldsymbol{\alpha}_2,\cdots,\boldsymbol{\alpha}_n$，构成一个 $n$ 阶方阵 $\boldsymbol{A}=(\boldsymbol{\alpha}_1,\boldsymbol{\alpha}_2,\cdots,\boldsymbol{\alpha}_n)$. 若 $|\boldsymbol{A}|\neq 0$，则向量组 $\boldsymbol{\alpha}_1,\boldsymbol{\alpha}_2,\cdots,\boldsymbol{\alpha}_n$ 线性无关；否则向量组线性相关.

(2) 向量组 $\boldsymbol{\alpha}_1,\boldsymbol{\alpha}_2,\cdots,\boldsymbol{\alpha}_m(m\geqslant 2)$ 线性相关的充分必要条件是其中至少有一个向量可由其余 $m-1$ 个向量线性表示.

(3) 若 $\boldsymbol{\alpha}_1,\boldsymbol{\alpha}_2,\cdots,\boldsymbol{\alpha}_r$ 线性相关，则 $\boldsymbol{\alpha}_1,\boldsymbol{\alpha}_2,\cdots,\boldsymbol{\alpha}_r,\cdots,\boldsymbol{\alpha}_m$ 线性相关. 通常说，若部分向量组线性相关则整体向量组线性相关.

(4) $n+1$ 个 $n$ 维向量必然线性相关. 即向量个数大于维数（分量个数）时，向量组必然线性相关.

(5) 若 $\boldsymbol{\alpha}_1,\boldsymbol{\alpha}_2,\cdots,\boldsymbol{\alpha}_r$ 线性无关，而 $\boldsymbol{\alpha}_1,\boldsymbol{\alpha}_2,\cdots,\boldsymbol{\alpha}_r,\boldsymbol{\beta}$ 线性相关，则向量 $\boldsymbol{\beta}$ 可由 $\boldsymbol{\alpha}_1,\boldsymbol{\alpha}_2,\cdots,\boldsymbol{\alpha}_r$ 线性表示，且表示法是唯一的.

(6) $r$ 个 $n$ 维向量 $\boldsymbol{\alpha}_1,\boldsymbol{\alpha}_2,\cdots,\boldsymbol{\alpha}_r$ 线性无关的充分必要条件是以 $\boldsymbol{\alpha}_1,\boldsymbol{\alpha}_2,\cdots,\boldsymbol{\alpha}_r$ 为列向量构成的 $n\times r$ 矩阵 $\boldsymbol{A}$ 中存在一个不等于零的 $r$ 阶子式.

由此得结论：$n$ 个 $n$ 维向量 $\boldsymbol{\alpha}_1,\boldsymbol{\alpha}_2,\cdots,\boldsymbol{\alpha}_n$ 线性无关的充分必要条件是以 $\boldsymbol{\alpha}_1,\boldsymbol{\alpha}_2,\cdots,\boldsymbol{\alpha}_n$ 为列向量构成的 $n$ 阶矩阵 $\boldsymbol{A}$ 的行列式 $|\boldsymbol{A}|\neq 0$.

(7) 若向量组 $\boldsymbol{B}:\boldsymbol{\beta}_1,\boldsymbol{\beta}_2,\cdots,\boldsymbol{\beta}_s$ 是由向量组 $\boldsymbol{A}:\boldsymbol{\alpha}_1,\boldsymbol{\alpha}_2,\cdots,\boldsymbol{\alpha}_s$ 的向量通过下列变换得到的：

①交换某几个分量的次序；②某一分量乘以数 $k\neq 0$；③某一个分量乘以数 $k$ 后加到另一个分量上；则向量组 $\boldsymbol{B}:\boldsymbol{\beta}_1,\boldsymbol{\beta}_2,\cdots,\boldsymbol{\beta}_s$ 与向量组 $\boldsymbol{A}:\boldsymbol{\alpha}_1,\boldsymbol{\alpha}_2,\cdots,\boldsymbol{\alpha}_s$ 具有相同的线性相关性.

（8）若 $r$ 维向量组 $\boldsymbol{\alpha}_1,\boldsymbol{\alpha}_2,\cdots,\boldsymbol{\alpha}_s$ 线性无关，则在每个向量上添上 $m$ 个分量后所得到的 $r+m$ 维向量组 $\boldsymbol{\beta}_1,\boldsymbol{\beta}_2,\cdots,\boldsymbol{\beta}_s$ 亦线性无关．通常说，添分量前线性无关，则添分量后也线性无关.

（9）设有向量组 $\boldsymbol{A}:\boldsymbol{\alpha}_1,\boldsymbol{\alpha}_2,\cdots,\boldsymbol{\alpha}_r$ 及向量组 $\boldsymbol{B}:\boldsymbol{\beta}_1,\boldsymbol{\beta}_2,\cdots,\boldsymbol{\beta}_s$，若：①向量组 $\boldsymbol{A}$ 线性无关；②向量组 $\boldsymbol{A}$ 可由向量组 $\boldsymbol{B}$ 线性表示，则向量组 $\boldsymbol{A}$ 所含向量个数 $r$ 不超过向量组 $\boldsymbol{B}$ 所含向量个数 $s$，即 $r\leqslant s$.

（10）向量组与其最大线性无关组等价.

（11）若向量组 $\boldsymbol{A}$ 可由向量组 $\boldsymbol{B}$ 线性表示，则 $R(\boldsymbol{A})\leqslant R(\boldsymbol{B})$.

（12）等价的向量组有相同的秩.

（13）已知向量组 $\boldsymbol{\alpha}_1,\boldsymbol{\alpha}_2,\cdots,\boldsymbol{\alpha}_s$ 的秩为 $r$，则 $\boldsymbol{\alpha}_1,\boldsymbol{\alpha}_2,\cdots,\boldsymbol{\alpha}_s$ 中任意 $r$ 个线性无关的向量都构成它的一个最大线性无关组.

（14）设向量组 $\boldsymbol{\alpha}_1,\boldsymbol{\alpha}_2,\cdots,\boldsymbol{\alpha}_n$ 线性无关，又 $\boldsymbol{\beta}_1=a_{11}\boldsymbol{\alpha}_1+a_{12}\boldsymbol{\alpha}_2+\cdots+a_{1n}\boldsymbol{\alpha}_n$；$\boldsymbol{\beta}_2=a_{21}\boldsymbol{\alpha}_1+a_{22}\boldsymbol{\alpha}_2+\cdots+a_{2n}\boldsymbol{\alpha}_n$；…；$\boldsymbol{\beta}_n=a_{n1}\boldsymbol{\alpha}_1+a_{n2}\boldsymbol{\alpha}_2+\cdots+a_{nn}\boldsymbol{\alpha}_n$，则 $\boldsymbol{\beta}_1,\boldsymbol{\beta}_2,\cdots,\boldsymbol{\beta}_n$ 线性无关的充要条件为行列式

$$D=\begin{vmatrix} a_{11} & a_{12} & \cdots & a_{1n} \\ a_{21} & a_{22} & \cdots & a_{2n} \\ \cdots & \cdots & \cdots & \cdots \\ a_{n1} & a_{n2} & \cdots & a_{nn} \end{vmatrix}\neq 0.$$

（15）由向量组 $\boldsymbol{\alpha}_1,\boldsymbol{\alpha}_2,\cdots,\boldsymbol{\alpha}_m$ 生成的向量空间的基为向量组 $\boldsymbol{\alpha}_1,\boldsymbol{\alpha}_2,\cdots,\boldsymbol{\alpha}_m$ 的一个最大线性无关组，向量空间的维数即为此向量组的秩.

## 二、精选题解析

### （一）向量组的线性相关性

**【例 1】** 假设向量组 $\boldsymbol{\alpha}_1,\boldsymbol{\alpha}_2,\cdots,\boldsymbol{\alpha}_r$ 是 $r$ 个 $n$ 维向量，对 $r$ 个全为零的数 $k_1,k_2,\cdots,k_r$，有 $k_1\boldsymbol{\alpha}_1+k_2\boldsymbol{\alpha}_2+\cdots+k_r\boldsymbol{\alpha}_r=\boldsymbol{0}$，则向量组 $\boldsymbol{\alpha}_1,\boldsymbol{\alpha}_2,\cdots,\boldsymbol{\alpha}_r$________（一定；不一定；一定不）线性无关.

**【解析】** 不一定．因为对任意向量组 $\boldsymbol{\alpha}_1,\boldsymbol{\alpha}_2,\cdots,\boldsymbol{\alpha}_r$，只要 $k_1,k_2,\cdots,k_r$ 全为零，都有 $k_1\boldsymbol{\alpha}_1+k_2\boldsymbol{\alpha}_2+\cdots+k_r\boldsymbol{\alpha}_r=\boldsymbol{0}$ 成立.

**【例 2】** 假设向量组 $\boldsymbol{\alpha}_1,\boldsymbol{\alpha}_2,\cdots,\boldsymbol{\alpha}_r$ 是 $r$ 个 $n$ 维向量，对于任意 $r$ 个不全为零的数 $k_1,k_2,\cdots,k_r$，有 $k_1\boldsymbol{\alpha}_1+k_2\boldsymbol{\alpha}_2+\cdots+k_r\boldsymbol{\alpha}_r\neq\boldsymbol{0}$，则向量组 $\boldsymbol{\alpha}_1,\boldsymbol{\alpha}_2,\cdots,\boldsymbol{\alpha}_r$________（一定；不一定；一定不）线性无关.

**【解析】** 一定．因为对任意 $r$ 个不全为零的数 $k_1,k_2,\cdots,k_r$，都有 $k_1\boldsymbol{\alpha}_1+k_2\boldsymbol{\alpha}_2+\cdots+k_r\boldsymbol{\alpha}_r\neq\boldsymbol{0}$，说明只有当 $k_1,k_2,\cdots,k_r$ 全为零时，才有 $k_1\boldsymbol{\alpha}_1+k_2\boldsymbol{\alpha}_2+\cdots+k_r\boldsymbol{\alpha}_r=\boldsymbol{0}$ 成立．所以线性无关.

**【例 3】** 若 $\boldsymbol{\alpha}_1,\boldsymbol{\alpha}_2,\cdots,\boldsymbol{\alpha}_r$ 线性相关，$\boldsymbol{\beta}_1,\boldsymbol{\beta}_2,\cdots,\boldsymbol{\beta}_s$ 线性相关，则 $\boldsymbol{\alpha}_1,\boldsymbol{\alpha}_2,\cdots,\boldsymbol{\alpha}_r$，$\boldsymbol{\beta}_1,\boldsymbol{\beta}_2,\cdots,\boldsymbol{\beta}_s$__________（一定；不一定；一定不）线性相关.

**【解析】** 一定线性相关．这由部分向量组线性相关，则整体向量组也线性相关可得.

**【例 4】** 若 $\boldsymbol{\alpha}_1,\boldsymbol{\alpha}_2,\cdots,\boldsymbol{\alpha}_r$ 线性无关，$\boldsymbol{\beta}_1,\boldsymbol{\beta}_2,\cdots,\boldsymbol{\beta}_s$ 线性无关，则 $\boldsymbol{\alpha}_1,\boldsymbol{\alpha}_2,\cdots,\boldsymbol{\alpha}_r$，$\boldsymbol{\beta}_1,\boldsymbol{\beta}_2,\cdots,$

$\boldsymbol{\beta}_s$________（一定；不一定；一定不）线性无关.

**【解析】** 不一定线性无关．例如：$\boldsymbol{\alpha}_1=\begin{pmatrix}1\\0\end{pmatrix}$，$\boldsymbol{\alpha}_1=\begin{pmatrix}1\\1\end{pmatrix}$线性无关；$\boldsymbol{\beta}_1=\begin{pmatrix}0\\1\end{pmatrix}$，$\boldsymbol{\beta}_2=\begin{pmatrix}-1\\-1\end{pmatrix}$线性无关，而$\boldsymbol{\alpha}_1,\boldsymbol{\alpha}_2,\boldsymbol{\beta}_1,\boldsymbol{\beta}_2$线性相关.

**【例 5】** 由 $m$ 个 $n$ 维向量组成的向量组，当______时，向量组一定线性相关.

**【解析】** $m>n$. 由主要定理、结论(4)知，$m>n$ 时，$m$ 个 $n$ 维向量一定线性相关.

**【例 6】** 已知向量组 $\boldsymbol{\alpha}_1=(k,1,1)^{\mathrm{T}}$，$\boldsymbol{\alpha}_2=(0,2,3)^{\mathrm{T}}$，$\boldsymbol{\alpha}_3=(1,2,1)^{\mathrm{T}}$线性相关，则 $k$ 满足______.

**【解析】** 由于是 3 个向量，所以用主要定理、结论(6)的推论：$n$ 个 $n$ 维向量$\boldsymbol{\alpha}_1,\boldsymbol{\alpha}_2,\cdots,\boldsymbol{\alpha}_n$线性无关的充分必要条件是以$\boldsymbol{\alpha}_1,\boldsymbol{\alpha}_2,\cdots,\boldsymbol{\alpha}_n$为列向量构成的 $n$ 阶矩阵 $\boldsymbol{A}$ 的行列式$|\boldsymbol{A}|\neq 0$. 由此得知，$\boldsymbol{\alpha}_1,\boldsymbol{\alpha}_2,\boldsymbol{\alpha}_3$线性相关的充分必要条件是它构成的 3 阶矩阵 $\boldsymbol{A}$ 的行列式$|\boldsymbol{A}|=0$. 即

$$|\boldsymbol{A}|=\begin{vmatrix}k&0&1\\1&2&2\\1&3&1\end{vmatrix}=\begin{vmatrix}0&0&1\\1-2k&2&2\\1-k&3&1\end{vmatrix}=1-4k=0,\ \text{所以}\ k=\frac{1}{4}.$$

注意 (1) 若将题目改成已知向量组线性无关，则显然得 $k\neq\frac{1}{4}$.

(2) 当向量的个数与维数不相等时，一般通过初等变换化为阶梯形矩阵后讨论其线性相关性．或者在由向量构成的矩阵中，取一个含有待定参数的 $r$（$r$ 为向量的个数）阶子式，用子式不为零讨论向量组线性无关，子式为零讨论向量组线性相关.

例如：已知 $\boldsymbol{\alpha}_1=(k,1,1)^{\mathrm{T}}$与 $\boldsymbol{\alpha}_1=(3,2,2)^{\mathrm{T}}$线性相关（线性无关），则 $k$ 满足什么条件？考虑由向量构成的矩阵$\begin{pmatrix}k&3\\1&2\\1&2\end{pmatrix}$，取一个含有待定参数 $k$ 的 2 阶子式$\begin{vmatrix}k&3\\1&2\end{vmatrix}=2k-3$，由于线性相关（线性无关），矩阵的秩小于 2，即所有 2 阶子式全为零，所以 $2k-3=0$（线性无关时，$2k-3\neq 0$），得 $k=\frac{3}{2}$（$k\neq\frac{3}{2}$）.

(3) 如果结合线性空间的理论，题目还可以改成下面的 2010 年考研题.

**【例 7】** 设 $\boldsymbol{\alpha}_1,\boldsymbol{\alpha}_2,\cdots,\boldsymbol{\alpha}_s$是一组 $n$ 维向量，则下列结论正确的是______.

(A) 若 $\boldsymbol{\alpha}_1,\boldsymbol{\alpha}_2,\cdots,\boldsymbol{\alpha}_s$不线性相关，就一定线性无关

(B) 如果存在 $s$ 个全为零的数 $k_1,k_2,\cdots,k_s$，使 $k_1\boldsymbol{\alpha}_1+k_2\boldsymbol{\alpha}_2+\cdots+k_s\boldsymbol{\alpha}_s=\boldsymbol{0}$，则 $\boldsymbol{\alpha}_1,\boldsymbol{\alpha}_2,\cdots,\boldsymbol{\alpha}_s$线性无关

(C) 若向量组 $\boldsymbol{\alpha}_1,\boldsymbol{\alpha}_2,\cdots,\boldsymbol{\alpha}_s$线性相关，则 $\boldsymbol{\alpha}_1$可由其余 $s-1$ 个向量线性表示

(D) 向量组 $\boldsymbol{\alpha}_1,\boldsymbol{\alpha}_2,\cdots,\boldsymbol{\alpha}_s$线性无关的充要条件是$\boldsymbol{\alpha}_1$不能由其余 $s-1$ 个向量线性表示

**【解析】** 一个向量组 $\boldsymbol{\alpha}_1,\boldsymbol{\alpha}_2,\cdots,\boldsymbol{\alpha}_s$，要么线性相关，要么线性无关，不存在其他情况．所以应选(A)．至于(B),(C),(D)．由于对任意向量组当 $k_1,k_2,\cdots,k_s$全为零时，都有 $k_1\boldsymbol{\alpha}_1+k_2\boldsymbol{\alpha}_2+\cdots+k_s\boldsymbol{\alpha}_s=\boldsymbol{0}$，所以不一定是线性无关的向量组，故不选（B）．对于线性相关的向量组，只能说至少有一个向量可以由其余 $s-1$ 个向量线性表示，并非一定是第一个向量 $\boldsymbol{\alpha}_1$可以由其余向量线性表示．例如：向量组 $\boldsymbol{\alpha}_1=\begin{pmatrix}1\\0\\0\end{pmatrix}$,$\boldsymbol{\alpha}_2=\begin{pmatrix}0\\1\\1\end{pmatrix}$,$\boldsymbol{\alpha}_3=\begin{pmatrix}0\\2\\2\end{pmatrix}$显然线性相关，但 $\boldsymbol{\alpha}_1$不

能由 $\boldsymbol{\alpha}_2,\boldsymbol{\alpha}_3$ 线性表示，故不选（C）．同样由此例知，$\boldsymbol{\alpha}_1$ 不能由 $\boldsymbol{\alpha}_2,\boldsymbol{\alpha}_3$ 线性表示，而向量组线性相关，故不选（D）．当然，向量组线性无关的必要条件是 $\boldsymbol{\alpha}_1$ 不能由其余向量线性表示，但不是充分条件．

**【例 8】** $n$ 维向量组 $\boldsymbol{\alpha}_1,\boldsymbol{\alpha}_2,\cdots,\boldsymbol{\alpha}_s$（$3\leqslant s\leqslant n$）线性无关的充分必要条件是________．

（A）存在不全为零的数 $k_1,k_2,\cdots,k_s$，使 $k_1\boldsymbol{\alpha}_1+k_2\boldsymbol{\alpha}_2+\cdots+k_s\boldsymbol{\alpha}_s\neq\mathbf{0}$

（B）$\boldsymbol{\alpha}_1,\boldsymbol{\alpha}_2,\cdots,\boldsymbol{\alpha}_s$ 中任意两个向量都线性无关

（C）$\boldsymbol{\alpha}_1,\boldsymbol{\alpha}_2,\cdots,\boldsymbol{\alpha}_s$ 中存在一个向量不能用其余向量线性表示

（D）$\boldsymbol{\alpha}_1,\boldsymbol{\alpha}_2,\cdots,\boldsymbol{\alpha}_s$ 中任意一个向量都不能用其余向量线性表示

**【解析】** 由主要定理、结论的(2)，向量组 $\boldsymbol{\alpha}_1,\boldsymbol{\alpha}_2,\cdots,\boldsymbol{\alpha}_s$（$3\leqslant s\leqslant n$）线性相关的充分必要条件是其中至少有一个向量可由其余 $s-1$ 个向量线性表示．就是说，向量组 $\boldsymbol{\alpha}_1,\boldsymbol{\alpha}_2,\cdots,\boldsymbol{\alpha}_s$（$3\leqslant s\leqslant n$）线性无关的充分必要条件是其中任意一个向量都不能由其余 $s-1$ 个向量线性表示，所以选（D）．若将（A）改成对于任意不全为零的数 $k_1,k_2,\cdots,k_s$，使 $k_1\boldsymbol{\alpha}_1+k_2\boldsymbol{\alpha}_2+\cdots+k_s\boldsymbol{\alpha}_s\neq\mathbf{0}$，则意味着只有 $k_1,k_2,\cdots,k_s$ 全为零时，才有 $k_1\boldsymbol{\alpha}_1+k_2\boldsymbol{\alpha}_2+\cdots+k_s\boldsymbol{\alpha}_s=\mathbf{0}$，则结论正确，而存在不全为零的数 $k_1,k_2,\cdots,k_s$，使 $k_1\boldsymbol{\alpha}_1+k_2\boldsymbol{\alpha}_2+\cdots+k_s\boldsymbol{\alpha}_s\neq\mathbf{0}$，则不能说 $\boldsymbol{\alpha}_1,\boldsymbol{\alpha}_2,\cdots,\boldsymbol{\alpha}_s$ 线性无关，故不选（A）．$\boldsymbol{\alpha}_1,\boldsymbol{\alpha}_2,\cdots,\boldsymbol{\alpha}_s$ 中任意两个向量都线性无关是整个向量组线性无关的必要条件，并非是充分条件．例如：$\boldsymbol{\alpha}_1=\begin{pmatrix}1\\0\\0\end{pmatrix},\boldsymbol{\alpha}_2=\begin{pmatrix}0\\1\\1\end{pmatrix},\boldsymbol{\alpha}_3=\begin{pmatrix}1\\1\\1\end{pmatrix}$ 中任意两个向量都线性无关，但 $\boldsymbol{\alpha}_1+\boldsymbol{\alpha}_2-\boldsymbol{\alpha}_3=\mathbf{0}$，所以是线性相关向量组，故不选（B）．同样，$\boldsymbol{\alpha}_1,\boldsymbol{\alpha}_2,\cdots,\boldsymbol{\alpha}_s$ 中存在一个向量不能用其余向量线性表示是向量组线性无关的必要条件，并非是充分条件，这由上题的例可知．故不选（C）．

**【例 9】** 如果向量 $\boldsymbol{\beta}$ 可由向量组 $\boldsymbol{\alpha}_1,\boldsymbol{\alpha}_2,\cdots,\boldsymbol{\alpha}_s$ 线性表示，则________．

（A）存在一组不全为零的数 $k_1,k_2,\cdots,k_s$，使得 $\boldsymbol{\beta}=k_1\boldsymbol{\alpha}_1+k_2\boldsymbol{\alpha}_2+\cdots+k_s\boldsymbol{\alpha}_s$ 成立

（B）存在一组全为零的数 $k_1,k_2,\cdots,k_s$，使得 $\boldsymbol{\beta}=k_1\boldsymbol{\alpha}_1+k_2\boldsymbol{\alpha}_2+\cdots+k_s\boldsymbol{\alpha}_s$ 成立

（C）对 $\boldsymbol{\beta}$ 的线性表示式不唯一

（D）向量组 $\boldsymbol{\alpha}_1,\boldsymbol{\alpha}_2,\cdots,\boldsymbol{\alpha}_s,\boldsymbol{\beta}$ 线性相关

**【解析】** 按定义，对于向量 $\boldsymbol{\beta}$，如果存在一组数 $k_1,k_2,\cdots,k_s$，使得 $\boldsymbol{\beta}=k_1\boldsymbol{\alpha}_1+k_2\boldsymbol{\alpha}_2+\cdots+k_s\boldsymbol{\alpha}_s$，则称向量 $\boldsymbol{\beta}$ 可由向量组 $\boldsymbol{\alpha}_1,\boldsymbol{\alpha}_2,\cdots,\boldsymbol{\alpha}_s$ 线性表示．这里并没说 $k_1,k_2,\cdots,k_s$ 是否是不全为零的数还是全为零的数，也并没说 $k_1,k_2,\cdots,k_s$ 是否是唯一的一组数（事实上完全不一定是唯一的）．所以不选(A),(B),(C)，应选(D)．这同样由主要定理、结论(2)得知．

**【例 10】** 设 $\boldsymbol{\alpha}_1,\boldsymbol{\alpha}_2,\cdots,\boldsymbol{\alpha}_s$ 是一组 $n$ 维向量，那么，下列结论正确的是________．

（A）若 $k_1\boldsymbol{\alpha}_1+k_2\boldsymbol{\alpha}_2+\cdots+k_s\boldsymbol{\alpha}_s=\mathbf{0}$，则 $\boldsymbol{\alpha}_1,\boldsymbol{\alpha}_2,\cdots,\boldsymbol{\alpha}_s$ 线性相关

（B）若对任意一组不全为零的数 $k_1,k_2,\cdots,k_s$，都有 $k_1\boldsymbol{\alpha}_1+k_2\boldsymbol{\alpha}_2+\cdots+k_s\boldsymbol{\alpha}_s\neq\mathbf{0}$，则 $\boldsymbol{\alpha}_1,\boldsymbol{\alpha}_2,\cdots,\boldsymbol{\alpha}_s$ 线性无关

（C）若除去向量组本身外任意一个部分组都线性无关，则 $\boldsymbol{\alpha}_1,\boldsymbol{\alpha}_2,\cdots,\boldsymbol{\alpha}_s$ 线性无关

（D）若 $\boldsymbol{\alpha}_1,\boldsymbol{\alpha}_2,\cdots,\boldsymbol{\alpha}_s$ 线性相关，则其任意一个部分组都线性相关

**【解析】** 由本节中填空题的【例 2】的讨论知应选(B)．

**【例 11】** 向量组 $\boldsymbol{\alpha}_1,\boldsymbol{\alpha}_2,\cdots,\boldsymbol{\alpha}_s$ 线性相关的充要条件是________．

（A）$\boldsymbol{\alpha}_1,\boldsymbol{\alpha}_2,\cdots,\boldsymbol{\alpha}_s$ 中有一零向量

（B）$\boldsymbol{\alpha}_1,\boldsymbol{\alpha}_2,\cdots,\boldsymbol{\alpha}_s$ 中任意两个向量的分量成比例

（C）$\boldsymbol{\alpha}_1,\boldsymbol{\alpha}_2,\cdots,\boldsymbol{\alpha}_s$ 中有一个向量是其余向量的线性组合

（D）$\boldsymbol{\alpha}_1,\boldsymbol{\alpha}_2,\cdots,\boldsymbol{\alpha}_s$ 中任意一个向量都是其余向量的线性组合

**【解析】** 由本节中选择题的【例 7】和【例 8】两题可知，$\boldsymbol{\alpha}_1,\boldsymbol{\alpha}_2,\cdots,\boldsymbol{\alpha}_s$ 中有一零向量、任意两个向量的分量成比例是向量组线性相关的充分条件，并非必要条件．所以不选（A）和（B）．仍由【例 7】知，线性相关的向量组并非任意一个向量都是其余向量的线性组合，故不选（D）．仍由主要定理、结论(2)，向量组 $\boldsymbol{\alpha}_1,\boldsymbol{\alpha}_2,\cdots,\boldsymbol{\alpha}_s$（$3\leqslant s\leqslant n$）线性相关的充分必要条件是其中至少有一个向量可由其余 $s-1$ 个向量线性表示知，向量组线性相关的充要条件是向量组中有一个向量是其余向量的线性组合．故选(C).

**【例 12】** 若向量组 $\boldsymbol{\alpha}_1,\boldsymbol{\alpha}_2,\cdots,\boldsymbol{\alpha}_s$ 的秩为 $r$，则________.

（A）必定有 $r<s$　　（B）向量组中任意小于 $r$ 个向量的部分组线性无关

（C）向量组中任意 $r$ 个向量线性无关　　（D）向量组中任意 $r+1$ 个向量必定线性相关

**【解析】** 对于给定的向量组 $\boldsymbol{\alpha}_1,\boldsymbol{\alpha}_2,\cdots,\boldsymbol{\alpha}_s$，由向量组秩的定义知，一般为 $R(\boldsymbol{\alpha}_1,\boldsymbol{\alpha}_2,\cdots,\boldsymbol{\alpha}_s)\leqslant s$. 即向量组的秩不会超过它所含向量的个数．所以向量组

$$\boldsymbol{\alpha}_1,\boldsymbol{\alpha}_2,\cdots,\boldsymbol{\alpha}_s\text{线性无关}\Leftrightarrow R(\boldsymbol{\alpha}_1,\boldsymbol{\alpha}_2,\cdots,\boldsymbol{\alpha}_s)=s.$$

由于 $R(\boldsymbol{\alpha}_1,\boldsymbol{\alpha}_2,\cdots,\boldsymbol{\alpha}_s)=r$，故有 $r\leqslant s$，不选（A）．例如

$$\boldsymbol{\alpha}_1=\begin{pmatrix}0\\0\\0\end{pmatrix},\ \boldsymbol{\alpha}_2=\begin{pmatrix}1\\0\\0\end{pmatrix},\ \boldsymbol{\alpha}_3=\begin{pmatrix}0\\1\\0\end{pmatrix},$$

显然有 $R(\boldsymbol{\alpha}_1,\boldsymbol{\alpha}_2,\boldsymbol{\alpha}_3)=2$，而 $\boldsymbol{\alpha}_1,\boldsymbol{\alpha}_2$ 线性相关（含有零向量），故（C）不成立．又 $\boldsymbol{\alpha}_1$ 为零向量，也线性相关，故（B）不成立．只有（D）成立．实际上，若（D）不成立，那么必有 $R(\boldsymbol{\alpha}_1,\boldsymbol{\alpha}_2,\cdots,\boldsymbol{\alpha}_s)>r$，与 $R(\boldsymbol{\alpha}_1,\boldsymbol{\alpha}_2,\cdots,\boldsymbol{\alpha}_s)=r$ 矛盾.

**【例 13】**（2012 年考研题）设 $\boldsymbol{\alpha}_1=(0,0,c_1)^{\mathrm{T}}$，$\boldsymbol{\alpha}_2=(0,1,c_2)^{\mathrm{T}}$，$\boldsymbol{\alpha}_3=(1,-1,c_3)^{\mathrm{T}}$，$\boldsymbol{\alpha}_4=(-1,1,c_4)^{\mathrm{T}}$，其中 $c_1,c_2,c_3,c_4$ 为任意常数，则下列向量组线性相关的是________.

（A）$\boldsymbol{\alpha}_1,\boldsymbol{\alpha}_2,\boldsymbol{\alpha}_3$　　（B）$\boldsymbol{\alpha}_1,\boldsymbol{\alpha}_2,\boldsymbol{\alpha}_4$　　（C）$\boldsymbol{\alpha}_1,\boldsymbol{\alpha}_3,\boldsymbol{\alpha}_4$　　（D）$\boldsymbol{\alpha}_2,\boldsymbol{\alpha}_3,\boldsymbol{\alpha}_4$

**【解析】** 将向量组构成一个矩阵 $\boldsymbol{A}=\begin{pmatrix}0&0&1&-1\\0&1&-1&1\\c_1&c_2&c_3&c_4\end{pmatrix}$，要使 3 个 3 维向量对任意常数 $c_1,c_2,c_3,c_4$ 线性相关，就是要使矩阵 $\boldsymbol{A}$ 中的一个 3 阶子式等于零．前 3 列或第 1,2,4 列组成的行列式当 $c_1\neq 0$ 时，是不为零的，排除(A)和(B)．第 1,3,4 列组成的行列式为

$$\begin{vmatrix}0&1&-1\\0&-1&1\\c_1&c_3&c_4\end{vmatrix}=c_1\begin{vmatrix}1&-1\\-1&1\end{vmatrix}=0,$$

所以选（C）．对于第 2,3,4 列组成的行列式为

$$\begin{vmatrix}0&1&-1\\1&-1&1\\c_2&c_3&c_4\end{vmatrix}=\begin{vmatrix}0&1&-1\\1&0&0\\c_2&c_3&c_4\end{vmatrix}=-\begin{vmatrix}1&-1\\c_3&c_4\end{vmatrix}=-(c_3+c_4),$$

显然对 $c_3\neq -c_4$ 时是不为零的，所以（D）不成立.

**【例 14】** 设向量组 $\boldsymbol{\alpha}_1=(1,2,-1)^{\mathrm{T}}$，$\boldsymbol{\alpha}_2=(-1,-2,1)^{\mathrm{T}}$，$\boldsymbol{\alpha}_3=(1,2,3)^{\mathrm{T}}$，试求 $R(\boldsymbol{\alpha}_1,\boldsymbol{\alpha}_2,\boldsymbol{\alpha}_3)$ 及一个最大无关组；判别向量组 $\boldsymbol{\alpha}_1,\boldsymbol{\alpha}_2,\boldsymbol{\alpha}_3$ 的线性相关性.

**【解析】** 方法一　按定义求．取 $\boldsymbol{\alpha}_1=(1,2,-1)^{\mathrm{T}}$，因为非零，所以线性无关．还有两个向量 $\boldsymbol{\alpha}_2,\boldsymbol{\alpha}_3$，再取 $\boldsymbol{\alpha}_2=(-1,-2,1)^{\mathrm{T}}$，可知 $\boldsymbol{\alpha}_1$ 与 $\boldsymbol{\alpha}_2$ 线性相关（因为 $\boldsymbol{\alpha}_1=-\boldsymbol{\alpha}_2$），所以不取 $\boldsymbol{\alpha}_2$. 取 $\boldsymbol{\alpha}_3=(1,2,3)^{\mathrm{T}}$，得知，$\boldsymbol{\alpha}_1$ 与 $\boldsymbol{\alpha}_3$ 线性无关．至此知，向量组中还有向量 $\boldsymbol{\alpha}_2$，但加上 $\boldsymbol{\alpha}_2$ 后就有 $\boldsymbol{\alpha}_1,\boldsymbol{\alpha}_2,\boldsymbol{\alpha}_3$ 线性相关，所以 $\boldsymbol{\alpha}_1,\boldsymbol{\alpha}_3$ 即为所求一个最大无关组．且 $R(\boldsymbol{\alpha}_1,\boldsymbol{\alpha}_2,\boldsymbol{\alpha}_3)=2$. 由于 $R(\boldsymbol{\alpha}_1,\boldsymbol{\alpha}_2,\boldsymbol{\alpha}_3)=2<3$，所以向量组 $\boldsymbol{\alpha}_1,\boldsymbol{\alpha}_2,\boldsymbol{\alpha}_3$ 线性相关.

方法二　由 $\boldsymbol{\alpha}_1,\boldsymbol{\alpha}_2,\boldsymbol{\alpha}_3$ 构成一个矩阵 $\boldsymbol{A}=\begin{pmatrix}1&-1&1\\2&-2&2\\-1&1&3\end{pmatrix}$，对矩阵 $\boldsymbol{A}$ 实行初等变换（在此用初等行、列变换均可，但在求解线性方程组时只能用初等行变换，为便于记忆，所以今后我们一律采用初等行变换）后，可得

$$\boldsymbol{A}=\begin{pmatrix}1&-1&1\\2&-2&2\\-1&1&3\end{pmatrix}\sim\begin{pmatrix}1&-1&1\\0&0&1\\0&0&0\end{pmatrix},$$

有两个非零行，所以矩阵的秩等于 2，得 $R(\boldsymbol{\alpha}_1,\boldsymbol{\alpha}_2,\boldsymbol{\alpha}_3)=2$，从而极大无关组中含有两个向量．又因为取第 1,3 列与第 1,2 行时，组成的 2 阶子式 $\begin{vmatrix}1&1\\0&1\end{vmatrix}$ 及取第 2,3 列与第 1,2 行时，组成的 2 阶子式 $\begin{vmatrix}-1&1\\0&1\end{vmatrix}$ 都不为零，所以所对应的列 $\boldsymbol{\alpha}_1,\boldsymbol{\alpha}_3$ 及 $\boldsymbol{\alpha}_2,\boldsymbol{\alpha}_3$ 都可以作为向量组的一个极大无关组．由于 $R(\boldsymbol{\alpha}_1,\boldsymbol{\alpha}_2,\boldsymbol{\alpha}_3)=2<3$，所以向量组 $\boldsymbol{\alpha}_1,\boldsymbol{\alpha}_2,\boldsymbol{\alpha}_3$ 线性相关.

注意　由以上解法可知，方法二是较简单的，所以做这类题时，最好选用此类方法．方法一只对向量个数较少时采用.

**【例 15】**　设 $\boldsymbol{\alpha}_1=(1,1,1)^{\mathrm{T}}$，$\boldsymbol{\alpha}_2=(1,2,3)^{\mathrm{T}}$，$\boldsymbol{\alpha}_3=(1,3,t)^{\mathrm{T}}$，

（1） $t$ 为何值时，向量组 $\boldsymbol{\alpha}_1,\boldsymbol{\alpha}_2,\boldsymbol{\alpha}_3$ 线性相关？

（2） $t$ 为何值时，向量组 $\boldsymbol{\alpha}_1,\boldsymbol{\alpha}_2,\boldsymbol{\alpha}_3$ 线性无关？

（3） 当向量组 $\boldsymbol{\alpha}_1,\boldsymbol{\alpha}_2,\boldsymbol{\alpha}_3$ 线性相关时，将 $\boldsymbol{\alpha}_3$ 表示为 $\boldsymbol{\alpha}_1,\boldsymbol{\alpha}_2$ 的线性组合.

**【解析】**　方法一　用定义判别．设有数 $x_1,x_2,x_3$ 使得

$$x_1\boldsymbol{\alpha}_1+x_2\boldsymbol{\alpha}_2+x_3\boldsymbol{\alpha}_3=0. \tag{4-5}$$

将 $\boldsymbol{\alpha}_1=(1,1,1)^{\mathrm{T}}$，$\boldsymbol{\alpha}_2=(1,2,3)^{\mathrm{T}}$，$\boldsymbol{\alpha}_3=(1,3,t)^{\mathrm{T}}$ 代入得

$$\begin{cases}x_1+x_2+x_3=0,\\x_1+2x_2+3x_3=0,\\x_1+3x_2+tx_3=0,\end{cases}$$

齐次线性方程组的系数行列式为 $D=\begin{vmatrix}1&1&1\\1&2&3\\1&3&t\end{vmatrix}=t-5$，由克莱姆法则知：

（1） 当 $t=5$ 时，$D=0$，从而齐次线性方程组有非零解，即 $x_1,x_2,x_3$ 可以不全为零，使式（4-5）成立．所以 $t=5$ 时，$\boldsymbol{\alpha}_1,\boldsymbol{\alpha}_2,\boldsymbol{\alpha}_3$ 线性相关；

（2） 当 $t\neq5$ 时，$D\neq0$，从而齐次线性方程组有唯一零解，即只有 $x_1,x_2,x_3$ 全为零时，式（4-5）成立．所以 $t\neq5$ 时，$\boldsymbol{\alpha}_1,\boldsymbol{\alpha}_2,\boldsymbol{\alpha}_3$ 线性无关；

（3） 当 $t=5$ 时，设 $\boldsymbol{\alpha}_3=x_1\boldsymbol{\alpha}_1+x_2\boldsymbol{\alpha}_2$，将 $\boldsymbol{\alpha}_1=(1,1,1)^{\mathrm{T}}$，$\boldsymbol{\alpha}_2=(1,2,3)^{\mathrm{T}}$，$\boldsymbol{\alpha}_3=(1,3,t)^{\mathrm{T}}$ 代入，得 $\begin{cases}x_1+x_2=1,\\x_1+2x_2=3,\\x_1+3x_2=5,\end{cases}$ 解之得，$x_1=-1$，$x_2=2$，所以 $\boldsymbol{\alpha}_3=-\boldsymbol{\alpha}_1+2\boldsymbol{\alpha}_2$.

方法二　利用矩阵的秩判别.

$$\boldsymbol{A}=(\boldsymbol{\alpha}_1,\boldsymbol{\alpha}_2,\boldsymbol{\alpha}_3)=\begin{pmatrix}1&1&1\\1&2&3\\1&3&t\end{pmatrix}\to\begin{pmatrix}1&1&1\\0&1&2\\0&0&t-5\end{pmatrix},$$

可见：

（1）当 $t=5$ 时，$R(\boldsymbol{A})<3$，从而 $t=5$ 时，$\boldsymbol{\alpha}_1,\boldsymbol{\alpha}_2,\boldsymbol{\alpha}_3$ 线性相关；

（2）当 $t\neq5$ 时，$R(\boldsymbol{A})=3$，从而 $t\neq5$ 时，$\boldsymbol{\alpha}_1,\boldsymbol{\alpha}_2,\boldsymbol{\alpha}_3$ 线性无关；

（3）当 $t=5$ 时，设 $\boldsymbol{\alpha}_3=x_1\boldsymbol{\alpha}_1+x_2\boldsymbol{\alpha}_2$，将 $\boldsymbol{\alpha}_1=(1,1,1)^{\mathrm{T}}$，$\boldsymbol{\alpha}_2=(1,2,3)^{\mathrm{T}}$，$\boldsymbol{\alpha}_3=(1,3,t)^{\mathrm{T}}$ 代入，得 $\begin{cases}x_1+x_2=1,\\x_1+2x_2=3,\\x_1+3x_2=5,\end{cases}$ 解之得，$x_1=-1$，$x_2=2$，所以 $\boldsymbol{\alpha}_3=-\boldsymbol{\alpha}_1+2\boldsymbol{\alpha}_2$.

方法三　利用行列式判别.

由 $\boldsymbol{\alpha}_1,\boldsymbol{\alpha}_2,\boldsymbol{\alpha}_3$ 组成一个 3 阶行列式，$D=\begin{vmatrix}1&1&1\\1&2&3\\1&3&t\end{vmatrix}=t-5$，由主要定理、结论(6)得知：

（1）当 $t=5$ 时，$D=0$，所以 $t=5$ 时，$\boldsymbol{\alpha}_1,\boldsymbol{\alpha}_2,\boldsymbol{\alpha}_3$ 线性相关；

（2）当 $t\neq5$ 时，$D\neq0$，所以 $t\neq5$ 时，$\boldsymbol{\alpha}_1,\boldsymbol{\alpha}_2,\boldsymbol{\alpha}_3$ 线性无关；

（3）当 $t=5$ 时，设 $\boldsymbol{\alpha}_3=x_1\boldsymbol{\alpha}_1+x_2\boldsymbol{\alpha}_2$，同上得，$\boldsymbol{\alpha}_3=-\boldsymbol{\alpha}_1+2\boldsymbol{\alpha}_2$.

注意　当向量的个数与它们的维数相等时，用行列式的方法来判别较简单.

**【例 16】** 设向量组 $\boldsymbol{\alpha}_1,\boldsymbol{\alpha}_2,\boldsymbol{\alpha}_3$ 线性无关，$\boldsymbol{\beta}_1=-\boldsymbol{\alpha}_1+l\boldsymbol{\alpha}_2$；$\boldsymbol{\beta}_2=-\boldsymbol{\alpha}_2+m\boldsymbol{\alpha}_3$；$\boldsymbol{\beta}_3=\boldsymbol{\alpha}_1-\boldsymbol{\alpha}_3$，问 $l,m$ 满足什么条件时，向量组 $\boldsymbol{\beta}_1,\boldsymbol{\beta}_2,\boldsymbol{\beta}_3$ 线性无关.

**【解析】** 由主要定理、结论(14)得知，向量组 $\boldsymbol{\beta}_1,\boldsymbol{\beta}_2,\boldsymbol{\beta}_3$ 线性无关的充要条件为：行列式

$$\begin{vmatrix}-1&0&1\\l&-1&0\\0&m&-1\end{vmatrix}=lm-1\neq0,$$

所以当 $lm\neq1$ 时，$\boldsymbol{\beta}_1,\boldsymbol{\beta}_2,\boldsymbol{\beta}_3$ 线性无关.

**【例 17】** 设向量组 $\boldsymbol{\alpha}_1,\boldsymbol{\alpha}_2,\cdots,\boldsymbol{\alpha}_{m-1}(m\geqslant3)$ 线性相关，向量组 $\boldsymbol{\alpha}_2,\boldsymbol{\alpha}_3,\cdots,\boldsymbol{\alpha}_m$ 线性无关. 试问：

（1）$\boldsymbol{\alpha}_1$ 能否由 $\boldsymbol{\alpha}_2,\boldsymbol{\alpha}_3,\cdots,\boldsymbol{\alpha}_{m-1}$ 线性表示？

（2）$\boldsymbol{\alpha}_m$ 能否由 $\boldsymbol{\alpha}_1,\boldsymbol{\alpha}_2,\cdots,\boldsymbol{\alpha}_{m-1}$ 线性表示？

**【解析】**（1）由主要定理、结论（3）和（5）知，因为向量组 $\boldsymbol{\alpha}_2,\boldsymbol{\alpha}_3,\cdots,\boldsymbol{\alpha}_m$ 线性无关，所以部分向量组 $\boldsymbol{\alpha}_2,\boldsymbol{\alpha}_3,\cdots,\boldsymbol{\alpha}_{m-1}$ 也线性无关，又向量组 $\boldsymbol{\alpha}_1,\boldsymbol{\alpha}_2,\cdots,\boldsymbol{\alpha}_{m-1}$ 线性相关，故 $\boldsymbol{\alpha}_1$ 能由 $\boldsymbol{\alpha}_2,\boldsymbol{\alpha}_3,\cdots,\boldsymbol{\alpha}_{m-1}$ 线性表示.

（2）$\boldsymbol{\alpha}_m$ 不能由 $\boldsymbol{\alpha}_1,\boldsymbol{\alpha}_2,\cdots,\boldsymbol{\alpha}_{m-1}$ 线性表示．因为如果 $\boldsymbol{\alpha}_m$ 能由 $\boldsymbol{\alpha}_1,\boldsymbol{\alpha}_2,\cdots,\boldsymbol{\alpha}_{m-1}$ 线性表示，即存在数 $k_1,k_2,\cdots,k_{m-1}$，使得 $\boldsymbol{\alpha}_m=k_1\boldsymbol{\alpha}_1+k_2\boldsymbol{\alpha}_2+\cdots+k_{m-1}\boldsymbol{\alpha}_{m-1}$ 成立，又由 $\boldsymbol{\alpha}_1$ 能由 $\boldsymbol{\alpha}_2,\boldsymbol{\alpha}_3,\cdots,\boldsymbol{\alpha}_{m-1}$ 线性表示知，$\boldsymbol{\alpha}_m$ 可由 $\boldsymbol{\alpha}_2,\boldsymbol{\alpha}_3,\cdots,\boldsymbol{\alpha}_{m-1}$ 线性表示．这与 $\boldsymbol{\alpha}_2,\boldsymbol{\alpha}_3,\cdots,\boldsymbol{\alpha}_m$ 线性无关矛盾．所以，$\boldsymbol{\alpha}_m$ 不能由 $\boldsymbol{\alpha}_1,\boldsymbol{\alpha}_2,\cdots,\boldsymbol{\alpha}_{m-1}$ 线性表示.

**【例 18】** 设 $\boldsymbol{\alpha}_1,\boldsymbol{\alpha}_2,\cdots,\boldsymbol{\alpha}_r,\boldsymbol{\beta}$ 为 $n$ 维向量组，$\boldsymbol{\beta}$ 能由 $\boldsymbol{\alpha}_1,\boldsymbol{\alpha}_2,\cdots,\boldsymbol{\alpha}_r$ 线性表示，但 $\boldsymbol{\beta}$ 不能由 $\boldsymbol{\alpha}_1,\boldsymbol{\alpha}_2,\cdots,\boldsymbol{\alpha}_{r-1}$ 线性表示，问 $\boldsymbol{\alpha}_r$ 能否由 $\boldsymbol{\alpha}_1,\boldsymbol{\alpha}_2,\cdots,\boldsymbol{\alpha}_{r-1},\boldsymbol{\beta}$ 线性表示？

**【解析】** $\boldsymbol{\alpha}_r$ 能由 $\boldsymbol{\alpha}_1,\boldsymbol{\alpha}_2,\cdots,\boldsymbol{\alpha}_{r-1},\boldsymbol{\beta}$ 线性表示．因为 $\boldsymbol{\beta}$ 能由 $\boldsymbol{\alpha}_1,\boldsymbol{\alpha}_2,\cdots,\boldsymbol{\alpha}_r$ 线性表示，即存在数 $k_1,k_2,\cdots,k_r$，使得 $\boldsymbol{\beta}=k_1\boldsymbol{\alpha}_1+k_2\boldsymbol{\alpha}_2+\cdots+k_r\boldsymbol{\alpha}_r$ 成立．显然 $k_r\neq0$，否则与 $\boldsymbol{\beta}$ 不能由 $\boldsymbol{\alpha}_1,\boldsymbol{\alpha}_2,\cdots,\boldsymbol{\alpha}_{r-1}$ 线性表示矛盾．由此得

$$\boldsymbol{\alpha}_r=\frac{1}{k_r}(\boldsymbol{\beta}-k_1\boldsymbol{\alpha}_1-k_2\boldsymbol{\alpha}_2-\cdots-k_{r-1}\boldsymbol{\alpha}_{r-1}),$$

所以 $\boldsymbol{\alpha}_r$ 能由 $\boldsymbol{\alpha}_1,\boldsymbol{\alpha}_2,\cdots,\boldsymbol{\alpha}_{r-1},\boldsymbol{\beta}$ 线性表示.

**【例 19】** 设 $\boldsymbol{A}$ 是一个 $n\times m$ 的矩阵，$\boldsymbol{B}$ 是 $m\times n$ 矩阵，其中 $n<m$，$\boldsymbol{E}$ 是 $n$ 阶单位矩阵，若 $\boldsymbol{AB}=\boldsymbol{E}$，证明 $\boldsymbol{B}$ 的列向量组线性无关.

**【解析】** 方法一　用定义证明.

设 $\boldsymbol{B}=(\boldsymbol{b}_1,\boldsymbol{b}_2,\cdots,\boldsymbol{b}_n)$，其中 $\boldsymbol{b}_i\ (i=1,2,\cdots,n)$ 为矩阵 $\boldsymbol{B}$ 的第 $i$ 个列向量，并有 $x_1$，$x_2,\cdots,x_n$ 使得

$$x_1\boldsymbol{b}_1+x_2\boldsymbol{b}_2+\cdots+x_n\boldsymbol{b}_n=0,\quad 即\quad \boldsymbol{Bx}=(\boldsymbol{b}_1,\boldsymbol{b}_2,\cdots,\boldsymbol{b}_n)\begin{pmatrix}x_1\\x_2\\\vdots\\x_n\end{pmatrix}=0,$$

两边左乘 $\boldsymbol{A}$，得 $\boldsymbol{ABx}=\boldsymbol{Ex}=\boldsymbol{x}=\boldsymbol{0}$，所以 $x_1=x_2=\cdots=x_n=0$. 得 $\boldsymbol{B}$ 的列向量组 $\boldsymbol{b}_1,\boldsymbol{b}_2,\cdots,\boldsymbol{b}_n$ 线性无关.

方法二　用矩阵乘积的秩不等式证明.

显然有 $R(\boldsymbol{B})\leqslant\min(m,n)=n$，又 $n=R(\boldsymbol{E})=R(\boldsymbol{AB})\leqslant R(\boldsymbol{B})$，所以 $R(\boldsymbol{B})=n$，得知 $\boldsymbol{B}$ 的 $n$ 个列向量组线性无关.

**【例 20】** 已知向量组 $\boldsymbol{A}:\boldsymbol{\alpha}_1,\boldsymbol{\alpha}_2,\boldsymbol{\alpha}_3$；$\boldsymbol{B}:\boldsymbol{\alpha}_1,\boldsymbol{\alpha}_2,\boldsymbol{\alpha}_3,\boldsymbol{\alpha}_4$；$\boldsymbol{C}:\boldsymbol{\alpha}_1,\boldsymbol{\alpha}_2,\boldsymbol{\alpha}_3,\boldsymbol{\alpha}_5$；如果它们的秩分别是 $R(\boldsymbol{A})=R(\boldsymbol{B})=3$，$R(\boldsymbol{C})=4$. 证明，向量组：$\boldsymbol{\alpha}_1,\boldsymbol{\alpha}_2,\boldsymbol{\alpha}_3,\boldsymbol{\alpha}_5-\boldsymbol{\alpha}_4$ 线性无关.

**【证明】** 设有数 $k_1,k_2,k_3,k_4$，使得 $k_1\boldsymbol{\alpha}_1+k_2\boldsymbol{\alpha}_2+k_3\boldsymbol{\alpha}_3+k_4(\boldsymbol{\alpha}_5-\boldsymbol{\alpha}_4)=\boldsymbol{0}$，即有

$$k_1\boldsymbol{\alpha}_1+k_2\boldsymbol{\alpha}_2+k_3\boldsymbol{\alpha}_3+k_4\boldsymbol{\alpha}_5-k_4\boldsymbol{\alpha}_4=\boldsymbol{0}.$$

由于 $R(\boldsymbol{A})=R(\boldsymbol{B})=3$，所以 $\boldsymbol{\alpha}_1,\boldsymbol{\alpha}_2,\boldsymbol{\alpha}_3$ 线性无关，而 $\boldsymbol{\alpha}_1,\boldsymbol{\alpha}_2,\boldsymbol{\alpha}_3,\boldsymbol{\alpha}_4$ 线性相关，从而 $\boldsymbol{\alpha}_4$ 能由 $\boldsymbol{\alpha}_1,\boldsymbol{\alpha}_2,\boldsymbol{\alpha}_3$ 线性表示，即存在数 $\lambda_1,\lambda_2,\lambda_3$，使得 $\boldsymbol{\alpha}_4=\lambda_1\boldsymbol{\alpha}_1+\lambda_2\boldsymbol{\alpha}_2+\lambda_3\boldsymbol{\alpha}_3$ 成立，代入上式得

$$k_1\boldsymbol{\alpha}_1+k_2\boldsymbol{\alpha}_2+k_3\boldsymbol{\alpha}_3+k_4\boldsymbol{\alpha}_5-k_4(\lambda_1\boldsymbol{\alpha}_1+\lambda_2\boldsymbol{\alpha}_2+\lambda_3\boldsymbol{\alpha}_3)=\boldsymbol{0}.$$

整理得
$$(k_1-\lambda_1k_4)\boldsymbol{\alpha}_1+(k_2-\lambda_2k_4)\boldsymbol{\alpha}_2+(k_3-k_4\lambda_3)\boldsymbol{\alpha}_3+k_4\boldsymbol{\alpha}_5=\boldsymbol{0},$$

又由 $R(\boldsymbol{C})=4$ 知，$\boldsymbol{\alpha}_1,\boldsymbol{\alpha}_2,\boldsymbol{\alpha}_3,\boldsymbol{\alpha}_5$ 线性无关，得

$$\begin{cases}k_1-\lambda_1k_4=0,\\k_2-\lambda_2k_4=0,\\k_3-k_4\lambda_3=0,\\k_4=0,\end{cases}$$

所以 $k_1=k_2=k_3=k_4=0$. 即向量组：$\boldsymbol{\alpha}_1,\boldsymbol{\alpha}_2,\boldsymbol{\alpha}_3,\boldsymbol{\alpha}_5-\boldsymbol{\alpha}_4$ 线性无关.

### (二) 向量组的秩

**【例 1】** 设向量组 $\boldsymbol{A}$ 的秩为 $r_1$，向量组 $\boldsymbol{B}$ 的秩为 $r_2$，且向量组 $\boldsymbol{A}$ 可由向量组 $\boldsymbol{B}$ 线性表示，则 $r_1$ 与 $r_2$ 的关系为__________.

**【解析】** $r_1\leqslant r_2$. 由主要定理、结论(9)可得.

**【例 2】** 设 $\boldsymbol{\alpha}_1=(1,2,-1,0)^{\mathrm{T}}$，$\boldsymbol{\alpha}_2=(1,1,0,2)^{\mathrm{T}}$，$\boldsymbol{\alpha}_3=(2,1,1,\mathrm{a})^{\mathrm{T}}$，若 $\boldsymbol{\alpha}_1,\boldsymbol{\alpha}_2,\boldsymbol{\alpha}_3$ 形成的向量空间维数是 2，则 $a=$__________.

**【解析】**方法一　向量组形成的线性空间的维数等于此向量组的秩，所以向量组 $\boldsymbol{\alpha}_1$，$\boldsymbol{\alpha}_2$，$\boldsymbol{\alpha}_3$ 的秩等于 2，从而有

$$\begin{pmatrix}1&1&2\\2&1&1\\-1&0&1\\0&2&a\end{pmatrix}\to\begin{pmatrix}1&1&2\\0&-1&-3\\0&1&3\\0&2&a\end{pmatrix}\to\begin{pmatrix}1&1&2\\0&-1&-3\\0&0&0\\0&0&a-6\end{pmatrix}，所以 a=6.$$

方法二　向量组 $\boldsymbol{\alpha}_1,\boldsymbol{\alpha}_2,\boldsymbol{\alpha}_3$ 的秩等于 2，则其中任意 3 阶子式为零，取含有 $a$ 的一个 3 阶子式

$$\begin{vmatrix} 2 & 1 & 1 \\ -1 & 0 & 1 \\ 0 & 2 & a \end{vmatrix} = \begin{vmatrix} 0 & 1 & 3 \\ -1 & 0 & 1 \\ 0 & 2 & a \end{vmatrix} = a-6=0，所以 a=6.$$

**【例 3】** 已知向量组 $\boldsymbol{\alpha}_1=(2,1,1,1)^{\mathrm{T}}$，$\boldsymbol{\alpha}_2=(2,1,a,a)^{\mathrm{T}}$，$\boldsymbol{\alpha}_3=(3,2,1,a)^{\mathrm{T}}$，$\boldsymbol{\alpha}_4=(4,3,2,1)^{\mathrm{T}}$的秩为 3，且 $a\neq 1$，则 $a=$________.

**【解析】**方法一　由条件知，向量组构成的矩阵的秩为 3，所以其阶梯形矩阵有 3 个非零行．而

$$\boldsymbol{A}=\begin{pmatrix} 2 & 2 & 3 & 4 \\ 1 & 1 & 2 & 3 \\ 1 & a & 1 & 2 \\ 1 & a & a & 1 \end{pmatrix} \to \begin{pmatrix} 1 & 1 & 2 & 3 \\ 0 & 0 & -1 & -2 \\ 0 & a-1 & -1 & -1 \\ 0 & a-1 & a-2 & -2 \end{pmatrix} \to \begin{pmatrix} 1 & \frac{1}{a-1} & 2 & 3 \\ 0 & 0 & -1 & -2 \\ 0 & 1 & -1 & -1 \\ 0 & 1 & a-2 & -2 \end{pmatrix}$$

$$\to \begin{pmatrix} 1 & \frac{1}{a-1} & 2 & 3 \\ 0 & 1 & -1 & -1 \\ 0 & 0 & -1 & -2 \\ 0 & 0 & a-1 & -1 \end{pmatrix} \to \begin{pmatrix} 1 & \frac{1}{a-1} & 2 & 3 \\ 0 & 1 & -1 & -1 \\ 0 & 0 & -1 & -2 \\ 0 & 0 & 0 & -2a+1 \end{pmatrix},$$

所以有 $a=\frac{1}{2}$.

方法二　由条件知，向量组构成的矩阵的秩为 3，所以矩阵不可逆，即行列式为零．

$$|\boldsymbol{A}|=\begin{vmatrix} 2 & 2 & 3 & 4 \\ 1 & 1 & 2 & 3 \\ 1 & a & 1 & 2 \\ 1 & a & a & 1 \end{vmatrix}=(a-1)(2a-1)=0,$$

由于 $a\neq 1$，所以 $a=\frac{1}{2}$.

**【例 4】** 设有向量组 $\boldsymbol{A}$：$\boldsymbol{\alpha}_1,\boldsymbol{\alpha}_2,\cdots,\boldsymbol{\alpha}_r$ 及向量组 $\boldsymbol{B}$：$\boldsymbol{\beta}_1,\boldsymbol{\beta}_2,\cdots,\boldsymbol{\beta}_s$ 均为 $n$ 维向量组，且 $R(\boldsymbol{\alpha}_1,\boldsymbol{\alpha}_2,\cdots,\boldsymbol{\alpha}_r)=R(\boldsymbol{\beta}_1,\boldsymbol{\beta}_2,\cdots,\boldsymbol{\beta}_s)$，则________.

(A) 两个向量组等价

(B) $R(\boldsymbol{\alpha}_1,\boldsymbol{\alpha}_2,\cdots,\boldsymbol{\alpha}_r,\boldsymbol{\beta}_1,\boldsymbol{\beta}_2,\cdots,\boldsymbol{\beta}_s)=r$

(C) 当向量组 $\boldsymbol{A}$：$\boldsymbol{\alpha}_1,\boldsymbol{\alpha}_2,\cdots,\boldsymbol{\alpha}_r$ 能被向量组 $\boldsymbol{B}$：$\boldsymbol{\beta}_1,\boldsymbol{\beta}_2,\cdots,\boldsymbol{\beta}_s$ 线性表示时，$\boldsymbol{B}$：$\boldsymbol{\beta}_1,\boldsymbol{\beta}_2,\cdots,\boldsymbol{\beta}_s$ 也可由 $\boldsymbol{A}$：$\boldsymbol{\alpha}_1,\boldsymbol{\alpha}_2,\cdots,\boldsymbol{\alpha}_r$ 线性表示

(D) 当 $r=s$ 时，两向量组等价

**【解析】** 由主要定理、结论（12）知，等价的向量组有相同的秩，但其逆不真．比如

$$\boldsymbol{\alpha}_1=\begin{pmatrix}0\\1\end{pmatrix},\ \boldsymbol{\alpha}_2=\begin{pmatrix}0\\2\end{pmatrix};\ \boldsymbol{\beta}_1=\begin{pmatrix}1\\0\end{pmatrix},\ \boldsymbol{\beta}_2=\begin{pmatrix}2\\0\end{pmatrix},\ \boldsymbol{\beta}_3=\begin{pmatrix}-1\\0\end{pmatrix},$$

显然有 $R(\boldsymbol{\alpha}_1,\boldsymbol{\alpha}_2)=R(\boldsymbol{\beta}_1,\boldsymbol{\beta}_2,\boldsymbol{\beta}_3)=1$，因为任意 $\boldsymbol{\alpha}_i$ $(i=1,2)$ 都不能由 $\boldsymbol{\beta}_1,\boldsymbol{\beta}_2,\boldsymbol{\beta}_3$ 线性表示，所以两个向量组是不等价的．不选(A)．但如果 $R(\boldsymbol{\alpha}_1,\boldsymbol{\alpha}_2,\cdots,\boldsymbol{\alpha}_r)=R(\boldsymbol{\beta}_1,\boldsymbol{\beta}_2,\cdots,\boldsymbol{\beta}_s)$，且其中一个向量组可以由另一个向量组线性表示时，则两个向量组等价，所以应选(C)．另外，两个向量组是否等价，与向量组中所含向量个数是否相等无关．所以不选(D)．再由上例知，$R(\boldsymbol{\alpha}_1,\boldsymbol{\alpha}_2,\boldsymbol{\beta}_1,\boldsymbol{\beta}_2,\boldsymbol{\beta}_3)=2\neq 1$，故也不能选(B)．

**【例 5】** 设 $\boldsymbol{A}$ 是 $n$ 阶方阵，其秩 $R(\boldsymbol{A})=r<n$，则在 $\boldsymbol{A}$ 的 $n$ 个行向量中________.

(A) 必有 $r$ 个行向量线性无关

(B) 任意 $r$ 个行向量都构成其一个最大无关向量组

（C）任意 $r$ 个行向量线性无关

（D）任何一个行向量都可以由其余 $n-1$ 个行向量线性表示

**【解析】** 先看下例，$\boldsymbol{A}=\begin{pmatrix}1&0&1\\0&1&0\\0&0&0\end{pmatrix}$，显然 $R(\boldsymbol{A})=2<3$，但第 2 行与第 3 行两个行向量线性相关，当然也不能构成其一个最大无关向量组. 所以(B)和(C)都不成立. 另外，可知第一个行向量不能由另两个行向量线性表示，故(D)也不成立. 应选(A).

注意　对于 $n$ 阶方阵 $\boldsymbol{A}$，若其秩 $R(\boldsymbol{A})=r<n$，一是说明 $\boldsymbol{A}$ 的最高阶非零子式为 $r$ 阶；二是说明 $\boldsymbol{A}$ 中存在 $r$ 个行（列）向量线性无关，任意 $r+1$ 个行（列）向量线性相关.

**【例 6】** 设有向量组 $\boldsymbol{A}$：$\boldsymbol{\alpha}_1,\boldsymbol{\alpha}_2,\cdots,\boldsymbol{\alpha}_r$ 及向量组 $\boldsymbol{B}$：$\boldsymbol{\beta}_1,\boldsymbol{\beta}_2,\cdots,\boldsymbol{\beta}_s$ 均为 $n$ 维向量组，且有相同的秩. 试证明：若向量组 $\boldsymbol{A}$：$\boldsymbol{\alpha}_1,\boldsymbol{\alpha}_2,\cdots,\boldsymbol{\alpha}_r$ 可由向量组 $\boldsymbol{B}$：$\boldsymbol{\beta}_1,\boldsymbol{\beta}_2,\cdots,\boldsymbol{\beta}_s$ 线性表示，则向量组 $\boldsymbol{A}$ 与向量组 $\boldsymbol{B}$ 等价.

**【证明】** 要证向量组 $\boldsymbol{A}$ 与向量组 $\boldsymbol{B}$ 等价，只需证明向量组 $\boldsymbol{B}$ 可由向量组 $\boldsymbol{A}$ 线性表示.

设两向量组的秩均为 $t$，且不妨设向量组 $\boldsymbol{A}$：$\boldsymbol{\alpha}_1,\boldsymbol{\alpha}_2,\cdots,\boldsymbol{\alpha}_r$ 的最大无关组为 $\boldsymbol{A}_1$：$\boldsymbol{\alpha}_1,\boldsymbol{\alpha}_2,\cdots,\boldsymbol{\alpha}_t$ 向量组 $\boldsymbol{B}$：$\boldsymbol{\beta}_1,\boldsymbol{\beta}_2,\cdots,\boldsymbol{\beta}_s$ 的最大无关组为 $\boldsymbol{B}_1$：$\boldsymbol{\beta}_1,\boldsymbol{\beta}_2,\cdots,\boldsymbol{\beta}_t$，$t\leqslant\min(s,r)$. 由“向量组与最大无关组等价”的结论知，只需证明向量组 $\boldsymbol{B}_1$ 可由向量组 $\boldsymbol{A}_1$ 线性表示.

假设向量组 $\boldsymbol{B}_1$ 不能由向量组 $\boldsymbol{A}_1$ 线性表示，即存在一个向量 $\boldsymbol{\beta}_{i_0}\in\boldsymbol{B}_1$ 不能由向量组 $\boldsymbol{A}_1$ 线性表示，则知向量组 $\boldsymbol{A}_0$：$\boldsymbol{\alpha}_1,\boldsymbol{\alpha}_2,\cdots,\boldsymbol{\alpha}_t$，$\boldsymbol{\beta}_{i_0}$ 线性无关（若不然，因为 $\boldsymbol{A}_1$ 线性无关，与 $\boldsymbol{\beta}_{i_0}$ 不能由向量组 $\boldsymbol{A}_1$ 线性表示矛盾）. 又由向量组 $\boldsymbol{A}$ 可由向量组 $\boldsymbol{B}$ 线性表示知，向量组 $\boldsymbol{A}_1$ 可由向量组 $\boldsymbol{B}_1$ 线性表示，从而向量组 $\boldsymbol{A}_0$ 可由向量组 $\boldsymbol{B}_1$ 线性表示，根据主要定理、结论(9)知，向量组 $\boldsymbol{A}_0$ 所含向量个数 $t+1$ 不超过向量组 $\boldsymbol{B}_1$ 所含向量个数 $t$，即有 $t+1\leqslant t$. 矛盾.

### （三）最大无关向量组

**【例 1】** 设向量组 $\boldsymbol{\alpha}_1=(1,0,1,-1)^{\mathrm{T}},\boldsymbol{\alpha}_2=(1,-2,1,1)^{\mathrm{T}},\boldsymbol{\alpha}_3=(0,2,0,-2)^{\mathrm{T}},\boldsymbol{\alpha}_4=(0,2,1,3)^{\mathrm{T}},\boldsymbol{\alpha}_5=(2,-6,0,-6)^{\mathrm{T}}$，则其一个最大线性无关组是________.

**【解析】** 先求向量组的秩. 由所给向量组构成一个矩阵，通过初等行变换化为阶梯形矩阵.

$$\boldsymbol{A}=\begin{pmatrix}1&1&0&0&2\\0&-2&2&2&-6\\1&1&0&1&0\\-1&1&-2&3&-6\end{pmatrix}\to\begin{pmatrix}1&1&0&0&2\\0&-2&2&2&-6\\0&0&0&1&-2\\0&2&-2&3&-4\end{pmatrix}$$

$$\to\begin{pmatrix}1&1&0&0&2\\0&-2&2&2&-6\\0&0&0&1&-2\\0&0&0&5&-10\end{pmatrix}\to\begin{pmatrix}1&1&0&0&2\\0&-2&2&2&-6\\0&0&0&1&-2\\0&0&0&0&0\end{pmatrix}=\boldsymbol{B},$$

由于初等变换不改变矩阵的秩，所以 $R(\boldsymbol{A})=R(\boldsymbol{B})=3$，得知向量组的秩等于 3，其最大线性无关组中有 3 个向量. 又由 $R(\boldsymbol{B})=3$，此时矩阵 $\boldsymbol{B}$ 中必有一个 3 阶子式不等于 0（实际上可能有几个），取前 3 行和 1,2,4 列得 $\begin{vmatrix}1&1&0\\0&-2&2\\0&0&1\end{vmatrix}\neq0$，从而矩阵 $\boldsymbol{B}$ 的 1,2,4 列线性无关（看成添分量后的向量组）. 又因为化为阶梯形矩阵时只用的初等行变换，所以矩阵 $\boldsymbol{A}$ 的 1,2,4 列也线性无关，得到 $\boldsymbol{\alpha}_1,\boldsymbol{\alpha}_2,\boldsymbol{\alpha}_4$ 为其一个最大线性无关组.

注意　一般求向量组的最大线性无关组时都采用这种方法，而不是用其定义去求.

**【例 2】** 设$V=\left\{\boldsymbol{x}=(x_1,x_2,\cdots x_n)^{\mathrm{T}}\middle| x_i\in\mathbf{R},i=1,2,\cdots,n,\sum_{i=1}^{n}ix_i=1\right\}$，则$V$________(一定；不一定；一定不) 构成一个线性空间.

**【解析】** 一定不能构成一个线性空间. 由于$V$不满足加法和数乘的封闭性. 事实上，对任意$\boldsymbol{x}=(x_1,x_2,\cdots,x_n)^{\mathrm{T}}\in V$，取$\lambda=2\in\mathbf{R}$，有$\lambda\boldsymbol{x}=2\boldsymbol{x}=(2x_1,2x_2,\cdots,2x_n)^{\mathrm{T}}$，而$\sum_{i=1}^{n}i\cdot 2\cdot x_i=2$，所以$\lambda\boldsymbol{x}=2\boldsymbol{x}\notin V$.

### (四) 线性方程组的解

**【例 1】** 设$n$阶矩阵$\boldsymbol{A}$的各行元素之和均为零，且$R(\boldsymbol{A})=n-1$，则齐次线性方程组$\boldsymbol{Ax}=\boldsymbol{0}$的通解为________.

**【解析】** 由于$R(\boldsymbol{A})=n-1$，所以$\boldsymbol{Ax}=\boldsymbol{0}$的基础解系中只含有一个向量，又由$\boldsymbol{A}$的各行元素之和均为零，即$a_{i1}+a_{i2}+\cdots+a_{in}=0$，$i=1,2,\cdots,n$，所以相当于

$$\begin{pmatrix}a_{11}&a_{12}&\cdots&a_{1n}\\a_{21}&a_{22}&\cdots&a_{2n}\\\cdots&\cdots&\cdots&\cdots\\a_{n1}&a_{n2}&\cdots&a_{nn}\end{pmatrix}\begin{pmatrix}1\\1\\\vdots\\1\end{pmatrix}=\begin{pmatrix}0\\0\\\vdots\\0\end{pmatrix},$$

所以$\boldsymbol{\xi}=\begin{pmatrix}1\\1\\\vdots\\1\end{pmatrix}$即为基础解系，得$\boldsymbol{Ax}=\boldsymbol{0}$的通解为$\boldsymbol{x}=k\begin{pmatrix}1\\1\\\vdots\\1\end{pmatrix}$，其中$k$为任意常数.

**【例 2】** 设$\boldsymbol{A}$为$m\times n$矩阵，如果$\boldsymbol{A}=\boldsymbol{O}$，则任何\_\_\_\_\_\_\_\_是$\boldsymbol{Ax}=\boldsymbol{0}$的基础解系.

**【解析】** 由$\boldsymbol{A}=\boldsymbol{O}$知，$R(\boldsymbol{A})=0$，所以$\boldsymbol{Ax}=\boldsymbol{0}$的基础解系中含有$n$个向量，且对任意$n$维列向量$\boldsymbol{x}$都有$\boldsymbol{Ax}=\boldsymbol{0}$，所以$\boldsymbol{Ax}=\boldsymbol{0}$的解空间为$\mathbf{R}^n$，从而任意$n$个线性无关的$n$维列向量都可作为$\boldsymbol{Ax}=\boldsymbol{0}$的一个基础解系. 应填任意$n$个线性无关的$n$维列向量.

**【例 3】** 设$\boldsymbol{\eta}_1,\boldsymbol{\eta}_2,\cdots,\boldsymbol{\eta}_s$都是方程组$\boldsymbol{Ax}=\boldsymbol{b}$的解，若$k_1\boldsymbol{\eta}_1+k_2\boldsymbol{\eta}_2+\cdots+k_s\boldsymbol{\eta}_s$也是$\boldsymbol{Ax}=\boldsymbol{b}$的解，则$k_1,k_2,\cdots,k_s$应满足条件________.

**【解析】** 由条件知，$\boldsymbol{A\eta}_i=\boldsymbol{b}(i=1,2,\cdots,s)$，若$k_1\boldsymbol{\eta}_1+k_2\boldsymbol{\eta}_2+\cdots+k_s\boldsymbol{\eta}_s$也是$\boldsymbol{Ax}=\boldsymbol{b}$的解，即应有$\boldsymbol{A}(k_1\boldsymbol{\eta}_1+k_2\boldsymbol{\eta}_2+\cdots+k_s\boldsymbol{\eta}_s)=(k_1+k_2+\cdots+k_s)b=\boldsymbol{b}$，所以得，$k_1+k_2+\cdots+k_s=1$. 应填

$$k_1+k_2+\cdots+k_s=1.$$

**【例 4】** 方程组$\boldsymbol{Ax}=\boldsymbol{0}$以$\boldsymbol{\xi}_1=(1,0,1)^{\mathrm{T}}$，$\boldsymbol{\xi}_2=(0,1,-1)^{\mathrm{T}}$为其基础解系，则该方程组的系数矩阵为________.

**【解析】** 这是属于反求方程组的情形，由于方程组的未知量为3个，且基础解系中含有两个向量，所以$R(\boldsymbol{A})=1$. 不妨设所求方程组的系数矩阵为$\boldsymbol{A}=(a,b,c)$，则有$\boldsymbol{A\xi}_1=\boldsymbol{0}$和$\boldsymbol{A\xi}_2=0$得方程组$\begin{cases}a+c=0,\\b-c=0,\end{cases}$即$a=-c$，$b=c$，取$c=1$得，$\boldsymbol{A}=(-1,1,1)$. 应填$\boldsymbol{A}=(-1,1,1)$.

注意　此题答案不唯一、但$R(\boldsymbol{A})=1$是唯一的.

**【例 5】** 已知$\boldsymbol{\beta}_1,\boldsymbol{\beta}_2$是非齐次方程组$\boldsymbol{Ax}=\boldsymbol{b}$的两个不同解，$\boldsymbol{\alpha}_1,\boldsymbol{\alpha}_2$是$\boldsymbol{Ax}=\boldsymbol{0}$的基础解系，$k_1,k_2$为任意常数，则$\boldsymbol{Ax}=\boldsymbol{b}$的通解为________.

(A) $k_1\boldsymbol{\alpha}_1+k_2(\boldsymbol{\alpha}_1+\boldsymbol{\alpha}_2)+\dfrac{\boldsymbol{\beta}_1-\boldsymbol{\beta}_2}{2}$　　(B) $k_1\boldsymbol{\alpha}_1+k_2(\boldsymbol{\alpha}_1-\boldsymbol{\alpha}_2)+\dfrac{\boldsymbol{\beta}_1+\boldsymbol{\beta}_2}{2}$

(C) $k_1\boldsymbol{\alpha}_1+k_2(\boldsymbol{\beta}_1+\boldsymbol{\beta}_2)+\frac{\boldsymbol{\beta}_1-\boldsymbol{\beta}_2}{2}$　　(D) $k_1\boldsymbol{\alpha}_1+k_2(\boldsymbol{\beta}_1-\boldsymbol{\beta}_2)+\frac{\boldsymbol{\beta}_1+\boldsymbol{\beta}_2}{2}$

**【解析】** 由于$\frac{\boldsymbol{\beta}_1-\boldsymbol{\beta}_2}{2}$不是$\boldsymbol{Ax}=\boldsymbol{b}$的解，并且$\boldsymbol{\beta}_1+\boldsymbol{\beta}_2$不是$\boldsymbol{Ax}=\boldsymbol{0}$的解，所以不能选（A）和（C）．$\frac{\boldsymbol{\beta}_1+\boldsymbol{\beta}_2}{2}$是$\boldsymbol{Ax}=\boldsymbol{b}$的解，对于（D）而言，$\boldsymbol{Ax}=\boldsymbol{0}$的两个解$\boldsymbol{\alpha}_1$与$\boldsymbol{\beta}_1-\boldsymbol{\beta}_2$是否线性无关不能确定，故不选（D）．对于$k_1\boldsymbol{\alpha}_1+k_2(\boldsymbol{\alpha}_1-\boldsymbol{\alpha}_2)+\frac{\boldsymbol{\beta}_1+\boldsymbol{\beta}_2}{2}$，由于$\boldsymbol{\alpha}_1,\boldsymbol{\alpha}_2$是$\boldsymbol{Ax}=\boldsymbol{0}$的基础解系，知$\boldsymbol{\alpha}_1,\boldsymbol{\alpha}_2$线性无关，又显然知$\boldsymbol{\alpha}_1,\boldsymbol{\alpha}_1-\boldsymbol{\alpha}_2$线性无关，且$\frac{\boldsymbol{\beta}_1+\boldsymbol{\beta}_2}{2}$是$\boldsymbol{Ax}=\boldsymbol{b}$的解，应选（B）.

**【例 6】** 齐次线性方程组$\boldsymbol{Ax}=\boldsymbol{0}$仅有零解的充分必要条件是________.

(A) 系数矩阵$\boldsymbol{A}$的行向量组线性无关　　(B) 系数矩阵$\boldsymbol{A}$的列向量组线性无关

(C) 系数矩阵$\boldsymbol{A}$的行向量组线性相关　　(D) 系数矩阵$\boldsymbol{A}$的列向量组线性相关

**【解析】** 由于齐次线性方程组$\boldsymbol{Ax}=\boldsymbol{0}$仅有零解的充分必要条件是$R(\boldsymbol{A})=n$（即$\boldsymbol{A}$的秩等于未知数的个数等于系数矩阵的列数），所以应选（B）.

**【例 7】** 齐次线性方程组$\boldsymbol{Ax}=\boldsymbol{0}$有非零解的充要条件是系数矩阵$\boldsymbol{A}$中________.

(A) 任意两个列向量线性相关　　(B) 任意两个列向量线性无关

(C) 必有一列向量是其余向量的线性组合　　(D) 任一列向量都是其余向量的线性组合

**【解析】** 由上题知，$\boldsymbol{Ax}=\boldsymbol{0}$有非零解的充分必要条件是系数矩阵$\boldsymbol{A}$的列向量线性相关．所以应选（C）．（A），（D）是充分不必要的条件，（B）是与$\boldsymbol{Ax}=\boldsymbol{0}$有非零解无关的条件.

**【例 8】** 设$\boldsymbol{A}$是$m\times n$矩阵，且$m<n$，若$\boldsymbol{A}$的行向量组线性无关．则________.

(A) 方程组$\boldsymbol{Ax}=\boldsymbol{b}$有无穷多解　　(B) 方程组$\boldsymbol{Ax}=\boldsymbol{b}$仅有唯一解

(C) 方程组$\boldsymbol{Ax}=\boldsymbol{b}$无解　　(D) 方程组$\boldsymbol{Ax}=\boldsymbol{0}$仅有零解

**【解析】** 由条件$m<n$及$\boldsymbol{A}$的行向量组线性无关知，$R(\boldsymbol{A})=m<n$，所以排除（B）和（D）．因为只有$R(\boldsymbol{A})=R(\boldsymbol{B})=n$时，才有$\boldsymbol{Ax}=\boldsymbol{b}$有唯一解和$\boldsymbol{Ax}=\boldsymbol{0}$仅有零解．又因为增广矩阵$\boldsymbol{B}$的行向量可以看成是在系数矩阵$\boldsymbol{A}$的行向量基础上增加一列所得到的，所以由$\boldsymbol{A}$的行向量组线性无关知，$\boldsymbol{B}$的行向量组也是线性无关的（看成增加分量），从而$R(\boldsymbol{A})=R(\boldsymbol{B})=m<n$，得知方程组$\boldsymbol{Ax}=\boldsymbol{b}$有无穷多解．应选（A）.

**【例 9】** 设$\boldsymbol{A}$是$m\times n$矩阵，则有________.

(A) 当$m<n$时，方程组有$\boldsymbol{Ax}=\boldsymbol{b}$无穷多解

(B) 当$m<n$时，方程组$\boldsymbol{Ax}=\boldsymbol{0}$有非零解，且基础解系含有$n-m$个线性无关的解向量

(C) 若$\boldsymbol{A}$有$n$阶子式不为零，则方程组$\boldsymbol{Ax}=\boldsymbol{b}$有唯一解

(D) 若$\boldsymbol{A}$有$n$阶子式不为零，则方程组$\boldsymbol{Ax}=\boldsymbol{0}$仅有零解

**【解析】** 由$m<n$只能得到方程的个数小于未知数的个数，由此能得到$\boldsymbol{Ax}=\boldsymbol{0}$有非零解，但不能得到基础解系含有$n-m$个线性无关的解向量［不能确定$R(\boldsymbol{A})=m$］，也不能确定$\boldsymbol{Ax}=\boldsymbol{b}$有解，所以排除（A）和（B）．当$\boldsymbol{A}$有$n$阶子式不为零时，可知$R(\boldsymbol{A})=n$，此时得到方程组$\boldsymbol{Ax}=\boldsymbol{0}$仅有零解，故（D）成立．对于（C），在$R(\boldsymbol{A})=n$的条件下，若$m>n$，$\boldsymbol{Ax}=\boldsymbol{b}$可能无解．如方程组$\begin{cases}x_1+x_2=1,\\x_1+2x_2=2,\\2x_1+3x_2=5\end{cases}$中，$\boldsymbol{A}$有2阶子式不为零，但$R(\boldsymbol{B})=3\neq R(\boldsymbol{A})=$

2，所以无解.

**【例 10】** 设 $\boldsymbol{A}$ 是 $m\times n$ 矩阵，且 $R(\boldsymbol{A})=m<n$，下述结论中正确的是________.

(A) $\boldsymbol{A}$ 的任意 $m$ 个列向量线性无关　　(B) $\boldsymbol{A}$ 的任意一个 $m$ 阶子式不为零

(C) $\boldsymbol{A}$ 通过初等行变换，必可化为 $(\boldsymbol{E}_m\quad \boldsymbol{O})$ 的形式　　(D) 方程组有 $\boldsymbol{Ax}=\boldsymbol{b}$ 无穷多解

**【解析】** 由以上【例 8】的讨论可知应选（D）. 至于（A）和（B），由 $R(\boldsymbol{A})=m$ 只能得到 $\boldsymbol{A}$ 中存在 $m$ 个列向量线性无关和存在一个 $m$ 阶子式不为零，不一定是任意的. 对于（C），若只通过初等行变换，不能使 $\boldsymbol{A}$ 的右端化为零矩阵，只有再通过初等列变换才能化为 $(\boldsymbol{E}_m\quad \boldsymbol{O})$ 的形式. 比如，$\begin{pmatrix}1&1&1\\2&2&-1\end{pmatrix}\to\begin{pmatrix}1&1&1\\0&0&-3\end{pmatrix}\to\begin{pmatrix}1&1&0\\0&0&1\end{pmatrix}$，只有再通过初等列变换才能化为 $\begin{pmatrix}1&0&0\\0&1&0\end{pmatrix}$.

**【例 11】** 已知 $\boldsymbol{A}$ 是 $n$ 阶方阵，且 $|\boldsymbol{A}|=0$，但用方程组 $\boldsymbol{Ax}=\boldsymbol{b}$ 中的向量 $\boldsymbol{b}$ 依次代替 $\boldsymbol{A}$ 的各列所得到矩阵 $\boldsymbol{A}_1,\boldsymbol{A}_2,\cdots,\boldsymbol{A}_n$ 中至少存在一个 $|\boldsymbol{A}_i|\neq 0\,(1\leqslant i\leqslant n)$，则方程组 $\boldsymbol{Ax}=\boldsymbol{b}$ ________.

(A) 无解　　(B) 有解　　(C) 无穷多解　　(D) 唯一解.

**【解析】** 由 $|\boldsymbol{A}|=0$，得知 $R(\boldsymbol{A})<n$，排除（D）. 又由 $|\boldsymbol{A}_i|\neq 0$ 知，将 $\boldsymbol{b}$ 代替 $\boldsymbol{A}$ 的第 $i$ 列后所得到的列向量组线性无关，所以 $\boldsymbol{A}$ 中除去第 $i$ 列后的 $n-1$ 列所组成的向量组也线性无关（线性无关向量组的部分向量组仍然线性无关），可得 $R(\boldsymbol{A})=n-1$，而增广矩阵 $\boldsymbol{B}$ 相当于在 $\boldsymbol{A}$ 的基础上再增加列向量 $\boldsymbol{b}$ 后所得到的，所以 $R(\boldsymbol{B})=n$，故方程组 $\boldsymbol{Ax}=\boldsymbol{b}$ 无解. 所以应选（A）.

**【例 12】** 设 $\boldsymbol{\alpha}_1,\boldsymbol{\alpha}_2,\boldsymbol{\alpha}_3$ 均为三维向量，$\boldsymbol{\alpha}_2,\boldsymbol{\alpha}_3$ 线性无关，$\boldsymbol{\alpha}_1=\boldsymbol{\alpha}_2-2\boldsymbol{\alpha}_3$，$\boldsymbol{A}=(\boldsymbol{\alpha}_1,\boldsymbol{\alpha}_2,\boldsymbol{\alpha}_3)$，$\boldsymbol{b}=\boldsymbol{\alpha}_1+2\boldsymbol{\alpha}_2+3\boldsymbol{\alpha}_3$，$k$ 为任意常数，则方程组 $\boldsymbol{Ax}=\boldsymbol{b}$ 的通解为________.

(A) $k(1,-1,2)^{\mathrm T}+(1,2,3)^{\mathrm T}$　　(B) $k(1,2,3)^{\mathrm T}+(1,-1,2)^{\mathrm T}$

(C) $k(1,1,-2)^{\mathrm T}+(1,2,3)^{\mathrm T}$　　(D) $k(1,2,3)^{\mathrm T}+(1,1,-2)^{\mathrm T}$.

**【解析】** 由于 $\boldsymbol{b}=\boldsymbol{\alpha}_1+2\boldsymbol{\alpha}_2+3\boldsymbol{\alpha}_3=(\boldsymbol{\alpha}_1,\boldsymbol{\alpha}_2,\boldsymbol{\alpha}_3)\begin{pmatrix}1\\2\\3\end{pmatrix}$，即有 $\boldsymbol{A}\begin{pmatrix}1\\2\\3\end{pmatrix}=\boldsymbol{b}$，所以 $\begin{pmatrix}1\\2\\3\end{pmatrix}$ 是 $\boldsymbol{Ax}=\boldsymbol{b}$ 的一个特解. 由此排除（B）和（D）. 又 $\boldsymbol{\alpha}_2,\boldsymbol{\alpha}_3$ 线性无关，且 $\boldsymbol{\alpha}_1=\boldsymbol{\alpha}_2-2\boldsymbol{\alpha}_3$，故 $R(\boldsymbol{A})=2$，则知 $\boldsymbol{Ax}=\boldsymbol{0}$ 的基础解系中含有一个向量，再由 $(\boldsymbol{\alpha}_1,\boldsymbol{\alpha}_2,\boldsymbol{\alpha}_3)\begin{pmatrix}1\\-1\\2\end{pmatrix}=\boldsymbol{\alpha}_1-\boldsymbol{\alpha}_2+2\boldsymbol{\alpha}_3=\boldsymbol{0}$ 知，$\begin{pmatrix}1\\-1\\2\end{pmatrix}$ 为 $\boldsymbol{Ax}=\boldsymbol{0}$ 的一个解，所以 $\begin{pmatrix}1\\-1\\2\end{pmatrix}$ 即为 $\boldsymbol{Ax}=\boldsymbol{0}$ 的一个基础解系，故得方程组 $\boldsymbol{Ax}=\boldsymbol{b}$ 的通解为 $k(1,-1,2)^{\mathrm T}+(1,2,3)^{\mathrm T}$. 选（A）.

**【例 13】** 设 $n$ 阶矩阵 $\boldsymbol{A}$ 的伴随矩阵 $\boldsymbol{A}^*\neq\boldsymbol{O}$，若 $\boldsymbol{\xi}_1,\boldsymbol{\xi}_2,\boldsymbol{\xi}_3,\boldsymbol{\xi}_4$ 是非齐次线性方程组 $\boldsymbol{Ax}=\boldsymbol{b}$ 的互不相等的解，则对应的齐次线性方程组 $\boldsymbol{Ax}=\boldsymbol{0}$ 的基础解系为________.

(A) 不存在　　(B) 仅含一个非零解向量

(C) 含有两个线性无关的解向量　　(D) 含有 3 个线性无关的解向量

**【解析】** 因为 $\boldsymbol{Ax}=0$ 的基础解系所含向量的个数 $=n-R(\boldsymbol{A})$，而且由第三章选择题【例 9】得知

$$R(\boldsymbol{A}^*)=\begin{cases}n, & R(\boldsymbol{A})=n,\\ 1, & R(\boldsymbol{A})=n-1,\\ 0, & R(\boldsymbol{A})<n-1.\end{cases}$$

根据已知条件 $\boldsymbol{A}^*\neq\boldsymbol{O}$，说明 $\boldsymbol{A}^*$ 中至少有一个元素（$\boldsymbol{A}$ 的至少一个代数余子式）不等于零，于是 $R(\boldsymbol{A})$ 等于 $n$ 或 $n-1$. 又 $\boldsymbol{Ax}=\boldsymbol{b}$ 有互不相等的解，即其解不唯一，故 $R(\boldsymbol{A})=n-1$. 从而基础解系仅含一个解向量，即选（B）.

注意　关于 $n$ 矩阵的秩与其伴随矩阵的秩之间关系要牢记，很多题与其有关. 见【例 14】.

**【例 14】**（2011 年考研题）设 $\boldsymbol{A}=(\boldsymbol{\alpha}_1,\boldsymbol{\alpha}_2,\boldsymbol{\alpha}_3,\boldsymbol{\alpha}_4)$ 是 4 阶矩阵，$\boldsymbol{A}^*$ 为 $\boldsymbol{A}$ 的伴随矩阵，若 $(1,0,1,0)^{\mathrm{T}}$ 是方程组 $\boldsymbol{Ax}=\boldsymbol{0}$ 的一个基础解系，则 $\boldsymbol{A}^*\boldsymbol{x}=\boldsymbol{0}$ 的基础解系可为 ________.

（A）$\boldsymbol{\alpha}_1,\boldsymbol{\alpha}_3$　（B）$\boldsymbol{\alpha}_1,\boldsymbol{\alpha}_2$　（C）$\boldsymbol{\alpha}_1,\boldsymbol{\alpha}_2,\boldsymbol{\alpha}_3$　（D）$\boldsymbol{\alpha}_2,\boldsymbol{\alpha}_3,\boldsymbol{\alpha}_4$

**【解析】** 由于 $\boldsymbol{Ax}=\boldsymbol{0}$ 的基础解系只含有一个向量，得知 $R(\boldsymbol{A})=n-1=4-1=3$，且 $|\boldsymbol{A}|=0$. 再由 $n$ 矩阵的秩与其伴随矩阵的秩之间关系，得知，$R(\boldsymbol{A}^*)=1$，从而 $\boldsymbol{A}^*\boldsymbol{x}=\boldsymbol{0}$ 的基础解系中含有 $4-R(\boldsymbol{A}^*)=4-1=3$ 个向量. 排除（A）和（B）. 再由 $\boldsymbol{A}^*\boldsymbol{A}=|\boldsymbol{A}|\cdot\boldsymbol{E}=\boldsymbol{0}$ 得，矩阵 $\boldsymbol{A}$ 的列向量 $\boldsymbol{\alpha}_1,\boldsymbol{\alpha}_2,\boldsymbol{\alpha}_3,\boldsymbol{\alpha}_4$ 均为 $\boldsymbol{A}^*\boldsymbol{x}=\boldsymbol{0}$ 的解，又由 $(1,0,1,0)^{\mathrm{T}}$ 是方程 $\boldsymbol{Ax}=\boldsymbol{0}$ 的解，得到

$$(\boldsymbol{\alpha}_1,\boldsymbol{\alpha}_2,\boldsymbol{\alpha}_3,\boldsymbol{\alpha}_4)\cdot\begin{pmatrix}1\\0\\1\\0\end{pmatrix}=\boldsymbol{\alpha}_1+\boldsymbol{\alpha}_3=\boldsymbol{0},$$

即 $\boldsymbol{\alpha}_1,\boldsymbol{\alpha}_3$ 线性相关，所以选（D）.

**【例 15】** 设 $\boldsymbol{A}$ 是 $n$ 阶矩阵，$R(\boldsymbol{A})=n-1$，$\boldsymbol{\alpha}_1,\boldsymbol{\alpha}_2$ 是 $\boldsymbol{Ax}=\boldsymbol{0}$ 的两个不同的解向量，则 $\boldsymbol{Ax}=\boldsymbol{0}$ 的基础解系为 ________.

（A）$k\boldsymbol{\alpha}_1$　（B）$k\boldsymbol{\alpha}_2$　（C）$k(\boldsymbol{\alpha}_1-\boldsymbol{\alpha}_2)$　（D）$k(\boldsymbol{\alpha}_1+\boldsymbol{\alpha}_2)$

**【解析】** 由 $R(\boldsymbol{A})=n-1$ 知，$\boldsymbol{Ax}=\boldsymbol{0}$ 的基础解系中含有一个向量. $\boldsymbol{\alpha}_1,\boldsymbol{\alpha}_2$ 是 $\boldsymbol{Ax}=\boldsymbol{0}$ 的两个不同的解向量，并没指出它们是非零向量，所以不选（A）和（B）. 由于 $\boldsymbol{\alpha}_1\neq\boldsymbol{\alpha}_2$，故 $\boldsymbol{\alpha}_1-\boldsymbol{\alpha}_2\neq 0$，且为 $\boldsymbol{Ax}=\boldsymbol{0}$ 的解向量，所以选（C）. 对于（D），不能保证 $\boldsymbol{\alpha}_1+\boldsymbol{\alpha}_2\neq\boldsymbol{0}$，故不选（D）.

**1. 不含参数的齐次线性方程组的解法**

**【例 16】** 求齐次解线性方程组 $\begin{cases}x_1+2x_2+4x_3-3x_4=0,\\3x_1+5x_2+6x_3-4x_4=0,\\4x_1+5x_2-2x_3+3x_4=0\end{cases}$ 的基础解系及其通解.

**【解析】** 对方程组的系数矩阵进行初等行变换

$$\boldsymbol{A}=\begin{pmatrix}1&2&4&-3\\3&5&6&-4\\4&5&-2&3\end{pmatrix}\to\begin{pmatrix}1&2&4&-3\\0&-1&-6&5\\0&-3&-18&15\end{pmatrix}\to\begin{pmatrix}1&2&4&-3\\0&1&6&-5\\0&0&0&0\end{pmatrix},$$

可见系数矩阵 $\boldsymbol{A}$ 的秩为 2，基础解系中含有两个向量，且 $\boldsymbol{A}$ 的前两列线性无关，由前两行前两列组成的 2 阶子式 $\begin{vmatrix}1&2\\0&1\end{vmatrix}=1$ 不为零，可以用初等行变换将此 2 阶矩阵 $\begin{pmatrix}1&2\\0&1\end{pmatrix}$ 化为 2 阶单位矩阵，所以对以上系数矩阵继续做初等行变换，得

$$A\to\begin{pmatrix}1&2&4&-3\\0&1&6&-5\\0&0&0&0\end{pmatrix}\to\begin{pmatrix}1&0&-8&7\\0&1&6&-5\\0&0&0&0\end{pmatrix},$$

由于所用的是初等行变换，故原方程组与以$\begin{pmatrix}1&0&-8&7\\0&1&6&-5\\0&0&0&0\end{pmatrix}$为系数矩阵所确定的齐次解线性方程组是同解的，而此时的齐次解线性方程组为

$$\begin{cases}x_1=8x_3-7x_4,\\x_2=-6x_3+5x_4,\end{cases}\quad \text{将其改写成}\begin{cases}x_1=8x_3-7x_4,\\x_2=-6x_3+5x_4,\\x_3=x_3,\\x_4=x_4,\end{cases}$$

故得原方程组的一个基础解系为

$$\boldsymbol{\xi}_1=\begin{pmatrix}8\\-6\\1\\0\end{pmatrix},\ \boldsymbol{\xi}_2=\begin{pmatrix}-7\\5\\0\\1\end{pmatrix}.$$

原方程组的通解为 $\boldsymbol{x}=k_1\boldsymbol{\xi}_1+k_2\boldsymbol{\xi}_2$，$k_1,k_2$为任意常数.

注意 (1) 一般我们称系数矩阵线性无关的列所对应的未知数为真正未知数，而其他未知数称为自由未知数．在此 $x_1,x_2$ 为真正未知数，而 $x_3,x_4$ 为自由未知数．将自由未知数依次取 1，其他取 0，即可得到如上的一个基础解系．当然基础解系不是唯一的.

(2) 由以上可以看出，将自由未知数依次取 1，其他取 0 时所得到的基础解系 $\boldsymbol{\xi}_1,\boldsymbol{\xi}_2$，实际上就是改写方程组后的方程组$\begin{cases}x_1=8x_3-7x_4,\\x_2=-6x_3+5x_4,\\x_3=x_3,\\x_4=x_4\end{cases}$中，自由未知数 $x_3,x_4$ 的系数所组成的.

(3) 当 $\boldsymbol{A}$ 的秩为 $r$ 时，组成不为零的 $r$ 阶子式所在的 $r$ 个列就是 $\boldsymbol{A}$ 的一个线性无关的列向量组，再将由 $r$ 个非零行和这 $r$ 个线性无关的列组成的 $r$ 阶子矩阵用初等行变换化为单位矩阵，最后再用如上方法解这个与原方程组同解的方程组（见【例 17】).

**2. 含有参数的齐次线性方程组的解法**

**【例 17】** 求齐次解线性方程组$\begin{cases}x_1+x_2-x_3+x_4=0,\\x_1+2x_2-x_3+2x_4=0,\\x_1-x_2+kx_3-x_4=0,\\-3x_1+2x_2+3x_3+kx_4=0\end{cases}$的全部非零解，其中参数 $k$ 为实常数.

**【解析】** 方法一　对方程组的系数矩阵进行初等行变换.

$$A=\begin{pmatrix}1&1&-1&1\\1&2&-1&2\\1&-1&k&-1\\-3&2&3&k\end{pmatrix}\to\begin{pmatrix}1&1&-1&1\\0&1&0&1\\0&-2&k+1&-2\\0&5&0&k+3\end{pmatrix}\to\begin{pmatrix}1&1&-1&1\\0&1&0&1\\0&0&k+1&0\\0&0&0&k-2\end{pmatrix},$$

要使方程组有非零解，需有 $R(\boldsymbol{A})<4$，所以当 $k=-1$ 或 $k=2$ 时 $R(\boldsymbol{A})<4$，从而方程组有非零解.

当 $k=-1$ 时，$\boldsymbol{A}\to\begin{pmatrix}1&1&-1&1\\0&1&0&1\\0&0&0&1\\0&0&0&0\end{pmatrix}\to\begin{pmatrix}1&0&-1&0\\0&1&0&0\\0&0&0&1\\0&0&0&0\end{pmatrix}$，矩阵 $\boldsymbol{A}$ 的秩为 3，在此取 $x_1$，$x_2$，$x_4$ 为真正未知数（化简后的矩阵 1,2,4 列与前 3 行组成的 3 阶子式不为零），$x_3$ 为自由未知数，与原方程组等价的方程组为 $\begin{cases}x_1=x_3,\\x_2=0,\\x_4=0,\end{cases}$ 即为 $\begin{cases}x_1=x_3,\\x_2=0,\\x_3=x_3,\\x_4=0,\end{cases}$ 得基础解系为 $\boldsymbol{\xi}=\begin{pmatrix}1\\0\\1\\0\end{pmatrix}$，通解为 $\boldsymbol{x}=k\boldsymbol{\xi}$，$k$ 为任意常数.

当 $k=2$ 时，$\boldsymbol{A}\to\begin{pmatrix}1&1&-1&1\\0&1&0&1\\0&0&1&0\\0&0&0&0\end{pmatrix}\to\begin{pmatrix}1&0&0&0\\0&1&0&1\\0&0&1&0\\0&0&0&0\end{pmatrix}$，取 $x_1$，$x_2$，$x_3$ 为真正未知数，与原方程组等价的方程组为 $\begin{cases}x_1=0\\x_2=-x_4\\x_3=0\\x_4=x_4\end{cases}$，得基础解系为 $\boldsymbol{\eta}=\begin{pmatrix}0\\-1\\0\\1\end{pmatrix}$，通解为 $\boldsymbol{x}=c\boldsymbol{\eta}$，$c$ 为任意常数.

方法二　由于此方程组的系数矩阵为 4 阶方阵，所以可以用齐次线性方程组有非零解的充分必要条件为系数矩阵的行列式等于零来求解.

$$|\boldsymbol{A}|=\begin{vmatrix}1&1&-1&1\\1&2&-1&2\\1&-1&k&-1\\-3&2&3&k\end{vmatrix}=(k+1)(k-2)$$

所以当 $k=-1$ 或 $k=2$ 时，$|\boldsymbol{A}|=0$，从而方程组有非零解.

当 $k=-1$ 时，$\boldsymbol{A}=\begin{pmatrix}1&1&-1&1\\1&2&-1&2\\1&-1&-1&-1\\-3&2&3&-1\end{pmatrix}\to\begin{pmatrix}1&0&-1&0\\0&1&0&0\\0&0&0&1\\0&0&0&0\end{pmatrix}$，同上，得基础解系为 $\boldsymbol{\xi}=\begin{pmatrix}1\\0\\1\\0\end{pmatrix}$，通解为 $\boldsymbol{x}=k\boldsymbol{\xi}$，$k$ 为任意常数.

当 $k=2$ 时，$\boldsymbol{A}=\begin{pmatrix}1&1&-1&1\\1&2&-1&2\\1&-1&2&-1\\-3&2&3&2\end{pmatrix}\to\begin{pmatrix}1&0&0&0\\0&1&0&1\\0&0&1&0\\0&0&0&0\end{pmatrix}$，同上，得基础解系为

$\boldsymbol{\eta}=\begin{pmatrix}0\\-1\\0\\1\end{pmatrix}$，通解为 $\boldsymbol{x}=c\boldsymbol{\eta}$，$c$ 为任意常数.

注意　一般来说，当方程组的系数矩阵为方阵时，多采用求系数矩阵行列式的方法来研究．包括求非齐次线性方程组的解时也如此.

**3. 不含参数的非齐次线性方程组的解法**

**【例 18】** 求非齐次线性方程组 $\begin{cases}x_1+x_2+x_3+x_4+x_5=4,\\2x_1+5x_2-x_3+2x_5=-6,\\-x_1-4x_2+2x_3-2x_4+x_5=2,\\2x_1+2x_2+2x_3-x_4+4x_5=0\end{cases}$ 的通解.

**【解析】** 直接考虑增广矩阵 $\boldsymbol{B}=(\boldsymbol{A}\quad \boldsymbol{b})$，对其实行初等行变换.

$$\boldsymbol{B}=\begin{pmatrix}1&1&1&1&1&4\\2&5&-1&0&2&-6\\-1&-4&2&-2&1&2\\2&2&2&-1&4&0\end{pmatrix}\to\begin{pmatrix}1&1&1&1&1&4\\0&3&-3&-2&0&-14\\0&-3&3&-1&2&6\\0&0&0&-3&2&-8\end{pmatrix}$$

$$\to\begin{pmatrix}1&1&1&1&1&4\\0&3&-3&-2&0&-14\\0&0&0&-3&2&-8\\0&0&0&-3&2&-8\end{pmatrix}\to\begin{pmatrix}1&1&1&1&1&4\\0&3&-3&-2&0&-14\\0&0&0&3&-2&8\\0&0&0&0&0&0\end{pmatrix}.$$

可见系数矩阵 $\boldsymbol{A}$ 的秩与增广矩阵 $\boldsymbol{B}$ 的秩相等，且均为 3. 得知线性方程组有无穷多解，对应的齐次线性方程组的基础解系中含有两个向量，又系数矩阵 $\boldsymbol{A}$ 的第 1,2,4 列线性无关，由这 3 列和前 3 行组成的 3 阶子式不为零，对其继续实行初等行变换可以将其化为一个 3 阶单位矩阵．即得

$$\boldsymbol{B}\to\begin{pmatrix}1&1&1&1&1&4\\0&1&-1&-\frac{2}{3}&0&-\frac{14}{3}\\0&0&0&1&-\frac{2}{3}&\frac{8}{3}\\0&0&0&0&0&0\end{pmatrix}\to\begin{pmatrix}1&0&2&0&\frac{19}{9}&\frac{38}{9}\\0&1&-1&0&-\frac{4}{9}&-\frac{26}{9}\\0&0&0&1&-\frac{2}{3}&\frac{8}{3}\\0&0&0&0&0&0\end{pmatrix}.$$

所以可以取 $x_1,x_2,x_4$ 为真正未知数，而 $x_3,x_5$ 为自由未知数．与原方程组对应的方程组改写后为

$$\begin{cases}x_1=-2x_3-\frac{19}{9}x_5+\frac{38}{9},\\x_2=x_3+\frac{4}{9}x_5-\frac{26}{9},\\x_4=\frac{2}{3}x_5+\frac{8}{3},\end{cases}\quad 即\begin{cases}x_1=-2x_3-\frac{19}{9}x_5+\frac{38}{9},\\x_2=x_3+\frac{4}{9}x_5-\frac{26}{9},\\x_3=x_3,\\x_4=\frac{2}{3}x_5+\frac{8}{3},\\x_5=x_5,\end{cases}$$

得齐次方程组的一个基础解系为 $\boldsymbol{\xi}_1=\begin{pmatrix}-2\\1\\1\\0\\0\end{pmatrix}$，$\boldsymbol{\xi}_2=\begin{pmatrix}-19/9\\4/9\\0\\2/3\\1\end{pmatrix}$，非齐次方程组的一个特解为

$\boldsymbol{\eta}=\begin{pmatrix}38/9\\-26/9\\0\\8/3\\0\end{pmatrix}$（自由未知数全取 0 所得），通解为 $\boldsymbol{x}=k_1\boldsymbol{\xi}_1+k_2\boldsymbol{\xi}_2+\boldsymbol{\eta}$，$k_1,k_2$ 为任意常数.

注意　(1) 由于非齐次线性方程组中，当将右边项看成零后，即为齐次线性方程组．所以由原方程组改写后所得的方程组

$$\begin{cases}x_1=-2x_3-\dfrac{19}{9}x_5+\dfrac{38}{9},\\ x_2=x_3+\dfrac{4}{9}x_5-\dfrac{26}{9},\\ x_3=x_3,\\ x_4=\dfrac{2}{3}x_5+\dfrac{8}{3},\\ x_5=x_5\end{cases}$$

中，不考虑 $x_1,x_2,x_3,x_4,x_5$ 的常数项 $\frac{38}{9}$，$-\frac{26}{9}$，$\frac{8}{9}$后，取自由未知数 $x_3,x_5$ 的系数所得到的两个向量 $\boldsymbol{\xi}_1,\boldsymbol{\xi}_2$ 即为齐次线性方程组的一个基础解系，再将自由未知数 $x_3,x_5$ 全取为 0，即可得到非齐次线性方程组的一个特解为 $\boldsymbol{\eta}$（实际上，特解就是改写后的方程组中 $x_1,x_2,x_3,x_4,x_5$ 后边的常数).

(2) 有时为了使基础解系向量中的分量不为分数，自由未知数也可以不取 1，而取某一整数．比如，上例中，取 $x_3=1,x_5=0$ 得 $\boldsymbol{\xi}_1=\begin{pmatrix}-2\\1\\1\\0\\0\end{pmatrix}$；取 $x_3=0,x_5=9$ 得 $\boldsymbol{\xi}_2=\begin{pmatrix}-19\\4\\0\\6\\9\end{pmatrix}$ 也可以作为一个基础解系．同样，求特解 $\boldsymbol{\eta}$ 时，也可以不将自由未知数都取为 0，只是计算时不如直接取 0 简单些.

**4. 含有参数的非齐次解线性方程组的解法**

**【例 19】** 已知线性方程组 $\begin{cases}x_1+x_2-2x_3+3x_4=0,\\ 2x_1+x_2-6x_3+4x_4=-1,\\ 3x_1+2x_2+ax_3+7x_4=-1,\\ x_1-x_2-6x_3-x_4=b,\end{cases}$ 讨论参数 $a,b$ 取何值时，方程组

有解. 有解时求出其通解.

**【解析】** 考虑增广矩阵

$$B=\begin{pmatrix}1&1&-2&3&0\\2&1&-6&4&-1\\3&2&a&7&-1\\1&-1&-6&-1&b\end{pmatrix}\rightarrow\begin{pmatrix}1&1&-2&3&0\\0&-1&-2&-2&-1\\0&-1&a+6&-2&-1\\0&-2&-4&-4&b\end{pmatrix}$$

$$\rightarrow\begin{pmatrix}1&1&-2&3&0\\0&-1&-2&-2&-1\\0&0&a+8&0&0\\0&0&0&0&b+2\end{pmatrix},$$

可见当 $b=-2$ 时，$R(\boldsymbol{A})=R(\boldsymbol{B})$，得知线性方程组有解，$b\neq-2$ 时，线性方程组无解（这里方程组有无解与 $a$ 的取值无关）.

当 $b=-2$ 时，

（1）$a=-8$ 时，$$\boldsymbol{B}\rightarrow\begin{pmatrix}1&1&-2&3&0\\0&-1&-2&-2&-1\\0&0&0&0&0\\0&0&0&0&0\end{pmatrix}\rightarrow\begin{pmatrix}1&0&-4&1&-1\\0&1&2&2&1\\0&0&0&0&0\\0&0&0&0&0\end{pmatrix},$$

得同解方程组

$$\begin{cases}x_1-4x_3+x_4=-1,\\x_2+2x_3+2x_4=1,\end{cases}$$ 选 $x_3,x_4$ 为自由未知数，得 $$\begin{cases}x_1=4x_3-x_4-1,\\x_2=-2x_3-2x_4+1,\\x_3=x_3,\\x_4=x_4,\end{cases}$$

自由未知数 $x_3,x_4$ 的系数构成齐次线性方程组的一个基础解系 $\boldsymbol{\xi}_1=\begin{pmatrix}4\\-2\\1\\0\end{pmatrix}$，$\boldsymbol{\xi}_2=\begin{pmatrix}-1\\-2\\0\\1\end{pmatrix}$；取自由未知数 $x_3=x_4=0$ 得非齐次线性方程组的一个特解 $\boldsymbol{\eta}=\begin{pmatrix}-1\\1\\0\\0\end{pmatrix}$. 得通解为 $\boldsymbol{x}=k_1\boldsymbol{\xi}_1+k_2\boldsymbol{\xi}_2+\boldsymbol{\eta}$，$k_1,k_2$ 为任意常数.

（2）$a\neq-8$ 时，$$\boldsymbol{B}\rightarrow\begin{pmatrix}1&1&-2&3&0\\0&-1&-2&-2&-1\\0&0&1&0&0\\0&0&0&0&0\end{pmatrix}\rightarrow\begin{pmatrix}1&0&0&1&-1\\0&1&0&2&1\\0&0&1&0&0\\0&0&0&0&0\end{pmatrix},$$

得同解方程组 $$\begin{cases}x_1+x_4=-1,\\x_2+2x_4=1,\\x_3=0,\end{cases}$$ 选 $x_4$ 为自由未知数，得 $$\begin{cases}x_1=-x_4-1,\\x_2=-2x_4+1,\\x_3=0,\\x_4=x_4,\end{cases}$$ 自由未知数 $x_4$ 的系数

构成齐次线性方程组的一个基础解系 $\boldsymbol{\xi}_1=\begin{pmatrix}-1\\-2\\0\\1\end{pmatrix}$；取自由未知数 $x_4=0$ 得非齐次线性方程组的一个特解 $\boldsymbol{\eta}=\begin{pmatrix}-1\\1\\0\\0\end{pmatrix}$. 得通解为 $\boldsymbol{x}=k_1\boldsymbol{\xi}_1+\boldsymbol{\eta}$，其中 $k_1$ 为任意常数.

**【例 20】**（2011 年考研题）设向量组 $\boldsymbol{\alpha}_1=(1,0,1)^{\mathrm{T}}$，$\boldsymbol{\alpha}_2=(0,1,1)^{\mathrm{T}}$，$\boldsymbol{\alpha}_3=(1,3,5)^{\mathrm{T}}$ 不能由向量组 $\boldsymbol{\beta}_1=(1,1,1)^{\mathrm{T}}$，$\boldsymbol{\beta}_2=(1,2,3)^{\mathrm{T}}$，$\boldsymbol{\beta}_3=(3,4,a)^{\mathrm{T}}$ 线性表示.

（1）求 $a$ 的值；（2）将 $\boldsymbol{\beta}_1,\boldsymbol{\beta}_2,\boldsymbol{\beta}_3$ 由 $\boldsymbol{\alpha}_1,\boldsymbol{\alpha}_2,\boldsymbol{\alpha}_3$ 线性表示.

**【解析】**（1）由条件知，$\boldsymbol{\beta}_1,\boldsymbol{\beta}_2,\boldsymbol{\beta}_3$ 必定线性相关．否则 $\boldsymbol{\beta}_1,\boldsymbol{\beta}_2,\boldsymbol{\beta}_3$ 可以作为 $\mathbf{R}^3$ 的一个基，从而任意一个 3 维向量必定可以由 $\boldsymbol{\beta}_1,\boldsymbol{\beta}_2,\boldsymbol{\beta}_3$ 线性表示，与条件矛盾．所以有

$$|(\boldsymbol{\beta}_1,\boldsymbol{\beta}_2,\boldsymbol{\beta}_3)|=\begin{vmatrix}1&1&3\\1&2&4\\1&3&a\end{vmatrix}=a-5=0，得 a=5.$$

（2）设
$$(\boldsymbol{\beta}_1,\boldsymbol{\beta}_2,\boldsymbol{\beta}_3)=(\boldsymbol{\alpha}_1,\boldsymbol{\alpha}_2,\boldsymbol{\alpha}_3)\begin{pmatrix}x_1&y_1&z_1\\x_2&y_2&z_2\\x_3&y_3&z_3\end{pmatrix},$$

得
$$\begin{pmatrix}x_1&y_1&z_1\\x_2&y_2&z_2\\x_3&y_3&z_3\end{pmatrix}=(\boldsymbol{\alpha}_1,\boldsymbol{\alpha}_2,\boldsymbol{\alpha}_3)^{-1}(\boldsymbol{\beta}_1,\boldsymbol{\beta}_2,\boldsymbol{\beta}_3),$$

所以用“第三章内容要点(二)主要结论”7(5)中介绍的初等变换法方程组和解矩阵方程的方法，

$$(\boldsymbol{\alpha}_1,\boldsymbol{\alpha}_2,\boldsymbol{\alpha}_3,\boldsymbol{\beta}_1,\boldsymbol{\beta}_2,\boldsymbol{\beta}_3)=\begin{pmatrix}1&0&1&1&1&3\\0&1&3&1&2&4\\1&1&5&1&3&5\end{pmatrix}\to\begin{pmatrix}1&0&1&1&1&3\\0&1&3&1&2&4\\0&0&1&-1&0&-2\end{pmatrix}$$
$$\to\begin{pmatrix}1&0&0&2&1&5\\0&1&0&4&2&10\\0&0&1&-1&0&-2\end{pmatrix},$$

得
$$\boldsymbol{\beta}_1=2\boldsymbol{\alpha}_1+4\boldsymbol{\alpha}_2-\boldsymbol{\alpha}_3；\ \boldsymbol{\beta}_2=\boldsymbol{\alpha}_1+2\boldsymbol{\alpha}_2；\ \boldsymbol{\beta}_3=5\boldsymbol{\alpha}_1+10\boldsymbol{\alpha}_2-2\boldsymbol{\alpha}_3.$$

注意　若 $n$ 维向量 $\boldsymbol{\beta}$ 不能由 $n$ 维向量组 $\boldsymbol{\alpha}_1,\boldsymbol{\alpha}_2,\cdots,\boldsymbol{\alpha}_n$ 线性表示，可得到：（1）向量组 $\boldsymbol{\alpha}_1,\boldsymbol{\alpha}_2,\cdots,\boldsymbol{\alpha}_n$ 必定线性相关；（2）方程组 $x_1\boldsymbol{\alpha}_1+x_2\boldsymbol{\alpha}_2+\cdots+x_n\boldsymbol{\alpha}_n=\boldsymbol{\beta}$ 无解.

**5. 抽象线性方程组的解法**

**【例 21】** 已知 4 阶矩阵 $\boldsymbol{A}=(\boldsymbol{\alpha}_1,\boldsymbol{\alpha}_2,\boldsymbol{\alpha}_3,\boldsymbol{\alpha}_4)$，其中 $\boldsymbol{\alpha}_1,\boldsymbol{\alpha}_2,\boldsymbol{\alpha}_3,\boldsymbol{\alpha}_4$ 均为 4 维向量，且 $\boldsymbol{\alpha}_2,\boldsymbol{\alpha}_3,\boldsymbol{\alpha}_4$ 线性无关，又 $\boldsymbol{\alpha}_1=2\boldsymbol{\alpha}_2-\boldsymbol{\alpha}_3$，如果 $\boldsymbol{\beta}=\boldsymbol{\alpha}_1+\boldsymbol{\alpha}_2+\boldsymbol{\alpha}_3+\boldsymbol{\alpha}_4$，求线性方程组 $\boldsymbol{Ax}=\boldsymbol{\beta}$ 的通解.

**【解析】** 由于 $\boldsymbol{x}=\begin{pmatrix}x_1\\x_2\\x_3\\x_4\end{pmatrix}$，$\boldsymbol{Ax}=(\boldsymbol{\alpha}_1,\boldsymbol{\alpha}_2,\boldsymbol{\alpha}_3,\boldsymbol{\alpha}_4)\begin{pmatrix}x_1\\x_2\\x_3\\x_4\end{pmatrix}=\boldsymbol{\beta}$,

又 $\boldsymbol{\beta}=\boldsymbol{\alpha}_1+\boldsymbol{\alpha}_2+\boldsymbol{\alpha}_3+\boldsymbol{\alpha}_4=(\boldsymbol{\alpha}_1,\boldsymbol{\alpha}_2,\boldsymbol{\alpha}_3,\boldsymbol{\alpha}_4)\begin{pmatrix}1\\1\\1\\1\end{pmatrix}$，所以 $\boldsymbol{\eta}=\begin{pmatrix}1\\1\\1\\1\end{pmatrix}$ 为 $\boldsymbol{A}\boldsymbol{x}=\boldsymbol{\beta}$ 的一个特解.

又因为 $\boldsymbol{\alpha}_2,\boldsymbol{\alpha}_3,\boldsymbol{\alpha}_4$ 线性无关，且由 $\boldsymbol{\alpha}_1=2\boldsymbol{\alpha}_2-\boldsymbol{\alpha}_3$ 知 $\boldsymbol{\alpha}_1,\boldsymbol{\alpha}_2,\boldsymbol{\alpha}_3,\boldsymbol{\alpha}_4$ 线性相关，得 $R(\boldsymbol{A})=3<4$. 所以齐次线性方程组 $\boldsymbol{A}\boldsymbol{x}=\boldsymbol{0}$ 的基础解系中含有一个向量．又由 $\boldsymbol{\alpha}_1=2\boldsymbol{\alpha}_2-\boldsymbol{\alpha}_3$ 得知

$$\boldsymbol{\alpha}_1-2\boldsymbol{\alpha}_2+\boldsymbol{\alpha}_3=(\boldsymbol{\alpha}_1,\boldsymbol{\alpha}_2,\boldsymbol{\alpha}_3,\boldsymbol{\alpha}_4)\begin{pmatrix}1\\-2\\1\\0\end{pmatrix}=\boldsymbol{A}\begin{pmatrix}1\\-2\\1\\0\end{pmatrix}=\boldsymbol{0}\text{，即 }\boldsymbol{\xi}=\begin{pmatrix}1\\-2\\1\\0\end{pmatrix}\text{ 为 }\boldsymbol{A}\boldsymbol{x}=\boldsymbol{0}\text{ 的一个非零解，}$$

取 $\boldsymbol{\xi}$ 为基础解系，得线性方程组 $\boldsymbol{A}\boldsymbol{x}=\boldsymbol{\beta}$ 的通解为 $\begin{pmatrix}x_1\\x_2\\x_3\\x_4\end{pmatrix}=k\begin{pmatrix}1\\-2\\1\\0\end{pmatrix}+\begin{pmatrix}1\\1\\1\\1\end{pmatrix}$，其中 $k$ 为任意常数.

**【例 22】** 已知四元非齐次线性方程组 $\boldsymbol{A}\boldsymbol{x}=\boldsymbol{b}$ 的 3 个解是 $\boldsymbol{\eta}_1,\boldsymbol{\eta}_2,\boldsymbol{\eta}_3$，且 $\boldsymbol{\eta}_1=(1,2,3,4)^{\mathrm{T}}$，$\boldsymbol{\eta}_2+\boldsymbol{\eta}_3=(3,5,7,9)^{\mathrm{T}}$，$R(\boldsymbol{A})=3$，求方程组的通解.

**【解析】** 根据非齐次线性方程组 $\boldsymbol{A}\boldsymbol{x}=\boldsymbol{b}$ 解的结构知，只需求得齐次线性方程组 $\boldsymbol{A}\boldsymbol{x}=\boldsymbol{0}$ 的基础解系即可．又 $R(\boldsymbol{A})=3$，且为四元线性方程组，得知基础解中含有一个向量．由于 $\boldsymbol{A}\boldsymbol{\eta}_1=\boldsymbol{A}\boldsymbol{\eta}_2=\boldsymbol{A}\boldsymbol{\eta}_3=\boldsymbol{b}$，所以 $\boldsymbol{A}\cdot[2\boldsymbol{\eta}_1-(\boldsymbol{\eta}_2+\boldsymbol{\eta}_3)]=(2\boldsymbol{b}-2\boldsymbol{b})=0$，得知

$$\boldsymbol{\xi}=2\boldsymbol{\eta}_1-(\boldsymbol{\eta}_2+\boldsymbol{\eta}_3)=\begin{pmatrix}-1\\-1\\-1\\-1\end{pmatrix}\text{为 }\boldsymbol{A}\boldsymbol{x}=\boldsymbol{0}\text{ 的解，}$$

从而可作为齐次线性方程组 $\boldsymbol{A}\boldsymbol{x}=\boldsymbol{0}$ 的基础解系，故得非齐次线性方程组 $\boldsymbol{A}\boldsymbol{x}=\boldsymbol{b}$ 通解为

$$\begin{pmatrix}x_1\\x_2\\x_3\\x_4\end{pmatrix}=k\begin{pmatrix}-1\\-1\\-1\\-1\end{pmatrix}+\begin{pmatrix}1\\2\\3\\4\end{pmatrix}\text{，其中 }k\text{ 为任意常数.}$$

**【例 23】** 设齐次线性方程组 $\begin{cases}a_{11}x_1+a_{12}x_2+\cdots+a_{1n}x_n=0,\\a_{21}x_1+a_{22}x_2+\cdots+a_{2n}x_n=0,\\\cdots\cdots\cdots\cdots\cdots\cdots\\a_{n1}x_1+a_{n2}x_2+\cdots+a_{nn}x_n=0\end{cases}$ 的系数矩阵的行列式 $|\boldsymbol{A}|=0$，而 $\boldsymbol{A}$ 中第 $n$ 行某个元素 $a_{ni}(1\leqslant i\leqslant n)$ 的代数余子式 $\boldsymbol{A}_{ni}\neq0$，试证 $(\boldsymbol{A}_{n1},\boldsymbol{A}_{n2},\cdots,\boldsymbol{A}_{nn})^{\mathrm{T}}$ 为此齐次线性方程组的一个基础解系.

**【证明】** 由于 $|\boldsymbol{A}|=0$，而 $\boldsymbol{A}_{ni}\neq0$，得知 $\boldsymbol{A}$ 中有一个 $n-1$ 阶子式不等于零，所以 $R(\boldsymbol{A})=n-1$，从而方程组的基础解系中含有一个向量．又由第一章行列式展开定理及其推论知

$$a_{i1}A_{k1}+a_{i2}A_{k2}+\cdots+a_{in}A_{kn}=\begin{cases}|A|=0, & i=k,\\ 0, & i\neq k\end{cases}\quad(i=1,2,\cdots,n),$$

得到 $a_{i1}A_{n1}+a_{i2}A_{n2}+\cdots+a_{in}A_{nn}=\mathbf{0}(i=1,2,\cdots,n)$，即 $\begin{pmatrix}a_{11} & a_{12} & \cdots & a_{1n}\\ a_{21} & a_{22} & \cdots & a_{2n}\\ \cdots & \cdots & \cdots & \cdots\\ a_{n1} & a_{n2} & \cdots & a_{nn}\end{pmatrix}\begin{pmatrix}A_{n1}\\ A_{n2}\\ \vdots\\ A_{nn}\end{pmatrix}=\mathbf{0}.$

故$(A_{n1},A_{n2},\cdots,A_{nn})^{\mathrm{T}}$为方程组的一个非零解．所以$(A_{n1},A_{n2},\cdots,A_{nn})^{\mathrm{T}}$为此齐次线性方程组的一个基础解系.

**【例 24】** 设$\boldsymbol{\alpha}_1,\boldsymbol{\alpha}_2,\cdots,\boldsymbol{\alpha}_s$为齐次线性方程组$A\boldsymbol{x}=\mathbf{0}$的一个基础解系，$\boldsymbol{\beta}_1=t_1\boldsymbol{\alpha}_1+t_2\boldsymbol{\alpha}_2$，$\boldsymbol{\beta}_2=t_1\boldsymbol{\alpha}_2+t_2\boldsymbol{\alpha}_3$，$\cdots$，$\boldsymbol{\beta}_s=t_1\boldsymbol{\alpha}_s+t_2\boldsymbol{\alpha}_1$，其中$t_1,t_2$为实数．问当$t_1,t_2$满足什么条件时，$\boldsymbol{\beta}_1$，$\boldsymbol{\beta}_2,\cdots,\boldsymbol{\beta}_s$也为齐次线性方程组$A\boldsymbol{x}=\mathbf{0}$的一个基础解系.

**【解析】** 首先，由齐次线性方程组$A\boldsymbol{x}=\mathbf{0}$解的性质知，$\boldsymbol{\beta}_1,\boldsymbol{\beta}_2,\cdots,\boldsymbol{\beta}_s$均为$A\boldsymbol{x}=\mathbf{0}$的解．所以只需证明$\boldsymbol{\beta}_1,\boldsymbol{\beta}_2,\cdots,\boldsymbol{\beta}_s$线性无关．设有$k_1,k_2,\cdots,k_s$，使得$k_1\boldsymbol{\beta}_1+k_2\boldsymbol{\beta}_2+\cdots+k_s\boldsymbol{\beta}_s=\mathbf{0}$，即有

$$(t_1k_1+t_2k_s)\boldsymbol{\alpha}_1+(t_2k_1+t_1k_2)\boldsymbol{\alpha}_2+\cdots+(t_2k_{s-1}+t_1k_s)\boldsymbol{\alpha}_s=\mathbf{0}$$

成立，又因为$\boldsymbol{\alpha}_1,\boldsymbol{\alpha}_2,\cdots,\boldsymbol{\alpha}_s$线性无关，得

$$\begin{cases}t_1k_1+t_2k_s=0,\\ t_2k_1+t_2k_2=0,\\ \cdots\cdots\cdots\cdots\\ t_2k_{s-1}+t_1k_s=0,\end{cases}$$

关于$k_1,k_2,\cdots,k_s$的齐次线性方程组的系数行列式

$$\begin{vmatrix}t_1 & 0 & \cdots & 0 & t_2\\ t_2 & t_1 & 0 & \cdots & 0\\ 0 & t_2 & t_1 & \cdots & 0\\ \cdots & \cdots & \cdots & \cdots & \cdots\\ 0 & 0 & \cdots & t_2 & t_1\end{vmatrix}=t_1^s+(-1)^{s+1}t_2^s,$$

所以当$t_1^s+(-1)^{s+1}t_2^s\neq0$，即$s$为偶数时$t_1\neq\pm t_2$，$s$为奇数时$t_1\neq-t_2$时，方程组有唯一零解，从而$\boldsymbol{\beta}_1,\boldsymbol{\beta}_2,\cdots,\boldsymbol{\beta}_s$线性无关，此时$\boldsymbol{\beta}_1,\boldsymbol{\beta}_2,\cdots,\boldsymbol{\beta}_s$为齐次线性方程组$A\boldsymbol{x}=\mathbf{0}$的一个基础解系.

*注意* 由于$\boldsymbol{\alpha}_1,\boldsymbol{\alpha}_2,\cdots,\boldsymbol{\alpha}_s$为齐次线性方程组$A\boldsymbol{x}=\mathbf{0}$的一个基础解系，所以线性无关．由本章主要定理、结论(14)知，$\boldsymbol{\beta}_1,\boldsymbol{\beta}_2,\cdots,\boldsymbol{\beta}_s$线性无关的充要条件是行列式

$$\begin{vmatrix}t_1 & 0 & \cdots & 0 & t_2\\ t_2 & t_1 & 0 & \cdots & 0\\ 0 & t_2 & t_1 & \cdots & 0\\ \cdots & \cdots & \cdots & \cdots & \cdots\\ 0 & 0 & \cdots & t_2 & t_1\end{vmatrix}=t_1^s+(-1)^{s+1}t_2^s,$$

也可证明.

**【例 25】** 设四元齐次线性方程组（Ⅰ）为$\begin{cases}x_1+x_2=0,\\ x_2-x_4=0,\end{cases}$又已知某齐次线性方程组（Ⅱ）的通解为$k_1(0,1,1,0)^{\mathrm{T}}+k_2(-1,2,2,1)^{\mathrm{T}}$．(1) 求齐次线性方程组（Ⅰ）的基础解系；(2) 问线性方程组（Ⅰ）和（Ⅱ）是否有非零公共解？若有，求出所有的非零公共解．若没

有，说明理由.

【解析】(1)(Ⅰ)的系数矩阵为 $A=\begin{pmatrix}1&1&0&0\\0&1&0&-1\end{pmatrix}\rightarrow\begin{pmatrix}1&0&0&1\\0&1&0&-1\end{pmatrix}$，得(Ⅰ)的通解为

$$k_3(0,0,1,0)^{\mathrm{T}}+k_4(-1,1,0,1)^{\mathrm{T}}，其中 k_3,k_4 为任意常数.$$

(2) 是否有非零公共解，就是适当选择通解中的两个任意常数，能否使其解相等．为此令 $k_1(0,1,1,0)^{\mathrm{T}}+k_2(-1,2,2,1)^{\mathrm{T}}=k_3(0,0,1,0)^{\mathrm{T}}+k_4(-1,1,0,1)^{\mathrm{T}}$，

得
$$\begin{cases}-k_2=-k_4,\\k_1+2k_2=k_4,\\k_1+2k_2=k_3,\\k_2=k_4,\end{cases}$$

解之，$k_2=k_4=k_3$，$k_1=-k_4$，令 $k_4=k$，得非零公共解为 $k(0,0,1,0)^{\mathrm{T}}+k(-1,1,0,1)^{\mathrm{T}}=k(-1,1,1,1)^{\mathrm{T}}$，其中 $k$ 为任意常数.

注意　求所有的非零公共解，也可以用将(Ⅱ)的通解 $k_1(0,1,1,0)^{\mathrm{T}}+k_2(-1,2,2,1)^{\mathrm{T}}$ 直接代入方程组(Ⅰ)，代入后，若能有解，则说明有非零公共解，否则说明无非零公共解.

## 三、疑难解析

(1) 向量组 $\boldsymbol{\alpha}_1,\boldsymbol{\alpha}_2,\cdots,\boldsymbol{\alpha}_m$ 线性相关，是指存在一组不全为零的数 $k_1,k_2,\cdots,k_m$，使得 $k_1\boldsymbol{\alpha}_1+k_2\boldsymbol{\alpha}_2+\cdots+k_m\boldsymbol{\alpha}_m=\mathbf{0}$ 成立，并非是对于任意一组不全为零的数 $k_1,k_2,\cdots,k_m$ 都有 $k_1\boldsymbol{\alpha}_1+k_2\boldsymbol{\alpha}_2+\cdots+k_m\boldsymbol{\alpha}_m=\mathbf{0}$ 成立．比如：$\boldsymbol{\alpha}_1=(1,1,0)^{\mathrm{T}}$，$\boldsymbol{\alpha}_2=(2,2,0)^{\mathrm{T}}\boldsymbol{\alpha}_3=(0,0,1)^{\mathrm{T}}$，就有当 $k_1=2,k_2=-1,k_3=0$ 时，$k_1\boldsymbol{\alpha}_1+k_2\boldsymbol{\alpha}_2+k_3\boldsymbol{\alpha}_3=\mathbf{0}$，当然 $k_1=4,k_2=-2,k_3=0$ 时，也有 $k_1\boldsymbol{\alpha}_1+k_2\boldsymbol{\alpha}_2+k_3\boldsymbol{\alpha}_3=\mathbf{0}$ 成立．而取 $k_1=2,k_2=-1,k_3=1$ 时，$k_1\boldsymbol{\alpha}_1+k_2\boldsymbol{\alpha}_2+k_3\boldsymbol{\alpha}_3\neq\mathbf{0}$．只要存在一组不全为零的数 $k_1,k_2,\cdots,k_m$，使得 $k_1\boldsymbol{\alpha}_1+k_2\boldsymbol{\alpha}_2+\cdots+k_m\boldsymbol{\alpha}_m=\mathbf{0}$ 成立，那么这组数就不是唯一的．因为凡是这组数的某一倍数都可以使得 $k_1\boldsymbol{\alpha}_1+k_2\boldsymbol{\alpha}_2+\cdots+k_m\boldsymbol{\alpha}_m=\mathbf{0}$ 成立.

(2) 如果向量组 $\boldsymbol{\alpha}_1,\boldsymbol{\alpha}_2,\cdots,\boldsymbol{\alpha}_m$ $(m\geqslant2)$ 是线性相关的，只能说其中至少有一个向量能由其余 $m-1$ 个向量线性表示，并非是其中每一个向量（也非指只有一个向量）都可由其余向量线性表示，也不能说具体就是某一个向量能由其余 $m-1$ 个向量线性表示．比如，以上的向量组 $\boldsymbol{\alpha}_1=(1,1,0)^{\mathrm{T}},\boldsymbol{\alpha}_2=(2,2,0)^{\mathrm{T}}$，$\boldsymbol{\alpha}_3=(0,0,1)^{\mathrm{T}}$ 显然线性相关，可以看出 $\boldsymbol{\alpha}_1,\boldsymbol{\alpha}_2$ 均可以分别由 $\boldsymbol{\alpha}_2,\boldsymbol{\alpha}_3$ 及 $\boldsymbol{\alpha}_1,\boldsymbol{\alpha}_3$ 线性表示，但 $\boldsymbol{\alpha}_3$ 不能由 $\boldsymbol{\alpha}_1,\boldsymbol{\alpha}_2$ 线性表示．到底是只有一个向量还是任意一个向量完全由具体向量组来决定.

(3) 如果向量组 $\boldsymbol{\alpha}_1,\boldsymbol{\alpha}_2,\cdots,\boldsymbol{\alpha}_m$ 线性相关，且向量组 $\boldsymbol{\beta}_1,\boldsymbol{\beta}_2,\cdots,\boldsymbol{\beta}_m$ 也线性相关，但不能说存在一组不全为零的数 $k_1,k_2,\cdots,k_m$，使得 $k_1\boldsymbol{\alpha}_1+k_2\boldsymbol{\alpha}_2+\cdots+k_m\boldsymbol{\alpha}_m=\mathbf{0}$ 和 $k_1\boldsymbol{\beta}_1+k_2\boldsymbol{\beta}_2+\cdots+k_m\boldsymbol{\beta}_m=\mathbf{0}$ 同时成立．因为不全为零的数 $k_1,k_2,\cdots,k_m$ 的取法一般与具体的向量组有关．使 $k_1\boldsymbol{\alpha}_1+k_2\boldsymbol{\alpha}_2+\cdots+k_m\boldsymbol{\alpha}_m=\mathbf{0}$ 的一组不全为零的数 $k_1,k_2,\cdots,k_m$，对另一线性相关的向量组 $\boldsymbol{\beta}_1,\boldsymbol{\beta}_2,\cdots,\boldsymbol{\beta}_m$ 并不一定能有 $k_1\boldsymbol{\beta}_1+k_2\boldsymbol{\beta}_2+\cdots+k_m\boldsymbol{\beta}_m=\mathbf{0}$ 成立．例如：向量组 $\boldsymbol{\alpha}_1=(1,1,0)^{\mathrm{T}}$，$\boldsymbol{\alpha}_2=(2,2,0)^{\mathrm{T}},\boldsymbol{\alpha}_3=(0,0,1)^{\mathrm{T}}$ 线性相关，向量组 $\boldsymbol{\beta}_1=(1,0,0)^{\mathrm{T}}$，$\boldsymbol{\beta}_2=(-1,0,0)^{\mathrm{T}}$，$\boldsymbol{\beta}_3=(0,1,1)^{\mathrm{T}}$ 也线性相关，当 $k_1=2$，$k_2=-1$，$k_3=0$ 时，$k_1\boldsymbol{\alpha}_1+k_2\boldsymbol{\alpha}_2+k_3\boldsymbol{\alpha}_3=\mathbf{0}$ 成立，而 $2\boldsymbol{\beta}_1-\boldsymbol{\beta}_2+0\boldsymbol{\beta}=(3,0,0)^{\mathrm{T}}\neq0$ 事实上，当 $k_1=1$，$k_2=1$，$k_3=0$ 时，有 $k_1\boldsymbol{\beta}_1+k_2\boldsymbol{\beta}_2+k_3\boldsymbol{\beta}_3=\mathbf{0}$.

(4) 设有向量组 $\boldsymbol{\alpha}_1,\boldsymbol{\alpha}_2,\cdots,\boldsymbol{\alpha}_m$ $(m\geqslant2)$，如果从其中任取 $r$ 个向量 $(r<m)$ 所组成的部

分向量组都线性无关，那么这个向量组本身不一定是线性无关的．但是，若已知向量组 $\boldsymbol{\alpha}_1$，$\boldsymbol{\alpha}_2,\cdots,\boldsymbol{\alpha}_m$（$m\geqslant 2$）线性无关，则从其中任取 $r$ 个向量（$r<m$）所组成的部分向量组一定都线性无关．这就是我们常说的“整体无关，部分无关”，或称“部分相关，整体也相关”．例如，向量组 $\boldsymbol{\alpha}_1=(1,0,0)^{\mathrm{T}}$，$\boldsymbol{\alpha}_2=(1,0,1)^{\mathrm{T}}$，$\boldsymbol{\alpha}_3=(0,0,1)^{\mathrm{T}}$，任意单个向量或两个向量组成的向量组，都是线性无关的，但由于 $\boldsymbol{\alpha}_1-\boldsymbol{\alpha}_2+\boldsymbol{\alpha}_3=\mathbf{0}$，显然向量组是线性相关的．

（5）判断一个向量 $\boldsymbol{\beta}$ 能否用另一向量组 $\boldsymbol{\alpha}_1$，$\boldsymbol{\alpha}_2$，…，$\boldsymbol{\alpha}_m$ 线性表示，通常是将其转化为线性方程组，考虑此线性方程组是否有解的问题．即设 $x_1\boldsymbol{\alpha}_1+x_2\boldsymbol{\alpha}_2+\cdots+x_m\boldsymbol{\alpha}_m=\boldsymbol{\beta}$，将向量组及向量 $\boldsymbol{\beta}$ 代入后得一个非齐次线性方程组 $\boldsymbol{A}\boldsymbol{x}=\boldsymbol{\beta}$，其中 $\boldsymbol{A}=(\boldsymbol{\alpha}_1,\boldsymbol{\alpha}_2,\cdots,\boldsymbol{\alpha}_m)$，然后根据第三章判别非齐次线性方程组解的方法，判别 $\boldsymbol{A}\boldsymbol{x}=\boldsymbol{\beta}$ 是否有解．若无解，则向量 $\boldsymbol{\beta}$ 不能由向量组 $\boldsymbol{\alpha}_1,\boldsymbol{\alpha}_2,\cdots,\boldsymbol{\alpha}_m$ 线性表示；若有解，则向量 $\boldsymbol{\beta}$ 能由向量组 $\boldsymbol{\alpha}_1,\boldsymbol{\alpha}_2,\cdots,\boldsymbol{\alpha}_m$ 线性表示；此时，若有唯一解，则向量 $\boldsymbol{\beta}$ 能由向量组 $\boldsymbol{\alpha}_1,\boldsymbol{\alpha}_2,\cdots,\boldsymbol{\alpha}_m$ 唯一线性表示；若有无穷多组解，则向量 $\boldsymbol{\beta}$ 能由向量组 $\boldsymbol{\alpha}_1,\boldsymbol{\alpha}_2,\cdots,\boldsymbol{\alpha}_m$ 线性表示，且有无穷多种表示方法．

## 四、强化练习题

### ☆ A 题 ☆

**（一）填空题**

1. 向量组 $\boldsymbol{\alpha}=(x_1,x_2)^{\mathrm{T}},\boldsymbol{\beta}=(y_1,y_2)^{\mathrm{T}}$ 线性无关的充要条件是________．

2. 设向量组 $\boldsymbol{\alpha}_1=(1,2,3)^{\mathrm{T}}$，$\boldsymbol{\alpha}_2=(3,-1,2)^{\mathrm{T}}$，$\boldsymbol{\alpha}_3=(2,3,c)^{\mathrm{T}}$ 线性无关，则 $c$ 满足________．

3. 设行向量组 $\boldsymbol{\alpha}_1^{\mathrm{T}}=(1,2,3,0)$，$\boldsymbol{\alpha}_2^{\mathrm{T}}=(2,3,0,1)$，$\boldsymbol{\alpha}_3^{\mathrm{T}}=(3,1,a,2)$，$\boldsymbol{\alpha}_4^{\mathrm{T}}=(0,1,2,3)$ 线性相关，则 $a=$________．

4. 若向量组 $\boldsymbol{\alpha},\boldsymbol{\beta},\boldsymbol{\gamma}$ 线性无关，$\boldsymbol{\alpha},\boldsymbol{\beta},\boldsymbol{\delta}$ 线性相关，则 $\boldsymbol{\delta}$ ________（一定，不一定，一定不）能由 $\boldsymbol{\alpha},\boldsymbol{\beta},\boldsymbol{\gamma}$ 线性表示．

5. 设 $\boldsymbol{\alpha}_1=\begin{pmatrix}1\\1\end{pmatrix},\boldsymbol{\alpha}_2=\begin{pmatrix}0\\1\end{pmatrix},\boldsymbol{\alpha}_3=\begin{pmatrix}8\\9\end{pmatrix}$，则 $\boldsymbol{\alpha}_1,\boldsymbol{\alpha}_2,\boldsymbol{\alpha}_3$ 线性________关．

6. 齐次线性方程组 $x_1-x_2=0$ 的一个基础解系为__________．

7. 已知 $\boldsymbol{\alpha}_1,\boldsymbol{\alpha}_2$ 为齐次线性方程组 $\boldsymbol{A}\boldsymbol{x}=\mathbf{0}$ 的一个基础解系，又 $\boldsymbol{\beta}_1=\boldsymbol{\alpha}_1-\boldsymbol{\alpha}_2$，$\boldsymbol{\beta}_2=\boldsymbol{\alpha}_1+\lambda\boldsymbol{\alpha}_2$ 也是 $\boldsymbol{A}\boldsymbol{x}=\mathbf{0}$ 的一个基础解系，则 $\lambda$ 满足__________．

8. 若 $\boldsymbol{\alpha}$ 为 $\boldsymbol{A}\boldsymbol{x}=\mathbf{0}$ 的解，$\eta$ 为 $\boldsymbol{A}\boldsymbol{x}=\boldsymbol{b}$ 的解，$\boldsymbol{\alpha}+\boldsymbol{\eta}$ 为__________的解．

9. 已知 $\boldsymbol{\alpha}_1$，$\boldsymbol{\alpha}_2$ 为非齐次线性方程组 $\boldsymbol{A}\boldsymbol{x}=\boldsymbol{b}$ 的两个解，又 $k_1\boldsymbol{\alpha}_1+k_2\boldsymbol{\alpha}_2$（$k_1,k_2$ 为实数）也为 $\boldsymbol{A}\boldsymbol{x}=\boldsymbol{b}$ 的解，则 $k_1$，$k_2$ 满足__________．

**（二）选择题**

1. 设有向量组 $\boldsymbol{\alpha}_1,\boldsymbol{\alpha}_2,\cdots,\boldsymbol{\alpha}_m$，则下列说法正确的是________．

（A）若向量组线性无关，则 $\boldsymbol{\alpha}_1$ 不能由 $\boldsymbol{\alpha}_2,\boldsymbol{\alpha}_3,\cdots,\boldsymbol{\alpha}_m$ 线性表示

（B）若向量组线性相关，则 $\boldsymbol{\alpha}_1$ 能由 $\boldsymbol{\alpha}_2,\boldsymbol{\alpha}_3,\cdots,\boldsymbol{\alpha}_m$ 线性表示

（C）若向量组线性无关，则每个向量减少一个分量后所得向量组也线性无关

（D）若向量组中含有零向量必然线性相关，若向量组中不含零向量必然线性无关

2. 设有向量组 $\boldsymbol{\alpha}_1,\boldsymbol{\alpha}_2,\cdots,\boldsymbol{\alpha}_m$，则下列说法正确的是________．

（A）若 $\boldsymbol{\alpha}_m$ 不能由 $\boldsymbol{\alpha}_1,\boldsymbol{\alpha}_2,\cdots,\boldsymbol{\alpha}_{m-1}$ 线性表示，则向量组线性无关

(B) 若向量组中任意 $r(r\leqslant m)$ 个向量都线性无关，则向量组线性无关

(C) 若向量组线性无关，则 $\boldsymbol{\alpha}_1+\boldsymbol{\alpha}_2,\boldsymbol{\alpha}_2+\boldsymbol{\alpha}_3,\cdots,\boldsymbol{\alpha}_{m-1}+\boldsymbol{\alpha}_m,\boldsymbol{\alpha}_m+\boldsymbol{\alpha}_1$ 也线性无关

(D) 若向量组与 $\boldsymbol{\beta}_1,\boldsymbol{\beta}_2,\cdots,\boldsymbol{\beta}_m$ 等价，则向量组必然线性无关

3. 若向量组 $\boldsymbol{\alpha}_1,\boldsymbol{\alpha}_2,\boldsymbol{\alpha}_3$ 与 $\boldsymbol{\beta}_1,\boldsymbol{\beta}_2$ 等价，则下列说法正确的是________.

(A) 向量组 $\boldsymbol{\alpha}_1,\boldsymbol{\alpha}_2,\boldsymbol{\alpha}_3$ 与 $\boldsymbol{\beta}_1,\boldsymbol{\beta}_2$ 都线性无关

(B) 向量组 $\boldsymbol{\alpha}_1,\boldsymbol{\alpha}_2,\boldsymbol{\alpha}_3$ 与 $\boldsymbol{\beta}_1,\boldsymbol{\beta}_2$ 都线性相关

(C) 向量组 $\boldsymbol{\alpha}_1,\boldsymbol{\alpha}_2,\boldsymbol{\alpha}_3$ 线性相关，而 $\boldsymbol{\beta}_1,\boldsymbol{\beta}_2$ 线性无关

(D) 向量组 $\boldsymbol{\alpha}_1,\boldsymbol{\alpha}_2,\boldsymbol{\alpha}_3$ 线性相关，而 $\boldsymbol{\beta}_1,\boldsymbol{\beta}_2$ 的线性相关性不能确定

4. 向量组 $\boldsymbol{\alpha}_1,\boldsymbol{\alpha}_2,\cdots,\boldsymbol{\alpha}_m$ 线性相关的充分必要条件是________.

(A) 向量组中含有零向量

(B) 向量组中存在某两个向量成比例

(C) 存在全不为零的 $m$ 个数 $k_1,k_2,\cdots,k_m$，使 $k_1\boldsymbol{\alpha}_1+k_2\boldsymbol{\alpha}_2+\cdots+k_m\boldsymbol{\alpha}_m=\mathbf{0}$

(D) 向量组中至少存在某一向量可以由其余向量线性表示

5. 向量组 $\boldsymbol{\alpha}_1,\boldsymbol{\alpha}_2,\cdots,\boldsymbol{\alpha}_m$ 线性无关的充分条件是________.

(A) 向量组 $\boldsymbol{\alpha}_1,\boldsymbol{\alpha}_2,\cdots,\boldsymbol{\alpha}_m$ 中不含有零向量

(B) 向量组 $\boldsymbol{\alpha}_1,\boldsymbol{\alpha}_2,\cdots,\boldsymbol{\alpha}_m$ 中至少存在某一向量不能由其余向量线性表示

(C) 向量组 $\boldsymbol{\alpha}_1,\boldsymbol{\alpha}_2,\cdots,\boldsymbol{\alpha}_m$ 的任意部分向量组线性无关

(D) 向量组 $\boldsymbol{\alpha}_1,\boldsymbol{\alpha}_2,\cdots,\boldsymbol{\alpha}_m$ 中任意两个向量都不成比例.

6. 若向量 $\boldsymbol{\beta}=(0,-1,-5,8)^{\mathrm{T}}$ 能由向量组 $\boldsymbol{\alpha}_1=(1,0,-2,3)^{\mathrm{T}}$，$\boldsymbol{\alpha}_2=(2,1,1,-2)^{\mathrm{T}}$ 线性表示，则有 $k_1,k_2$ 分别为________.

(A) $k_1=1,k_2=2$　　(B) $k_1=2,k_2=1$

(C) $k_1=2,k_2=-1$　　(D) $k_1=-1,k_2=2$.

7. 已知向量组 $\boldsymbol{\alpha}_1,\boldsymbol{\alpha}_2$ 线性无关，又 $\boldsymbol{\beta}_1=\boldsymbol{\alpha}_1+\boldsymbol{\alpha}_2$，$\boldsymbol{\beta}_2=\boldsymbol{\alpha}_1-\boldsymbol{\alpha}_2$，则 $\boldsymbol{\beta}_1,\boldsymbol{\beta}_2$________.

(A) 线性相关　　(B) 线性无关

(C) 对应分量成比例　　(D) $\boldsymbol{\alpha}_1=\boldsymbol{\beta}_1+\boldsymbol{\beta}_2$，$\boldsymbol{\alpha}_2=\boldsymbol{\beta}_1-\boldsymbol{\beta}_2$

8. 设矩阵 $\boldsymbol{A}_{m\times n}$ 的秩 $R(\boldsymbol{A})=m$，则下列结论正确的是________.

(A) $\boldsymbol{A}_{m\times n}$ 的行向量组和列向量组都线性无关

(B) $\boldsymbol{A}_{m\times n}$ 的行向量组线性无关，列向量组都线性相关

(C) 当 $m<n$ 时，$\boldsymbol{A}_{m\times n}$ 的行向量组线性无关，列向量组都线性相关

(D) 当 $m<n$ 时，$\boldsymbol{A}_{m\times n}$ 的行向量组和列向量组都线性无关

9. 设向量组 $\boldsymbol{\alpha}_1,\boldsymbol{\alpha}_2,\boldsymbol{\alpha}_3$ 线性无关，则下列向量组线性相关的是________.

(A) $\boldsymbol{\alpha}_1-\boldsymbol{\alpha}_2$，$\boldsymbol{\alpha}_2-\boldsymbol{\alpha}_3$，$\boldsymbol{\alpha}_3-\boldsymbol{\alpha}_1$　　(B) $\boldsymbol{\alpha}_1+\boldsymbol{\alpha}_2$，$\boldsymbol{\alpha}_2+\boldsymbol{\alpha}_3$，$\boldsymbol{\alpha}_3+\boldsymbol{\alpha}_1$

(C) $\boldsymbol{\alpha}_1-2\boldsymbol{\alpha}_2$，$\boldsymbol{\alpha}_2-2\boldsymbol{\alpha}_3$，$\boldsymbol{\alpha}_3-2\boldsymbol{\alpha}_1$　　(D) $\boldsymbol{\alpha}_1+2\boldsymbol{\alpha}_2$，$\boldsymbol{\alpha}_2+2\boldsymbol{\alpha}_3$，$\boldsymbol{\alpha}_3+2\boldsymbol{\alpha}_1$

10. 设 $\boldsymbol{A}$ 为 3 阶方阵，$\boldsymbol{\alpha}_1,\boldsymbol{\alpha}_2,\boldsymbol{\alpha}_3$ 是 $\boldsymbol{A}$ 的列向量组. 已知 $\boldsymbol{Ax}=\mathbf{0}$ 有非零解，则________.

(A) $\boldsymbol{\alpha}_1,\boldsymbol{\alpha}_2,\boldsymbol{\alpha}_3$ 线性无关　　(B) $\boldsymbol{\alpha}_1,\boldsymbol{\alpha}_2,\boldsymbol{\alpha}_3$ 线性相关

(C) $\boldsymbol{\alpha}_1$ 可由 $\boldsymbol{\alpha}_2,\boldsymbol{\alpha}_3$ 线性表示　　(D) $\boldsymbol{\alpha}_1,\boldsymbol{\alpha}_2,\boldsymbol{\alpha}_3$ 含有零向量

11. 设 $\boldsymbol{A}$ 为 $n$ 阶方阵，若 $R(\boldsymbol{A})=n$，则齐次方程组 $\boldsymbol{Ax}=\mathbf{0}$ 的基础解系中含有________个向量.

(A) 一个　　(B) 有限　　(C) 无限　　(D) 零

12. 设 $\boldsymbol{A}$ 为 $n$ 阶方阵，$R(\boldsymbol{A})=n-3$，且 $\boldsymbol{\alpha}_1,\boldsymbol{\alpha}_2,\boldsymbol{\alpha}_3$ 是 $\boldsymbol{Ax}=\mathbf{0}$ 的一个基础解系，则________为 $\boldsymbol{Ax}=\mathbf{0}$ 的另一个基础解系.

(A) $\boldsymbol{\alpha}_1+\boldsymbol{\alpha}_2$，$\boldsymbol{\alpha}_2+\boldsymbol{\alpha}_3$，$\boldsymbol{\alpha}_1+\boldsymbol{\alpha}_3$　　(B) $\boldsymbol{\alpha}_2-\boldsymbol{\alpha}_1$，$\boldsymbol{\alpha}_3-\boldsymbol{\alpha}_2$，$\boldsymbol{\alpha}_1-\boldsymbol{\alpha}_3$

(C) $2\boldsymbol{\alpha}_2-\boldsymbol{\alpha}_1$，$\frac{1}{2}\boldsymbol{\alpha}_3-\boldsymbol{\alpha}_2$，$\boldsymbol{\alpha}_1-\boldsymbol{\alpha}_3$　　(D) $\boldsymbol{\alpha}_1+\boldsymbol{\alpha}_2+\boldsymbol{\alpha}_3$，$\boldsymbol{\alpha}_3-\boldsymbol{\alpha}_2$，$-\boldsymbol{\alpha}_1-2\boldsymbol{\alpha}_3$

13. 设 $\boldsymbol{A}$ 是 $m\times n$ 矩阵 ($m\neq n$)，则 $\boldsymbol{Ax}=\boldsymbol{0}$ 存在非零解的充分必要条件是__________.

(A) $\boldsymbol{A}$ 的行向量线性无关　　(B) $\boldsymbol{A}$ 的行向量线性相关

(C) $\boldsymbol{A}$ 的列向量线性无关　　(D) $\boldsymbol{A}$ 的列向量线性相关

14. (2011 年考研题) 设 $\boldsymbol{A}$ 为 $4\times 3$ 矩阵，$\boldsymbol{\eta}_1,\boldsymbol{\eta}_2,\boldsymbol{\eta}_3$ 是非齐次线性方程组 $\boldsymbol{Ax}=\boldsymbol{\beta}$ 的 3 个线性无关的解，$k_1$，$k_2$ 为任意实数，则 $\boldsymbol{Ax}=\boldsymbol{\beta}$ 的通解为__________.

(A) $\dfrac{\boldsymbol{\eta}_2+\boldsymbol{\eta}_3}{2}+k_1(\boldsymbol{\eta}_2-\boldsymbol{\eta}_1)$　　(B) $\dfrac{\boldsymbol{\eta}_2-\boldsymbol{\eta}_3}{2}+k_1(\boldsymbol{\eta}_2-\boldsymbol{\eta}_1)$

(C) $\dfrac{\boldsymbol{\eta}_2+\boldsymbol{\eta}_3}{2}+k_1(\boldsymbol{\eta}_2-\boldsymbol{\eta}_1)+k_2(\boldsymbol{\eta}_3-\boldsymbol{\eta}_1)$　　(D) $\dfrac{\boldsymbol{\eta}_2-\boldsymbol{\eta}_3}{2}+k_1(\boldsymbol{\eta}_2-\boldsymbol{\eta}_1)+k_2(\boldsymbol{\eta}_3-\boldsymbol{\eta}_1)$

### (三) 计算题

1. 设向量组 $\boldsymbol{\alpha}_1=(1,3,2,0)^{\mathrm{T}}$，$\boldsymbol{\alpha}_2=(7,0,14,3)^{\mathrm{T}}$，$\boldsymbol{\alpha}_3=(2,-1,0,1)^{\mathrm{T}}$，$\boldsymbol{\alpha}_4=(5,1,6,2)^{\mathrm{T}}$，$\boldsymbol{\alpha}_5=(2,-1,4,1)^{\mathrm{T}}$，试求 $R(\boldsymbol{\alpha}_1,\boldsymbol{\alpha}_2,\boldsymbol{\alpha}_3,\boldsymbol{\alpha}_4,\boldsymbol{\alpha}_5)$ 及一个最大无关组.

2. 设 $\boldsymbol{A}=\begin{pmatrix} x & 1 & 0\\ 0 & x & 1\\ 1 & 1 & 0\end{pmatrix}$，若 $\boldsymbol{A}$ 的 3 个列向量能构成 $\mathbf{R}^3$ 的一个基，求 $x$ 的值.

3. 设 $\boldsymbol{\alpha}_1=(1,2,1)^{\mathrm{T}}$，$\boldsymbol{\alpha}_2=(2,3,3)^{\mathrm{T}}$，$\boldsymbol{\alpha}_3=(3,7,1)^{\mathrm{T}}$，验证 $\boldsymbol{\alpha}_1,\boldsymbol{\alpha}_2,\boldsymbol{\alpha}_3$ 为 $\mathbf{R}^3$ 的一个基，并把 $\boldsymbol{\beta}=(1,0,5)^{\mathrm{T}}$ 用这个基线性表示.

4. 求齐次线性方程组 $\begin{cases} x_1+2x_2-2x_3+2x_4-x_5=0,\\ x_1+2x_2-x_3+3x_4-2x_5=0,\\ 2x_1+4x_2-7x_3+x_4+x_5=0\end{cases}$ 的通解.

5. 求非齐次线性方程组 $\begin{cases} 6x_1-2x_2-3x_5=3,\\ x_1-x_2+x_4-x_5=1,\\ 2x_1+x_3-x_5=2,\\ x_1-x_2-2x_3-x_4=-2\end{cases}$ 的通解.

6. 讨论 $\lambda,\mu$ 为何值时，非齐次线性方程组 $\begin{cases} x_1+2x_2-2x_3+2x_4=1,\\ x_2-x_3-x_4=1,\\ x_1+x_2-x_3+3x_4=\lambda,\\ x_1-x_2+x_3+5x_4=\mu\end{cases}$ 有解，并在有解时求出其通解.

7. 求一个齐次线性方程组，使得它的一个基础解系为 $\boldsymbol{\xi}_1=(0,1,2,3)^{\mathrm{T}}$，$\boldsymbol{\xi}_2=(3,2,1,0)^{\mathrm{T}}$.

### (四) 证明题

1. 设向量组 $\boldsymbol{\alpha}_1,\boldsymbol{\alpha}_2,\cdots,\boldsymbol{\alpha}_n$ 线性无关. 证明：当且仅当 $n$ 为奇数时，向量组 $\boldsymbol{\alpha}_1+\boldsymbol{\alpha}_2,\boldsymbol{\alpha}_2+\boldsymbol{\alpha}_3,\cdots,\boldsymbol{\alpha}_n+\boldsymbol{\alpha}_1$ 线性无关.

2. 证明：$n$ 维列向量 $\boldsymbol{\alpha}_1,\boldsymbol{\alpha}_2,\cdots,\boldsymbol{\alpha}_m$ 线性无关的充分必要条件是向量组 $\boldsymbol{\alpha}_1,\boldsymbol{\alpha}_1+\boldsymbol{\alpha}_2,\boldsymbol{\alpha}_1+\boldsymbol{\alpha}_2+\boldsymbol{\alpha}_3,\cdots,\boldsymbol{\alpha}_1+\boldsymbol{\alpha}_2+\cdots+\boldsymbol{\alpha}_m$ 线性无关.

## ☆ B 题 ☆

### (一) 填空题

1. 向量组 $\boldsymbol{\alpha}_1,\boldsymbol{\alpha}_2,\boldsymbol{\alpha}_3$ 线性无关，而 $m\boldsymbol{\alpha}_1-\boldsymbol{\alpha}_2,n\boldsymbol{\alpha}_2-\boldsymbol{\alpha}_3,t\boldsymbol{\alpha}_3-\boldsymbol{\alpha}_1$ 线性相关，则 $m,n,t$ 满足________.

2. 设 $(1,1,1)^{\mathrm{T}}$，$(2,1,3)^{\mathrm{T}}$ 是线性方程组 $\boldsymbol{Ax}=\boldsymbol{b}$ 的两个解，且 $R(\boldsymbol{A})=2$，则此方程组的通解为________.

3. 设 $\boldsymbol{\alpha}_1$，$\boldsymbol{\alpha}_2$，$\boldsymbol{\alpha}_3$ 是三元线性方程组 $\boldsymbol{Ax}=\boldsymbol{b}$ 的 3 个解，且 $R(\boldsymbol{A})=2$，$\boldsymbol{\alpha}_1+\boldsymbol{\alpha}_2=\begin{pmatrix}2\\0\\4\end{pmatrix}$，$\boldsymbol{\alpha}_2-\boldsymbol{\alpha}_3=\begin{pmatrix}1\\1\\1\end{pmatrix}$，则 $\boldsymbol{Ax}=\boldsymbol{b}$ 的通解为________.

### (二) 选择题

1. 若向量组 $\boldsymbol{\alpha}_1,\boldsymbol{\alpha}_2,\boldsymbol{\alpha}_3$ 是向量组 $\boldsymbol{\alpha}_1,\boldsymbol{\alpha}_2,\boldsymbol{\alpha}_3,\boldsymbol{\alpha}_4,\boldsymbol{\alpha}_5$ 的一个最大线性无关组，则下列说法不正确的是________.

(A) $\boldsymbol{\alpha}_5$ 可由向量组 $\boldsymbol{\alpha}_1,\boldsymbol{\alpha}_2,\boldsymbol{\alpha}_3$ 线性表示　(B) $\boldsymbol{\alpha}_1$ 可由向量组 $\boldsymbol{\alpha}_4,\boldsymbol{\alpha}_5$ 线性表示

(C) $\boldsymbol{\alpha}_1$ 可由向量组 $\boldsymbol{\alpha}_1,\boldsymbol{\alpha}_2,\boldsymbol{\alpha}_3$ 线性表示　(D) $\boldsymbol{\alpha}_5$ 可由向量组 $\boldsymbol{\alpha}_4,\boldsymbol{\alpha}_5$ 线性表示

2. 若向量组 $\boldsymbol{\alpha}_1,\boldsymbol{\alpha}_2,\cdots,\boldsymbol{\alpha}_m$ 线性相关，且 $k_1\boldsymbol{\alpha}_1+k_2\boldsymbol{\alpha}+\cdots+k_m\boldsymbol{\alpha}_m=\mathbf{0}$，则 $k_1,k_2,\cdots,k_m$________.

(A) 全为零　(B) 不全为零　(C) 全不为零　(D) 以上三种情况都有可能出现

3. 设有向量组 $\boldsymbol{A}:\boldsymbol{\alpha}_1,\boldsymbol{\alpha}_2,\cdots,\boldsymbol{\alpha}_r$ 和 $\boldsymbol{B}:\boldsymbol{\beta}_1,\boldsymbol{\beta}_2,\cdots,\boldsymbol{\beta}_s$，若向量组 $\boldsymbol{A}$ 可由向量组 $\boldsymbol{B}$ 线性表示，且 $r>s$，则________.

(A) $\boldsymbol{B}$ 组线性相关　(B) $\boldsymbol{B}$ 组线性无关　(C) $\boldsymbol{A}$ 组线性相关　(D) $\boldsymbol{A}$ 组线性无关

4. (2006 年考研题) 设 $\boldsymbol{\alpha}_1,\boldsymbol{\alpha}_2,\cdots,\boldsymbol{\alpha}_s$ 均为 $n$ 维列向量，$\boldsymbol{A}$ 为 $m\times n$ 矩阵，下列选项正确的是________.

(A) 若 $\boldsymbol{\alpha}_1,\boldsymbol{\alpha}_2,\cdots,\boldsymbol{\alpha}_s$ 线性相关，则 $\boldsymbol{A\alpha}_1,\boldsymbol{A\alpha}_2,\cdots,\boldsymbol{A\alpha}_s$ 线性相关

(B) 若 $\boldsymbol{\alpha}_1,\boldsymbol{\alpha}_2,\cdots,\boldsymbol{\alpha}_s$ 线性相关，则 $\boldsymbol{A\alpha}_1,\boldsymbol{A\alpha}_2,\cdots,\boldsymbol{A\alpha}_s$ 线性无关

(C) 若 $\boldsymbol{\alpha}_1,\boldsymbol{\alpha}_2,\cdots,\boldsymbol{\alpha}_s$ 线性无关，则 $\boldsymbol{A\alpha}_1,\boldsymbol{A\alpha}_2,\cdots,\boldsymbol{A\alpha}_s$ 线性相关

(D) 若 $\boldsymbol{\alpha}_1,\boldsymbol{\alpha}_2,\cdots,\boldsymbol{\alpha}_s$ 线性无关，则 $\boldsymbol{A\alpha}_1,\boldsymbol{A\alpha}_2,\cdots,\boldsymbol{A\alpha}_s$ 线性无关

5. (2010 年考研题) 设向量组Ⅰ：$\boldsymbol{\alpha}_1,\boldsymbol{\alpha}_2,\cdots,\boldsymbol{\alpha}_r$ 可以由向量组Ⅱ：$\boldsymbol{\beta}_1,\boldsymbol{\beta}_2,\cdots,\boldsymbol{\alpha}_s$ 线性表示，下列命题正确的是________.

(A) 若向量组Ⅰ线性无关，则 $r\leqslant s$　(B) 若向量组Ⅰ线性相关，则 $r>s$

(C) 若向量组Ⅱ线性无关，则 $r\leqslant s$　(D) 若向量组Ⅱ线性相关，则 $r>s$

6. 设 $\boldsymbol{A}$ 是 $m\times n$ 矩阵 $(m\neq n)$，则 $\boldsymbol{Ax}=\mathbf{0}$ 只有零解的充分必要条件是________.

(A) $m>n$　(B) $m<n$

(C) $\boldsymbol{A}$ 的 $m$ 个行向量线性无关　(D) $\boldsymbol{A}$ 的 $n$ 个列向量线性无关

7. 设 $\boldsymbol{A}$ 为 $n$ 阶奇异方阵，$\boldsymbol{A}^*$ 为 $\boldsymbol{A}$ 的伴随矩阵，且 $\boldsymbol{A}^*\neq 0$，则齐次方程组 $\boldsymbol{Ax}=\mathbf{0}$ 的基础解系中含有________个向量.

(A) 一个　(B) 两个　(C) $n-1$ 个　(D) $n$ 个

8. 设 $\boldsymbol{A}$ 为 $n$ 阶方阵，且 $|\boldsymbol{A}|=0$，但 $\boldsymbol{A}$ 中有一个元素 $a_{sr}$ 的代数余子式 $A_{sr}\neq 0$，则齐次方程组 $\boldsymbol{Ax}=\mathbf{0}$ 的基础解系中含有________个向量.

(A) $r$　(B) $s$　(C) 1　(D) 零

9. 要使 $\boldsymbol{\xi}_1=(1,0,2)^{\mathrm{T}}$，$\boldsymbol{\xi}_2=(0,1,-1)^{\mathrm{T}}$ 都是线性方程组 $\boldsymbol{Ax}=\boldsymbol{0}$ 的解，只要系数矩阵 $\boldsymbol{A}$ ________.

(A) $(-2,1,1)$　(B) $\begin{pmatrix}2&0&-1\\0&1&1\end{pmatrix}$

(C) $\begin{pmatrix}-1&0&2\\0&1&-1\end{pmatrix}$　(D) $\begin{pmatrix}0&1&-1\\4&-2&-2\\0&1&1\end{pmatrix}$

10. 设 $\boldsymbol{A}$ 是 $4\times3$ 矩阵，$\boldsymbol{\alpha}$ 是齐次线性方程组 $\boldsymbol{A}^{\mathrm{T}}\boldsymbol{x}=\boldsymbol{0}$ 的基础解系，则 $R(\boldsymbol{A})=$________.

(A) 1　(B) 2　(C) 3　(D) 4

11. 设非齐次线性方程组 $\begin{cases}x_1+2x_2+4x_3+2x_4=b,\\x_1+x_2+x_3+ax_4=2,\\2x_1+x_2-x_3+x_4=1,\end{cases}$ 则________.

(A) $a=2$ 且 $b=2$ 时，方程组有无穷多个解

(B) $a=1$ 且 $b=5$ 时，方程组无解

(C) $a=1$ 且 $b=2$ 时，方程组有无穷多个解

(D) 存在实数 $c,d$，当 $a=c$，$b=d$ 时，方程组有唯一解

12. 设 $\boldsymbol{A}$ 是 $m\times n$ 矩阵，且 $R(\boldsymbol{A})=r$，$\boldsymbol{B}$ 是 $m$ 阶可逆矩阵，$\boldsymbol{C}$ 是 $m$ 阶不可逆矩阵，又 $R(\boldsymbol{C})<r$，则________.

(A) $\boldsymbol{BAX}=\boldsymbol{0}$ 的基础解系由 $n-m$ 个向量组成

(B) $\boldsymbol{BAX}=\boldsymbol{0}$ 的基础解系由 $n-r$ 个向量组成

(C) $\boldsymbol{CAX}=\boldsymbol{0}$ 的基础解系由 $n-m$ 个向量组成

(D) $\boldsymbol{CAX}=\boldsymbol{0}$ 的基础解系由 $n-r$ 个向量组成

**(三) 计算题**

1. 设 $\boldsymbol{A}=\begin{pmatrix}-1&1&0\\-4&3&0\\1&0&2\end{pmatrix}$，且矩阵 $\boldsymbol{A}-\lambda\boldsymbol{E}$ 的列向量线性相关，其中 $\boldsymbol{E}$ 为 3 阶单位矩阵，求 $\lambda$ 的值.

2. 设向量组 $\boldsymbol{\alpha}_1=(2,1,-2)^{\mathrm{T}}$，$\boldsymbol{\alpha}_2=(-4,2,3)^{\mathrm{T}}$，$\boldsymbol{\alpha}_3=(-8,8,5)^{\mathrm{T}}$，求一个常数 $k$ 使得 $2\boldsymbol{\alpha}_1+k\boldsymbol{\alpha}_2=\boldsymbol{\alpha}_3$.

3. 设向量组 $\boldsymbol{\alpha}_1=(2,2,2)^{\mathrm{T}}$，$\boldsymbol{\alpha}_2=(-1,3,0)^{\mathrm{T}}$，$\boldsymbol{\alpha}_3=(2,0,3)^{\mathrm{T}}$，$\boldsymbol{\beta}=(1,3,0)^{\mathrm{T}}$，问：向量 $\boldsymbol{\beta}$ 是否为 $\boldsymbol{\alpha}_1,\boldsymbol{\alpha}_2,\boldsymbol{\alpha}_3$ 的线性组合？若是，求一组常数 $k_1,k_2,k_3$ 使得 $k_1\boldsymbol{\alpha}_1+k_2\boldsymbol{\alpha}_2+k_3\boldsymbol{\alpha}_3=\boldsymbol{\beta}$.

4. 设向量组 $\boldsymbol{A}:\boldsymbol{\alpha}_1,\boldsymbol{\alpha}_2,\cdots,\boldsymbol{\alpha}_s$ 和 $\boldsymbol{B}:\boldsymbol{\beta}_1,\boldsymbol{\beta}_2,\cdots,\boldsymbol{\beta}_t$ 都线性无关，且向量组 $\boldsymbol{A}$ 的每个向量都不能由向量组 $\boldsymbol{B}$ 线性表示，向量组 $\boldsymbol{B}$ 的每个向量都不能由向量组 $\boldsymbol{A}$ 线性表示，问向量组 $\boldsymbol{\alpha}_1,\boldsymbol{\alpha}_2,\cdots,\boldsymbol{\alpha}_s\boldsymbol{\beta}_1,\boldsymbol{\beta}_2,\cdots,\boldsymbol{\beta}_t$ 是否线性无关？

5. 向量组 $\boldsymbol{\alpha}_1,\boldsymbol{\alpha}_2,\cdots,\boldsymbol{\alpha}_s$ $(\boldsymbol{\alpha}_1\neq\boldsymbol{0})$，已知至少存在一个向量 $\boldsymbol{\alpha}_i$ $(1<i\leqslant s)$ 能由向量组 $\boldsymbol{\alpha}_1,\boldsymbol{\alpha}_2,\cdots,\boldsymbol{\alpha}_{i-1}$ 线性表示，问向量组 $\boldsymbol{\alpha}_1,\boldsymbol{\alpha}_2,\cdots,\boldsymbol{\alpha}_s$ 是否线性相关？反之成立否？

6. 已知 $\boldsymbol{\alpha}_1=\boldsymbol{\beta}_1-\boldsymbol{\beta}_2+\boldsymbol{\beta}_3$，$\boldsymbol{\alpha}_2=\boldsymbol{\beta}_1+\boldsymbol{\beta}_2-\boldsymbol{\beta}_3$，$\boldsymbol{\alpha}_3=-\boldsymbol{\beta}_1+\boldsymbol{\beta}_2+\boldsymbol{\beta}_3$，试将向量组 $\boldsymbol{\beta}_1,\boldsymbol{\beta}_2,\boldsymbol{\beta}_3$ 用向量组 $\boldsymbol{\alpha}_1,\boldsymbol{\alpha}_2,\boldsymbol{\alpha}_3$ 线性表示.

7. 已知方程组（Ⅰ）$\begin{cases} -2x_1+x_2+ax_3-5x_4=1, \\ x_1+x_2-x_3+bx_4=4, \\ 3x_1+x_2+x_3+2x_4=c \end{cases}$ 与方程组（Ⅱ）$\begin{cases} x_1+x_4=1, \\ x_2-2x_4=2, \\ x_3+x_4=-1 \end{cases}$ 有相同的解，试求方程组（Ⅰ）中的系数 $a,b,c$.

8.（2009 年考研题）设 $\boldsymbol{A}=\begin{pmatrix} 1 & -1 & -1 \\ -1 & 1 & 1 \\ 0 & -4 & -2 \end{pmatrix}$，$\boldsymbol{\xi}_1=\begin{pmatrix} -1 \\ 1 \\ -2 \end{pmatrix}$，

（1）求满足 $\boldsymbol{A}\boldsymbol{\xi}_2=\boldsymbol{\xi}_1$，$\boldsymbol{A}^2\boldsymbol{\xi}_3=\boldsymbol{\xi}_1$ 的所有向量 $\boldsymbol{\xi}_2,\boldsymbol{\xi}_3$；

（2）对(1)中的任意向量 $\boldsymbol{\xi}_2,\boldsymbol{\xi}_3$，证明 $\boldsymbol{\xi}_1,\boldsymbol{\xi}_2,\boldsymbol{\xi}_3$ 线性无关.

**（四）证明题**

1. 试证明 $n$ 维列向量 $\boldsymbol{\alpha}_1,\boldsymbol{\alpha}_2,\cdots,\boldsymbol{\alpha}_n$ 线性无关的充分必要条件是

$$D=\begin{vmatrix} \boldsymbol{\alpha}_1^{\mathrm{T}}\boldsymbol{\alpha}_1 & \boldsymbol{\alpha}_1^{\mathrm{T}}\boldsymbol{\alpha}_2 & \cdots & \boldsymbol{\alpha}_1^{\mathrm{T}}\boldsymbol{\alpha}_n \\ \boldsymbol{\alpha}_2^{\mathrm{T}}\boldsymbol{\alpha}_1 & \boldsymbol{\alpha}_2^{\mathrm{T}}\boldsymbol{\alpha}_2 & \cdots & \boldsymbol{\alpha}_2^{\mathrm{T}}\boldsymbol{\alpha}_n \\ \cdots\cdots & \cdots\cdots & \cdots & \cdots\cdots \\ \boldsymbol{\alpha}_n^{\mathrm{T}}\boldsymbol{\alpha}_1 & \boldsymbol{\alpha}_n^{\mathrm{T}}\boldsymbol{\alpha}_2 & \cdots & \boldsymbol{\alpha}_n^{\mathrm{T}}\boldsymbol{\alpha}_n \end{vmatrix}\neq 0,$$

其中 $\boldsymbol{\alpha}_i^{\mathrm{T}}(i=1,2,\cdots,n)$ 表示列向量 $\boldsymbol{\alpha}_i$ 的转置.

2. 设向量组 $\boldsymbol{\alpha}_1,\boldsymbol{\alpha}_2,\cdots,\boldsymbol{\alpha}_m$ 线性无关，且 $\boldsymbol{\beta}_1$ 能由它线性表示，而 $\boldsymbol{\beta}_2$ 不能由它线性表示．证明：对任意数 $l$，$m+1$ 个向量 $\boldsymbol{\alpha}_1,\boldsymbol{\alpha}_2,\cdots,\boldsymbol{\alpha}_m,l\boldsymbol{\beta}_1+\boldsymbol{\beta}_2$ 必线性无关.

3. 设向量组 $\boldsymbol{\alpha}_1,\boldsymbol{\alpha}_2,\cdots,\boldsymbol{\alpha}_m$ 线性无关，且 $\boldsymbol{\beta}=k_1\boldsymbol{\alpha}_1+k_2\boldsymbol{\alpha}_2+\cdots+k_m\boldsymbol{\alpha}_m$，其中 $k_i\neq 0(i=1,2,\cdots,m)$．证明：$\boldsymbol{\alpha}_1,\boldsymbol{\alpha}_2,\cdots,\boldsymbol{\alpha}_{i-1},\boldsymbol{\beta},\boldsymbol{\alpha}_{i+1},\cdots,\boldsymbol{\alpha}_m$ 也线性无关.

4.（2008 年考研题）设 $\boldsymbol{\alpha},\boldsymbol{\beta}$ 为 3 维列向量，矩阵 $\boldsymbol{A}=\boldsymbol{\alpha}\boldsymbol{\alpha}^{\mathrm{T}}+\boldsymbol{\beta}\boldsymbol{\beta}^{\mathrm{T}}$，其中 $\boldsymbol{\alpha}^{\mathrm{T}},\boldsymbol{\beta}^{\mathrm{T}}$ 为 $\boldsymbol{\alpha},\boldsymbol{\beta}$ 的转置．证明：(1) 秩 $R(\boldsymbol{A})\leqslant 2$；(2) 若 $\boldsymbol{\alpha},\boldsymbol{\beta}$ 线性相关，则秩 $R(\boldsymbol{A})<2$.

5. 设 $\boldsymbol{\alpha}_1,\boldsymbol{\alpha}_2,\cdots,\boldsymbol{\alpha}_s$ 为齐次线性方程组 $\boldsymbol{A}\boldsymbol{x}=\boldsymbol{0}$ 的一个基础解系，$\boldsymbol{\beta}_1=\boldsymbol{\alpha}_2+\boldsymbol{\alpha}_3+\cdots+\boldsymbol{\alpha}_s$，$\boldsymbol{\beta}_2=\boldsymbol{\alpha}_1+\boldsymbol{\alpha}_3+\cdots+\boldsymbol{\alpha}_s$，$\cdots$，$\boldsymbol{\beta}_s=\boldsymbol{\alpha}_1+\boldsymbol{\alpha}_2+\cdots+\boldsymbol{\alpha}_{s-1}$，证明：$\boldsymbol{\beta}_1,\boldsymbol{\beta}_2,\cdots,\boldsymbol{\beta}_s$ 也为齐次线性方程组 $\boldsymbol{A}\boldsymbol{x}=\boldsymbol{0}$ 的一个基础解系.

# 第五章　相似矩阵及其二次型

## 本章基本要求

理解矩阵的特征值和特征向量的概念，重点掌握特征值和特征向量的计算；理解相似矩阵的概念、性质，掌握矩阵可相似对角化的充分必要条件及对称矩阵化为相似对角矩阵的方法。理解二次型及其矩阵的概念，会求二次型的对称阵，了解二次型的标准形、规范形的概念以及惯性定理；掌握用正交变换化二次型为标准形的方法；理解正定二次型、正定矩阵的概念，并掌握其判别法。

## 一、内容要点

### （一）正交单位向量组

**定义 1**　设 $\boldsymbol{\alpha}=\begin{pmatrix} x_1 \\ x_2 \\ \vdots \\ x_n \end{pmatrix}$，$\boldsymbol{\beta}=\begin{pmatrix} y_1 \\ y_2 \\ \vdots \\ y_n \end{pmatrix}$为两个 $n$ 维实向量，称 $\sum\limits_{i=1}^{n} x_i y_i$ 为向量 $\boldsymbol{\alpha}$ 与 $\boldsymbol{\beta}$ 的内积.

记为 $(\boldsymbol{\alpha},\boldsymbol{\beta}) = \sum\limits_{i=1}^{n} x_i y_i = \boldsymbol{\alpha}^{\mathrm{T}} \boldsymbol{\beta}$.

向量的内积具有如下性质：

（1）$(\boldsymbol{\alpha},\boldsymbol{\beta})=(\boldsymbol{\beta},\boldsymbol{\alpha})$；

（2）$(\boldsymbol{\alpha}+\boldsymbol{\gamma},\boldsymbol{\beta})=(\boldsymbol{\alpha},\boldsymbol{\beta})+(\boldsymbol{\gamma},\boldsymbol{\beta})$；

（3）$(k\boldsymbol{\alpha},\boldsymbol{\beta})=k(\boldsymbol{\alpha},\boldsymbol{\beta})$（$k$ 为任意实数）.

**定义 2**　若两个 $n$ 维实向量 $\boldsymbol{\alpha},\boldsymbol{\beta}$ 满足$(\boldsymbol{\alpha},\boldsymbol{\beta})=0$，称 $\boldsymbol{\alpha}$ 与 $\boldsymbol{\beta}$ 是正交向量．显然零向量与任何向量正交.

**定义 3**　如果向量组 $\boldsymbol{\alpha}_1,\boldsymbol{\alpha}_2,\cdots,\boldsymbol{\alpha}_s$ 中任意两个向量都正交，且每个向量都不是零向量，则称向量组 $\boldsymbol{\alpha}_1,\boldsymbol{\alpha}_2,\cdots,\boldsymbol{\alpha}_s$ 为正交向量组.

正交向量组的性质：

（1）正交向量组一定是线性无关向量组.

（2）设 $\boldsymbol{\alpha}_1,\boldsymbol{\alpha}_2,\cdots,\boldsymbol{\alpha}_s$ 是线性无关向量组，则一定存在一个正交向量组 $\boldsymbol{\beta}_1,\boldsymbol{\beta}_2,\cdots,\boldsymbol{\beta}_s$，使 $\boldsymbol{\beta}_1,\boldsymbol{\beta}_2,\cdots,\boldsymbol{\beta}_s$ 与 $\boldsymbol{\alpha}_1,\boldsymbol{\alpha}_2,\cdots,\boldsymbol{\alpha}_s$ 等价.

**定义 4**　设 $\boldsymbol{\alpha}=\begin{pmatrix} x_1 \\ x_2 \\ \vdots \\ x_n \end{pmatrix}$是一个 $n$ 维实向量，称$\|\boldsymbol{\alpha}\|=\sqrt{(\boldsymbol{\alpha},\boldsymbol{\alpha})}$为向量 $\boldsymbol{\alpha}$ 的长度或范数.

当$\|\boldsymbol{\alpha}\|=1$时，称 $\boldsymbol{\alpha}$ 为单位向量.

正交单位化方法：寻求与线性无关向量组 $\boldsymbol{\alpha}_1,\boldsymbol{\alpha}_2,\cdots,\boldsymbol{\alpha}_s$ 等价的正交单位向量组 $\boldsymbol{\eta}_1,\boldsymbol{\eta}_2,\cdots,\boldsymbol{\eta}_s$的方法.

正交化公式：$\boldsymbol{\beta}_1=\boldsymbol{\alpha}_1$，$\boldsymbol{\beta}_2=\boldsymbol{\alpha}_2-\dfrac{(\boldsymbol{\alpha}_2,\boldsymbol{\beta}_1)}{(\boldsymbol{\beta}_1,\boldsymbol{\beta}_1)}\boldsymbol{\beta}_1$，$\boldsymbol{\beta}_3=\boldsymbol{\alpha}_3-\dfrac{(\boldsymbol{\alpha}_3,\boldsymbol{\beta}_1)}{(\boldsymbol{\beta}_1,\boldsymbol{\beta}_1)}\boldsymbol{\beta}_1-\dfrac{(\boldsymbol{\alpha}_3,\boldsymbol{\beta}_2)}{(\boldsymbol{\beta}_2,\boldsymbol{\beta}_2)}\boldsymbol{\beta}_2$.

一般的，$\boldsymbol{\beta}_r=\boldsymbol{\alpha}_r-\dfrac{(\boldsymbol{\alpha}_r,\boldsymbol{\beta}_1)}{(\boldsymbol{\beta}_1,\boldsymbol{\beta}_1)}\boldsymbol{\beta}_1-\dfrac{(\boldsymbol{\alpha}_r,\boldsymbol{\beta}_2)}{(\boldsymbol{\beta}_2,\boldsymbol{\beta}_2)}\boldsymbol{\beta}_2-\cdots-\dfrac{(\boldsymbol{\alpha}_r,\boldsymbol{\beta}_{r-1})}{(\boldsymbol{\beta}_{r-1},\boldsymbol{\beta}_{r-1})}\boldsymbol{\beta}_{r-1}\quad(r=1,2,\cdots,s)$，

单位化公式：$\boldsymbol{\eta}_1=\dfrac{1}{\|\boldsymbol{\beta}_1\|}\boldsymbol{\beta}_1$，$\boldsymbol{\eta}_2=\dfrac{1}{\|\boldsymbol{\beta}_2\|}\boldsymbol{\beta}_2$，$\cdots$，$\boldsymbol{\eta}_s=\dfrac{1}{\|\boldsymbol{\beta}_s\|}\boldsymbol{\beta}_s$.

以上步骤称为向量组的正交化、单位化方法.

向量组 $\boldsymbol{\alpha}_1,\boldsymbol{\alpha}_2,\cdots,\boldsymbol{\alpha}_s$ 与向量组 $\boldsymbol{\eta}_1,\boldsymbol{\eta}_2,\cdots,\boldsymbol{\eta}_s$ 是等价的.

如果 $s=n$，则称正交单位向量组 $\boldsymbol{\eta}_1,\boldsymbol{\eta}_2,\cdots,\boldsymbol{\eta}_s$ 为 $n$ 维实空间 $\mathbf{R}^n$ 的一组规范正交（或标准正交）基.

### （二）正交矩阵

**定义**　设 $\boldsymbol{A}$ 为 $n$ 阶实矩阵，满足 $\boldsymbol{A}^{\mathrm{T}}\boldsymbol{A}=\boldsymbol{E}$，则称矩阵 $\boldsymbol{A}$ 为正交矩阵．其中 $\boldsymbol{E}$ 为单位矩阵.

**性质**　（1）$|\boldsymbol{A}|=\pm1$；

（2）$\boldsymbol{A}^{\mathrm{T}}=\boldsymbol{A}^{-1}$，且 $\boldsymbol{A}^{\mathrm{T}},\boldsymbol{A}^{-1}$ 也是正交矩阵；

（3）$\boldsymbol{A}^*$ 也是正交矩阵；

（4）若 $\boldsymbol{A}$ 与 $\boldsymbol{B}$ 为同阶正交矩阵，那么 $\boldsymbol{AB}$ 也是正交矩阵.

正交矩阵的判定条件　$n$ 阶实矩阵 $\boldsymbol{A}$ 是正交矩阵的充要条件是：它的行（列）向量组是正交单位向量组.

### （三）$n$ 阶矩阵 $A$ 的特征值与特征向量

**定义**　设 $\boldsymbol{A}$ 为 $n$ 阶矩阵，若存在一个数 $\lambda$ 和一个非零列向量 $\boldsymbol{x}$，使得 $\boldsymbol{Ax}=\lambda\boldsymbol{x}$，则称 $\lambda$ 为 $\boldsymbol{A}$ 的一个特征值，$\boldsymbol{x}$ 称为 $\boldsymbol{A}$ 的属于特征值 $\lambda$ 的特征向量.

$\boldsymbol{Ax}=\lambda\boldsymbol{x}$ 等价于 $(\boldsymbol{A}-\lambda\boldsymbol{E})\boldsymbol{x}=\boldsymbol{0}$，又 $\boldsymbol{x}\neq\boldsymbol{0}$，所以有 $|\boldsymbol{A}-\lambda\boldsymbol{E}|=0$ 或 $|\lambda\boldsymbol{E}-\boldsymbol{A}|=0$．

称 $\boldsymbol{A}-\lambda\boldsymbol{E}$ 为矩阵 $\boldsymbol{A}$ 的特征矩阵.

$$f(\lambda)=|\boldsymbol{A}-\lambda\boldsymbol{E}|=\begin{vmatrix}a_{11}-\lambda & a_{12} & \cdots & a_{1n}\\ a_{21} & a_{22}-\lambda & \cdots & a_{2n}\\ \cdots & \cdots & \cdots & \cdots\\ a_{n1} & a_{n2} & \cdots & a_{nn}-\lambda\end{vmatrix}$$
称为矩阵 $\boldsymbol{A}$ 的特征多项式；

$f(\lambda)=|\boldsymbol{A}-\lambda\boldsymbol{E}|=0$ 称为矩阵 $\boldsymbol{A}$ 的特征方程．它的根即为矩阵 $\boldsymbol{A}$ 的特征值也称为特征值．对于特征值 $\lambda_i$，齐次线性方程组 $(\boldsymbol{A}-\lambda_i\boldsymbol{E})\boldsymbol{x}=\boldsymbol{0}$ 的非零解即为矩阵 $\boldsymbol{A}$ 的属于特征值 $\lambda_i$ 的特征向量.

特征值与特征向量的性质：

（1）矩阵 $\boldsymbol{A}$ 与其转置矩阵 $\boldsymbol{A}^{\mathrm{T}}$ 有相同的特征值.

（2）设 $\lambda_1,\lambda_2,\cdots,\lambda_n$ 为矩阵 $\boldsymbol{A}$ 的 $n$ 个特征值，则有① $|\boldsymbol{A}|=\prod\limits_{i=1}^{n}\lambda_i$；② $\sum\limits_{i=1}^{n}\lambda_i=\sum\limits_{i=1}^{n}a_{ii}=\mathrm{tr}(\boldsymbol{A})$．

（3）设 $\lambda_1,\lambda_2,\cdots,\lambda_m$ 为矩阵 $\boldsymbol{A}$ 的互不相同的特征值，$\boldsymbol{\alpha}_1,\boldsymbol{\alpha}_2,\cdots,\boldsymbol{\alpha}_m$ 为分别属于 $\lambda_1,\lambda_2,\cdots,\lambda_m$ 的特征向量，则 $\boldsymbol{\alpha}_1,\boldsymbol{\alpha}_2,\cdots,\boldsymbol{\alpha}_m$ 线性无关.

## （四）相似矩阵

**定义** 设 $\boldsymbol{A},\boldsymbol{B}$ 均为 $n$ 阶矩阵，若存在 $n$ 阶可逆矩阵 $\boldsymbol{P}$ 使得 $\boldsymbol{P}^{-1}\boldsymbol{AP}=\boldsymbol{B}$ 成立，则称矩阵 $\boldsymbol{A}$ 与 $\boldsymbol{B}$ 相似.

矩阵相似于对角矩阵的条件：

（1）$n$ 阶矩阵 $\boldsymbol{A}$ 相似于对角矩阵 $\boldsymbol{\Lambda}=\begin{pmatrix}\lambda_1 & & & \\ & \lambda_2 & & \\ & & \ddots & \\ & & & \lambda_n\end{pmatrix}=\mathrm{diag}(\lambda_1,\lambda_2,\cdots,\lambda_n)$ 的充要条件为：$\boldsymbol{A}$ 有 $n$ 个线性无关的特征向量 $\boldsymbol{p}_1,\boldsymbol{p}_2,\cdots,\boldsymbol{p}_n$.

令 $\boldsymbol{P}=(\boldsymbol{p}_1,\boldsymbol{p}_2,\cdots,\boldsymbol{p}_n)$，则有 $\boldsymbol{P}^{-1}\boldsymbol{AP}=\boldsymbol{\Lambda}$，并称 $\boldsymbol{P}$ 为相似变换矩阵.

（2）如果 $n$ 阶矩阵 $\boldsymbol{A}$ 恰有 $n$ 个相异的特征值 $\lambda_1,\lambda_2,\cdots,\lambda_n$，则矩阵 $\boldsymbol{A}$ 必相似于对角矩阵

$$\boldsymbol{\Lambda}=\begin{pmatrix}\lambda_1 & & & \\ & \lambda_2 & & \\ & & \ddots & \\ & & & \lambda_n\end{pmatrix}=\mathrm{diag}(\lambda_1,\lambda_2,\cdots,\lambda_n).$$

（3）$n$ 阶矩阵 $\boldsymbol{A}$ 与对角矩阵相似的充要条件是：对于每一个 $n_i$ 重特征值 $\lambda_i$，$R(\boldsymbol{A}-\lambda_i\boldsymbol{E})=n-n_i$（即 $n_i$ 重特征值 $\lambda_i$ 对应 $n_i$ 个线性无关的特征向量）.

## （五）实对称矩阵的对角化及正交矩阵 $\boldsymbol{T}$ 的求法

**性质 1** 实对称矩阵的特征值都是实数.

**性质 2** 实对称矩阵属于不同特征值对应的特征向量一定是正交的.

正交变换矩阵 $\boldsymbol{T}$ 的求法如下.

设 $\boldsymbol{A}$ 是 $n$ 阶实对称矩阵，则一定存在 $n$ 阶正交矩阵 $\boldsymbol{T}$，使 $\boldsymbol{T}^{\mathrm{T}}\boldsymbol{AT}=\boldsymbol{T}^{-1}\boldsymbol{AT}$ 为对角矩阵.

由于 $\boldsymbol{T}^{\mathrm{T}}\boldsymbol{AT}=\boldsymbol{T}^{-1}\boldsymbol{AT}$ 为对角矩阵，所以 $\boldsymbol{T}$ 的列向量都是 $\boldsymbol{A}$ 的特征向量，且构成一组正交单位向量组，因此可以按以下步骤求正交矩阵 $\boldsymbol{T}$：

（1）求出矩阵 $\boldsymbol{A}$ 的全部特征值 $\lambda_1,\lambda_2,\cdots,\lambda_n$；

（2）对每个特征值 $\lambda_i(i=1,2,\cdots,n)$，求出齐次线性方程组 $(\boldsymbol{A}-\lambda_i\boldsymbol{E})\boldsymbol{x}=\boldsymbol{0}$ 的一个基础解系，$\boldsymbol{\alpha}_{i_1},\boldsymbol{\alpha}_{i_2},\cdots,\boldsymbol{\alpha}_{i_s}$（$\lambda_i$ 对应的全部线性无关特征向量）；

（3）将向量组 $\boldsymbol{\alpha}_{i_1},\boldsymbol{\alpha}_{i_2},\cdots,\boldsymbol{\alpha}_{i_s}$ 正交化单位化，得 $\boldsymbol{\eta}_{i_1},\boldsymbol{\eta}_{i_2},\cdots,\boldsymbol{\eta}_{i_s}$；$\boldsymbol{\eta}_{i_1},\boldsymbol{\eta}_{i_2},\cdots,\boldsymbol{\eta}_{i_s}$ 是单位正交向量组，而且是矩阵 $\boldsymbol{A}$ 的属于特征值 $\lambda_i$ 的线性无关的特征向量；

（4）用经过正交化、单位化后的特征向量为列向量，构造出正交矩阵 $\boldsymbol{T}$. 此即为所求的正交变换矩阵 $\boldsymbol{T}$. 且有 $\boldsymbol{T}^{\mathrm{T}}\boldsymbol{AT}=\boldsymbol{T}^{-1}\boldsymbol{AT}$ 为对角矩阵；

（5）对角矩阵的对角线元素为 $\boldsymbol{A}$ 的全部特征值，$\boldsymbol{T}^{\mathrm{T}}\boldsymbol{AT}=\boldsymbol{T}^{-1}\boldsymbol{AT}=\boldsymbol{\Lambda}$，注意矩阵 $\boldsymbol{T}$ 的列向量与对角矩阵的对角线元素之间的对应关系.

## （六）二次型及其矩阵表示

**定义 1** 含有 $n$ 个变量 $x_1,x_2,\cdots,x_n$ 的二次齐次函数

$$f(x_1,x_2,\cdots,x_n)=a_{11}x_1^2+a_{22}x_2^2+\cdots+a_{nn}x_n^2+2a_{12}x_1x_2+2a_{13}x_1x_3+\cdots+2a_{n-1,n}x_{n-1}x_n \tag{5-1}$$

称为二次型. $a_{ij}$ 为实（复）数时称二次型为实（复）二次型.

利用矩阵表示时，二次型（5-1）可以表示为

$$f(x_1,x_2,\cdots,x_n)=(x_1,x_2,\cdots,x_n)\begin{pmatrix} a_{11} & a_{12} & \cdots & a_{1n} \\ a_{21} & a_{22} & \cdots & a_{2n} \\ \cdots & \cdots & \cdots & \cdots \\ a_{n1} & a_{n2} & \cdots & a_{nn} \end{pmatrix}\begin{pmatrix} x_1 \\ x_2 \\ \vdots \\ x_n \end{pmatrix}=\boldsymbol{x}^{\mathrm{T}}\boldsymbol{A}\boldsymbol{x},$$

其中$\boldsymbol{A}=\begin{pmatrix} a_{11} & a_{12} & \cdots & a_{1n} \\ a_{21} & a_{22} & \cdots & a_{2n} \\ \cdots & \cdots & \cdots & \cdots \\ a_{n1} & a_{n2} & \cdots & a_{nn} \end{pmatrix}$，$\boldsymbol{x}=\begin{pmatrix} x_1 \\ x_2 \\ \vdots \\ x_n \end{pmatrix}$，$\boldsymbol{A}$ 为对称矩阵，称为二次型 $f(x_1,x_2,\cdots,x_n)$ 的矩阵，矩阵 $\boldsymbol{A}$ 的秩称为二次型 $f(x_1,x_2,\cdots,x_n)$ 的秩.

**定义 2**　设 $x_1,x_2,\cdots,x_n$ 与 $y_1,y_2,\cdots,y_n$ 是两组变量，$c_{ij}\ (i,j=1,2,\cdots,n)$ 为常数，关系式

$$\begin{pmatrix} x_1 \\ x_2 \\ \vdots \\ x_n \end{pmatrix}=\begin{pmatrix} c_{11} & c_{12} & \cdots & c_{1n} \\ c_{21} & c_{22} & \cdots & c_{2n} \\ \cdots & \cdots & \cdots & \cdots \\ c_{n1} & c_{n2} & \cdots & c_{nn} \end{pmatrix}\begin{pmatrix} y_1 \\ y_2 \\ \vdots \\ y_n \end{pmatrix}$$

称为由 $y_1,y_2,\cdots,y_n$ 到 $x_1,x_2,\cdots,x_n$ 的一个线性变换.

利用矩阵，以上线性变换可表示为 $\boldsymbol{x}=\boldsymbol{C}\boldsymbol{y}$. 称 $\boldsymbol{C}$ 为线性变换的矩阵，$\boldsymbol{C}$ 为可逆矩阵时称其为可逆线性变换，$\boldsymbol{C}$ 为正交矩阵时称其为正交线性变换.

二次型 $f(x_1,x_2,\cdots,x_n)$ 经过可逆变换 $\boldsymbol{x}=\boldsymbol{C}\boldsymbol{y}$ 化为 $f=\boldsymbol{y}^{\mathrm{T}}\boldsymbol{B}\boldsymbol{y}$，则 $\boldsymbol{B}=\boldsymbol{C}^{\mathrm{T}}\boldsymbol{A}\boldsymbol{C}$.

**定义 3**　设 $\boldsymbol{A},\boldsymbol{B}$ 均为 $n$ 阶矩阵，若存在 $n$ 阶可逆矩阵 $\boldsymbol{C}$，使得 $\boldsymbol{C}^{\mathrm{T}}\boldsymbol{A}\boldsymbol{C}=\boldsymbol{B}$ 成立，则称矩阵 $\boldsymbol{A}$ 与 $\boldsymbol{B}$ 合同的.

若矩阵 $\boldsymbol{A}$ 与矩阵 $\boldsymbol{B}$ 合同，则有 $\boldsymbol{A}$ 与 $\boldsymbol{B}$ 等价，从而 $R(\boldsymbol{A})=R(\boldsymbol{B})$.

二次型 $f(x_1,x_2,\cdots,x_n)$ 经可逆线性变换后，化为平方和的形式 $f=\lambda_1y_1^2+\lambda_2y_2^2+\cdots+\lambda_ny_n^2$ 称此为二次型 $f$ 的标准形，标准形的矩阵为对角矩阵.

任何一个实二次型，都可经过一个可逆线性变换化为标准形.

### （七）化二次型为标准形的方法

**1. 配方法**

（1）设二次型含有 $x_i$ 的平方项，则把含有 $x_i$ 的项合并，配成完全平方，在余下的各项中如果还有某个变量的平方项，也用同样方法将含有此变量的项合并，配成完全平方，直到都配成完全平方为止.

（2）若在二次型中不含有平方项，则先作线性变换$\begin{cases} x_i=y_i-y_j, \\ x_j=y_i+y_j, \\ x_k=y_k, \end{cases}$ $k\neq i,j$，可将二次型化为含平方项的二次型，再按（1）中方法配方.

**2. 用正交变换法化实二次型为标准形**

设有实二次型 $f(x_1,x_2,\cdots,x_n)$，它的矩阵为 $\boldsymbol{A}$，即 $f(x_1,x_2,\cdots,x_n)=\boldsymbol{x}^{\mathrm{T}}\boldsymbol{A}\boldsymbol{x}$. 可用实对称矩阵的对角化及正交矩阵 $\boldsymbol{T}$ 的求法，求出正交矩阵 $\boldsymbol{T}$，使 $\boldsymbol{T}^{\mathrm{T}}\boldsymbol{A}\boldsymbol{T}=\boldsymbol{T}^{-1}\boldsymbol{A}\boldsymbol{T}=\boldsymbol{\Lambda}$ 为对角矩阵，

所求正交变换为 $\begin{pmatrix} x_1 \\ x_2 \\ \vdots \\ x_n \end{pmatrix}=\boldsymbol{T}\begin{pmatrix} y_1 \\ y_2 \\ \vdots \\ y_n \end{pmatrix}$，在正交变换 $\boldsymbol{x}=\boldsymbol{T}\boldsymbol{y}$ 下，

$$f=(y_1,y_2,\cdots,y_n)\boldsymbol{\Lambda}\begin{pmatrix}y_1\\y_2\\\vdots\\y_n\end{pmatrix}=\lambda_1 y_1^2+\lambda_2 y_2^2+\cdots+\lambda_n y_n^2,$$

其中 $\lambda_1,\lambda_2,\cdots,\lambda_n$ 为对角矩阵 $\boldsymbol{\Lambda}$ 的对角线元素.

注意 二次型的标准形不是唯一的，但标准形中所含的项数是确定的（即二次型的秩），而且它所含的项中正系数、负系数的个数也是确定的，并分别叫做二次型的正惯性指数和负惯性指数.

## （八）二次型的正定性

若二次型 $f=\boldsymbol{x}^{\mathrm{T}}\boldsymbol{A}\boldsymbol{x}$，对任何非零向量 $\boldsymbol{x}$ 都有 $f=\boldsymbol{x}^{\mathrm{T}}\boldsymbol{A}\boldsymbol{x}>0(\geqslant 0)$，则称二次型 $f$ 为正定（半正定）二次型，并称对称矩阵 $\boldsymbol{A}$ 为正定（半正定）矩阵；若对任何非零向量 $\boldsymbol{x}$ 都有 $f=\boldsymbol{x}^{\mathrm{T}}\boldsymbol{A}\boldsymbol{x}<0(\leqslant 0)$，则称二次型 $f$ 为负定（半负定）二次型，并称矩阵 $\boldsymbol{A}$ 是负定（半负定）矩阵.

## （九）主要结论

**结论 1** 若 $\boldsymbol{A}$ 为 $n$ 阶正交矩阵，$\boldsymbol{x}$ 为 $n$ 维列向量，则 $\|\boldsymbol{A}\boldsymbol{x}\|=\|\boldsymbol{x}\|$.

**结论 2** 若 $\lambda$ 为 $\boldsymbol{A}$ 的特征值，$\boldsymbol{x}$ 为 $\boldsymbol{A}$ 的属于 $\lambda$ 的特征向量．则 $\lambda^k$ 为 $\boldsymbol{A}^k$ 的一个特征值，$\boldsymbol{x}$ 称为 $\boldsymbol{A}$ 的属于 $\lambda^k$ 的特征向量，其中 $k$ 为正整数．特别地，若 $\lambda\neq 0$，$\boldsymbol{A}^{-1}$ 存在时，$k$ 可取为负整数.

**结论 3** 若 $\lambda$ 为 $\boldsymbol{A}$ 的特征值，$\boldsymbol{x}$ 为 $\boldsymbol{A}$ 的属于 $\lambda$ 的特征向量，$\varphi(x)=a_0+a_1x+\cdots+a_mx^m$ 为一多项式，则 $\varphi(\lambda)=a_0+a_1\lambda+\cdots+a_m\lambda^m$ 为矩阵多项式 $\varphi(\boldsymbol{A})=a_0\boldsymbol{E}+a_1\boldsymbol{A}+\cdots+a_m\boldsymbol{A}^m$ 的特征值，$\boldsymbol{x}$ 为相应的特征向量.

**结论 4** 相似矩阵的特征值相同．从而行列式相等．特征多项式相等.

注意 $\boldsymbol{A}$ 与 $\boldsymbol{B}$ 相似，它们有相同的特征值，但特征向量不一定相同.

**结论 5** 实二次型 $f=\boldsymbol{x}^{\mathrm{T}}\boldsymbol{A}\boldsymbol{x}$ 为正定二次型的充要条件是：它的标准形中的 $n$ 个系数全为正.

**结论 6** $n$ 阶实对称矩阵 $\boldsymbol{A}$ 正定的充要条件是：

（1）$\boldsymbol{A}$ 的各阶顺序主子式全为正．即

$$a_{11}>0,\quad\begin{vmatrix}a_{11}&a_{12}\\a_{21}&a_{22}\end{vmatrix}>0,\ \cdots,\quad\begin{vmatrix}a_{11}&a_{12}&\cdots&a_{1n}\\a_{21}&a_{22}&\cdots&a_{2n}\\\cdots&\cdots&\cdots&\cdots\\a_{n1}&a_{n2}&\cdots&a_{nn}\end{vmatrix}>0;$$

（2）$\boldsymbol{A}$ 的所有特征值 $\lambda_1,\lambda_2,\cdots,\lambda_n$ 全为正；

（3）$\boldsymbol{A}$ 与 $n$ 阶单位 $\boldsymbol{E}$ 是合同的；

（4）存在 $n$ 阶可逆矩阵 $\boldsymbol{C}$，使得 $\boldsymbol{A}=\boldsymbol{C}^{\mathrm{T}}\boldsymbol{C}$；

（5）$\boldsymbol{A}^{-1}$ 为对称正定矩阵；

（6）$\boldsymbol{A}^*$ 为对称正定矩阵.

**结论 7** 若 $n$ 阶实对称矩阵 $\boldsymbol{A}$ 是正定矩阵，则其对角元素 $a_{ii}>0$ $(i=1,2,\cdots,n)$.

**结论 8** 若 $n$ 阶实对称矩阵 $\boldsymbol{A}$，$\boldsymbol{B}$ 都是正定矩阵，则 $\boldsymbol{A}+\boldsymbol{B}$ 也为对称正定矩阵.

注意 $\boldsymbol{AB}$ 不一定是对称正定矩阵．由于 $\boldsymbol{AB}$ 不一定对称．只有 $\boldsymbol{AB}=\boldsymbol{BA}$ 时，$\boldsymbol{AB}$ 是对称正定矩阵.

**结论 9** 对角矩阵、上（下）三角矩阵的特征值即为其对角元素.

**结论 10** $\boldsymbol{A}$ 与 $\boldsymbol{B}$ 等价、合同、相似、正交相似的关系是：

（1）$\boldsymbol{A}$ 与 $\boldsymbol{B}$ 正交相似⇒$\boldsymbol{A}$ 与 $\boldsymbol{B}$ 合同且相似；

（2）$\boldsymbol{A}$ 与 $\boldsymbol{B}$ 相似⇒$\boldsymbol{A}$ 与 $\boldsymbol{B}$ 等价；

（3）$\boldsymbol{A}$ 与 $\boldsymbol{B}$ 合同⇒$\boldsymbol{A}$ 与 $\boldsymbol{B}$ 等价；

（4）若 $\boldsymbol{A},\boldsymbol{B}$ 为实对称矩阵，$\boldsymbol{A}$ 与 $\boldsymbol{B}$ 相似⇒$\boldsymbol{A}$ 与 $\boldsymbol{B}$ 合同.

**结论 11** 与单位矩阵相似的矩阵只能是单位矩阵；与单位矩阵合同的矩阵是正定矩阵；与单位矩阵等价的矩阵是可逆矩阵.

## 二、精选题解析

### （一）填空题

**【例 1】** 已知二次型 $f=-4x_1x_2+2x_1x_3+2tx_2x_3$ 的秩为 2，则 $t=$________.

**【解析】** 因为 $f=-4x_1x_2+2x_1x_3+2tx_2x_3=(x_1,x_2,x_3)\begin{pmatrix}0&-2&1\\-2&0&t\\1&t&0\end{pmatrix}\begin{pmatrix}x_1\\x_2\\x_3\end{pmatrix}$，

所以有 $\boldsymbol{A}=\begin{pmatrix}0&-2&1\\-2&0&t\\1&t&0\end{pmatrix}$，又二次型的秩就是矩阵 $\boldsymbol{A}$ 的秩．于是

$$\boldsymbol{A}=\begin{pmatrix}0&-2&1\\-2&0&t\\1&t&0\end{pmatrix}\to\begin{pmatrix}1&t&0\\-2&0&t\\0&-2&1\end{pmatrix}\to\begin{pmatrix}1&t&0\\0&2t&t\\0&-2&1\end{pmatrix},$$

可见 $t=0$ 时，$\boldsymbol{A}$ 的秩为 2.

注意 此题也可以用 $|\boldsymbol{A}|=0$ 求得 $t=0$.

**【例 2】** 已知 3 阶矩阵 $\boldsymbol{A}$ 的 3 个特征值为 1,2,3，则 $\boldsymbol{A}^{-1}$ 的特征值为________.

**【解析】** 由于若 $\lambda$ 为 $\boldsymbol{A}$ 的特征值，$\boldsymbol{x}$ 为相应的特征向量，则有 $\boldsymbol{Ax}=\lambda\boldsymbol{x}$，当 $\boldsymbol{A}$ 可逆时，两边左乘以 $\boldsymbol{A}^{-1}$，且同时除以 $\lambda$，得 $\frac{1}{\lambda}\boldsymbol{x}=\boldsymbol{A}^{-1}\boldsymbol{x}$，所以 $\frac{1}{\lambda}$ 为 $\boldsymbol{A}^{-1}$ 的特征值．同理知，$\lambda^k$ 为 $\boldsymbol{A}^k$ 的特征值（$k$ 为整数）．从而 $\boldsymbol{A}^{-1}$ 的特征值为 $1,\frac{1}{2},\frac{1}{3}$.

**【例 3】** 设 $\boldsymbol{A}$ 为 $n$ 阶方阵，且齐次线性方程组 $\boldsymbol{Ax}=\boldsymbol{0}$ 有非零解，则 $\boldsymbol{A}$ 的一个特征值必为________.

**【解析】** 因为 $\boldsymbol{A}$ 为 $n$ 阶方阵，又 $\boldsymbol{Ax}=\boldsymbol{0}$ 有非零解，得知 $|\boldsymbol{A}|=0$，由 $|\boldsymbol{A}|=\prod_{i=1}^{n}\lambda_i$ 知，$\boldsymbol{A}$ 的一个特征值必为零.

**【例 4】** 当 $a$ 满足________时，$\boldsymbol{A}=\begin{pmatrix}a&2\\2&1\end{pmatrix}$ 为正定矩阵.

**【解析】** 由实对称矩阵为正定矩阵的充要条件是，各阶顺序主子式全大于零知，$a>0$，且 $|\boldsymbol{A}|=a-4>0$ 知，$a$ 满足 $a>4$ 即可.

注意 也可以求此矩阵的特征值，使特征值全大于零．但当矩阵的阶数较高时，一般不用求特征值的方法.

【例 5】 已知矩阵 $\boldsymbol{A}=\begin{pmatrix}1&-1&1\\2&4&-2\\-3&-3&5\end{pmatrix}$ 和 $\boldsymbol{B}=\begin{pmatrix}\lambda&0&0\\0&2&0\\0&0&2\end{pmatrix}$ 相似，则 $\lambda=$________.

【解析】 方法一 由于相似矩阵有相同的特征值，从而行列式相等，又 $|\boldsymbol{A}|=24$，$|\boldsymbol{B}|=4\lambda$，所以 $\lambda=6$.

方法二 相似矩阵有相同的特征值，从而有相同的迹，即对角线上的元素之和相等．得 $1+4+5=\lambda+2+2$，所以 $\lambda=6$.

注意 做此类题一般不宜用相似矩阵有相同特征多项式或相同特征值的方法，通过比较多项式的系数或求特征值来求待定参数.

【例 6】 已知 $\boldsymbol{\alpha}_1=(a,1,1)^{\mathrm{T}},\boldsymbol{\alpha}_2=(-1,b,0)^{\mathrm{T}},\boldsymbol{\alpha}_3=(-1,-1,2)^{\mathrm{T}}$ 是 3 阶实对称矩阵 $\boldsymbol{A}$ 的 3 个不同特征值所对应的特征向量，则 $a,b$ 的值分别是________.

【解析】 注意到，实对称矩阵不同特征值对应的特征向量是正交的，所以有

$$\boldsymbol{\alpha}_1^{\mathrm{T}}\boldsymbol{\alpha}_2=0,\quad \boldsymbol{\alpha}_1^{\mathrm{T}}\boldsymbol{\alpha}_3=0,\quad \boldsymbol{\alpha}_2^{\mathrm{T}}\boldsymbol{\alpha}_3=0,\quad \text{解得 } a=1,\ b=1.$$

【例 7】 设 $\boldsymbol{A}$ 是 4 阶矩阵，且 $R(\boldsymbol{A})=2$，$\boldsymbol{A}^*$ 是 $\boldsymbol{A}$ 的伴随矩阵，则 $\boldsymbol{A}^*$ 的特征值是________，对应的特征向量是________.

【解析】 因为由于 $\boldsymbol{A}^*$ 的元素是由 $\boldsymbol{A}$ 的 3 阶子式组成的，又 $R(\boldsymbol{A})=2$，得 $\boldsymbol{A}$ 的 3 阶子式全为零．所以 $\boldsymbol{A}^*$ 为零矩阵，从而 $\boldsymbol{A}^*$ 的特征值全为零，可得任意四维非零向量都是 $\boldsymbol{A}^*$ 对应零特征值的特征向量.

【例 8】 已知 3 阶矩阵 $\boldsymbol{A}$ 的特征值为 $1,-1,2$，则 $2\boldsymbol{A}^3-3\boldsymbol{A}^2$ 的特征值是________.

【解析】 由"本章内容要点(九)主要结论"中的结论 3 知，$2\boldsymbol{A}^3-3\boldsymbol{A}^2$ 的特征值分别是

$$2\cdot1^3-3\cdot1^2=-1,\ 2\cdot(-1)^3-3(-1)^2=-5 \text{ 和 } 2\cdot2^3-3\cdot2^2=4.$$

【例 9】 设 $\boldsymbol{A}$ 为 $n$ 阶方阵，且 $0,1,2,\cdots,n-1$ 为 $\boldsymbol{A}$ 的 $n$ 个特征值．$\boldsymbol{B}$ 与 $\boldsymbol{A}$ 相似，则 $|\boldsymbol{B}+\boldsymbol{E}|=$________（其中 $\boldsymbol{E}$ 为单位矩阵）.

【解析】 由于矩阵的行列式等于它的所有特征值之积，又相似矩阵有相同的特征值，从而 $\boldsymbol{B}$ 的 $n$ 个特征值也为 $0,1,2,\cdots,n-1$. 又由"本章内容要点(九)主要结论"中的结论 3 知，若 $\lambda$ 为 $\boldsymbol{B}$ 的一个特征值，则 $\lambda+1$ 为 $\boldsymbol{B}+\boldsymbol{E}$ 的一个特征值，所以 $\boldsymbol{B}+\boldsymbol{E}$ 的特征值为 $1,2,\cdots,n$，得 $|\boldsymbol{B}+\boldsymbol{E}|=n!$.

【例 10】 已知 $\boldsymbol{A}=\begin{pmatrix}3&2&-1\\a&-2&2\\3&b&-1\end{pmatrix}$ 有一个特征向量 $\boldsymbol{\xi}=(1,-2,3)^{\mathrm{T}}$，则 $a,b$ 的值分别是________.

【解析】 由条件，设 $\boldsymbol{\xi}$ 为属于特征值 $\lambda$ 的特征向量，则有

$$\begin{pmatrix}3&2&-1\\a&-2&2\\3&b&-1\end{pmatrix}\begin{pmatrix}1\\-2\\3\end{pmatrix}=\lambda\begin{pmatrix}1\\-2\\3\end{pmatrix},$$

得方程组 $\begin{cases}3-4-3=\lambda,\\a+4+6=-2\lambda,\\3-2b-3=3\lambda,\end{cases}$ 解得 $\lambda=-4$，$a=-2,b=6$. 所以应填 $a=-2,b=6$.

【例 11】 已知 $\boldsymbol{A}=\begin{pmatrix}2&0&0\\0&0&1\\0&1&a\end{pmatrix}$ 的伴随矩阵 $\boldsymbol{A}^*$ 有一个特征值为 $-2$，则 $a=$________.

**【解析】** 首先证明，若 $\lambda$ 是可逆矩阵 $\boldsymbol{A}$ 的一个特征值，则 $\frac{|\boldsymbol{A}|}{\lambda}$ 为伴随矩阵 $\boldsymbol{A}^*$ 的一个特征值．设 $\lambda$ 是 $\boldsymbol{A}$ 的一个特征值，$\boldsymbol{x}$ 为对应的特征向量，则 $\boldsymbol{Ax}=\lambda\boldsymbol{x}$，因为 $\boldsymbol{A}$ 可逆，两边左乘以 $\boldsymbol{A}^{-1}$，且同时除以 $\lambda$，得 $\frac{1}{\lambda}\boldsymbol{x}=\boldsymbol{A}^{-1}\boldsymbol{x}$，又 $\boldsymbol{A}^{-1}=\frac{1}{|\boldsymbol{A}|}\boldsymbol{A}^*$，所以 $\frac{1}{\lambda}\boldsymbol{x}=\frac{1}{|\boldsymbol{A}|}\boldsymbol{A}^*\boldsymbol{x}$，同乘以 $|\boldsymbol{A}|$，得 $\boldsymbol{A}^*\boldsymbol{x}=\frac{|\boldsymbol{A}|}{\lambda}\boldsymbol{x}$，结论得证．其次，由于 $|\boldsymbol{A}|=-2$，所以有 $\frac{-2}{\lambda}=-2$，得 $\lambda=1$ 为 $\boldsymbol{A}$ 的一个特征值．得

$$|\boldsymbol{A}-\boldsymbol{E}|=\begin{vmatrix}1&0&0\\0&-1&1\\0&1&a-1\end{vmatrix}=-(a-1)-1=-a=0，知 a=0.$$

**【例 12】**（2011 年考研题）若二次曲面的方程 $x^2+3y^2+z^2+2axy+2xz+2yz=4$，经过正交变换化为 $y_1^2+4z_1^2=4$，则 $a=$________.

**【解析】** 二次型矩阵为 $\boldsymbol{A}=\begin{pmatrix}1&a&1\\a&3&1\\1&1&1\end{pmatrix}$，由于正交变换后的标准形系数即为矩阵的特征值，可见其中有一个特征值等于零，所以有

$$|\boldsymbol{A}|=\begin{vmatrix}1&a&1\\a&3&1\\1&1&1\end{vmatrix}=-(a-1)^2=0，得 a=1.$$

### （二）选择题

**【例 1】** 零为矩阵 $\boldsymbol{A}$ 的一个特征值是矩阵 $\boldsymbol{A}$ 不可逆的________条件.

（A）充分　（B）必要　（C）充分必要　（D）非充分，非必要

**【解析】** 应选（C）．由于矩阵 $\boldsymbol{A}$ 不可逆的充要条件是 $|\boldsymbol{A}|=0$，而 $|\boldsymbol{A}|=\prod_{i=1}^{n}\lambda_i$，即行列式为特征值的乘积.

**【例 2】** 矩阵 $\boldsymbol{A}=\begin{pmatrix}1&1&\cdots&1\\1&1&\cdots&1\\ &\cdots\cdots&&\\1&1&\cdots&1\end{pmatrix}_{n\times n}$ 有一个特征值是________.

（A）1　（B）$-1$　（C）$n-1$　（D）$n$

**【解析】** 应选（D）．方法一　直接求 $|\boldsymbol{A}-\lambda\boldsymbol{E}|=0$ 的根，可得 $\lambda=n$，$\lambda=0$（$n-1$ 重）.

方法二　由于 $\boldsymbol{A}$ 的各行（列）的元素之和等于 $n$，所以 $n$ 是它的一个特征值.

注意　矩阵的各行（或列）的元素之和等于 $a$ 时，$a$ 一定是它的一个特征值.

方法三　由于 $R(\boldsymbol{A})=1$，且为对称矩阵，那么它只有一个非零特征值，这就是对角线上的元素之和，其余均为零特征值.

**【例 3】** 已知 $\lambda_1,\lambda_2$ 是矩阵 $\boldsymbol{A}$ 的两个不相同的特征值，$\boldsymbol{\alpha}_1,\boldsymbol{\alpha}_2$ 是 $\boldsymbol{A}$ 的分别属于 $\lambda_1,\lambda_2$ 的特征向量，则以下情况成立的是________.

（A）对任意 $k_1\neq0,k_2\neq0$，$k_1\boldsymbol{\alpha}_1+k_2\boldsymbol{\alpha}_2$ 都是 $\boldsymbol{A}$ 的特征向量

（B）存在常数 $k_1\neq0,k_2\neq0$，使 $k_1\boldsymbol{\alpha}_1+k_2\boldsymbol{\alpha}_2$ 是 $\boldsymbol{A}$ 的特征向量

（C）当 $k_1\neq0,k_2\neq0$ 时，$k_1\boldsymbol{\alpha}_1+k_2\boldsymbol{\alpha}_2$ 不可能是 $\boldsymbol{A}$ 的特征向量

（D）存在唯一的一组常数 $k_1\neq0,k_2\neq0$，使 $k_1\boldsymbol{\alpha}_1+k_2\boldsymbol{\alpha}_2$ 是 $\boldsymbol{A}$ 的特征向量

**【解析】** 应选（C）．由于若 $k_1\neq0,k_2\neq0$ 时，$k_1\boldsymbol{\alpha}_1+k_2\boldsymbol{\alpha}_2$ 是 $\boldsymbol{A}$ 的特征向量，不妨设此

时的特征值为$\lambda$，则有$\boldsymbol{A}(k_1\boldsymbol{\alpha}_1+k_2\boldsymbol{\alpha}_2)=\lambda(k_1\boldsymbol{\alpha}_1+k_2\boldsymbol{\alpha}_2)$，又$\boldsymbol{A\alpha}_1=\lambda_1\boldsymbol{\alpha}_1,\boldsymbol{A\alpha}_2=\lambda_2\boldsymbol{\alpha}_2$，可得

$$k_1\lambda_1\boldsymbol{\alpha}_1+k_2\lambda_2\boldsymbol{\alpha}_2=\lambda k_1\boldsymbol{\alpha}_1+\lambda k_2\boldsymbol{\alpha}_2,\text{ 即有 } k_1(\lambda_1-\lambda)\boldsymbol{\alpha}_1+k_2(\lambda_2-\lambda)\boldsymbol{\alpha}_2=\boldsymbol{0},$$

因为$\boldsymbol{\alpha}_1,\boldsymbol{\alpha}_2$线性无关（因为是不同特征值对应的特征向量），且$k_1\neq0,k_2\neq0$，得$\lambda_1=\lambda_2=\lambda$，与$\lambda_1,\lambda_2$是矩阵$\boldsymbol{A}$的两个不相同的特征值矛盾.

**【例 4】** 与$n$阶单位矩阵$\boldsymbol{E}$相似的矩阵是________.

（A）数量矩阵$k\boldsymbol{E}$（$k\neq1$）　（B）单位矩阵$\boldsymbol{E}$

（C）任意对角矩阵　（D）任意$n$阶初等矩阵

**【解析】** 应选（B）. 因为若矩阵$\boldsymbol{A}$与单位矩阵$\boldsymbol{E}$相似，即存在可逆矩阵$\boldsymbol{P}$，有$\boldsymbol{P}^{-1}\boldsymbol{AP}=\boldsymbol{E}$，则知

$$\boldsymbol{A}=\boldsymbol{PEP}^{-1}=\boldsymbol{E}.$$

**【例 5】** 下列矩阵能与对角矩阵相似的是________.

（A）$\boldsymbol{A}=\begin{pmatrix}1&1\\-4&5\end{pmatrix}$　（B）$\boldsymbol{A}=\begin{pmatrix}1&-4\\1&5\end{pmatrix}$　（C）$\boldsymbol{A}=\begin{pmatrix}1&1\\0&0\end{pmatrix}$　（D）$\boldsymbol{A}=\begin{pmatrix}0&1\\-1&2\end{pmatrix}$

**【解析】** 由于（C）中的矩阵有特征值 1 和 0，它两个相异的特征值，所以应选（C）.

**【例 6】** 实二次型$f=\boldsymbol{x}^{\mathrm T}\boldsymbol{Ax}$为正定二次型的充要条件是________.

（A）$|\boldsymbol{A}|>0$　（B）存在可逆矩阵$\boldsymbol{C}$，使$\boldsymbol{A}=\boldsymbol{C}^{\mathrm T}\boldsymbol{C}$

（C）$\boldsymbol{A}$的特征值非负　（D）对某一向量$0\neq\boldsymbol{x}\in\mathbf{R}^n$，有$\boldsymbol{x}^{\mathrm T}\boldsymbol{Ax}>0$

**【解析】** 由“本章内容要点(九)主要结论”中的结论 6 知，应选(B). 因为对任意$\boldsymbol{0}\neq\boldsymbol{x}\in\mathbf{R}^n,\boldsymbol{x}^{\mathrm T}\boldsymbol{Ax}=\boldsymbol{x}^{\mathrm T}\boldsymbol{C}^{\mathrm T}\boldsymbol{Cx}=(\boldsymbol{Cx})^{\mathrm T}(\boldsymbol{Cx})$，由于$\boldsymbol{x}\neq\boldsymbol{0}$，且矩阵$\boldsymbol{C}$可逆，所以$\boldsymbol{Cx}\neq\boldsymbol{0}$，得知

$$\boldsymbol{x}^{\mathrm T}\boldsymbol{Ax}=(\boldsymbol{Cx})^{\mathrm T}(\boldsymbol{Cx})>0.$$

另外，当$f=\boldsymbol{x}^{\mathrm T}\boldsymbol{Ax}$为正定二次型时，矩阵$\boldsymbol{A}$为正定矩阵，从而存在可逆矩阵$\boldsymbol{C}$，使$\boldsymbol{A}=\boldsymbol{C}^{\mathrm T}\boldsymbol{C}$. 而(A)，(C)，(D)都是二次型正定的必要条件，不是充分条件.

**【例 7】** 已知 4 阶矩阵$\boldsymbol{A}$和$\boldsymbol{B}$相似，且$\boldsymbol{A}$的特征值为$\frac12,\frac13,\frac14,\frac15$，$\boldsymbol{E}$为单位矩阵，则$|\boldsymbol{B}^{-1}-\boldsymbol{E}|=$________.

（A）$-24$　（B）12　（C）48　（D）24

**【解析】** 应选（D）. 由于$\boldsymbol{A}$和$\boldsymbol{B}$相似，所以$\boldsymbol{A}$和$\boldsymbol{B}$有相同的特征值，从而$\boldsymbol{B}$的特征值也是$\frac12,\frac13,\frac14,\frac15$，得$\boldsymbol{B}^{-1}$的特征值为 2,3,4,5. 可知$\boldsymbol{B}^{-1}-\boldsymbol{E}$的特征值为 1,2,3,4. 所以

$$|\boldsymbol{B}^{-1}-\boldsymbol{E}|=4!=24.$$

**【例 8】** $n$阶矩阵$\boldsymbol{A}$有$n$个不同的特征值是$\boldsymbol{A}$与对角矩阵相似的________条件.

（A）充分　（B）必要　（C）充要　（D）非充分，非必要

**【解析】** 应选（A）. 这由“本章内容要点(四)相似矩阵”中的(2)知.

**【例 9】** $n$阶对称矩阵$\boldsymbol{A}$为正定矩阵的充要条件是________.

（A）$R(\boldsymbol{A})=n$　（B）$|\boldsymbol{A}|>0$

（C）$\boldsymbol{A}$的特征值全大于零　（D）$\boldsymbol{A}$的主对角线上元素全大于零

**【解析】** 应选（C）.（A），（B），（D）全为必要条件.

**【例 10】** 设矩阵$\boldsymbol{A}$与$\boldsymbol{B}$相似，即存在可逆矩阵$\boldsymbol{P}$使得$\boldsymbol{B}=\boldsymbol{P}^{-1}\boldsymbol{AP}$成立. 又$\lambda$是它们的一个特征值，$\boldsymbol{x}$是$\boldsymbol{A}$的属于特征值$\lambda$的特征向量，则$\boldsymbol{B}$的属于特征值$\lambda$的特征向量是________.

（A）$\boldsymbol{P}^{-1}\boldsymbol{x}$　（B）$\boldsymbol{Px}$　（C）$\boldsymbol{x}$　（D）$\boldsymbol{P}^{\mathrm T}\boldsymbol{x}$

**【解析】** 应选（A）. 事实上，因为由$\boldsymbol{Ax}=\lambda\boldsymbol{x}$，两边左乘以$\boldsymbol{P}^{-1}$，得$\boldsymbol{P}^{-1}\boldsymbol{Ax}=\lambda\boldsymbol{P}^{-1}\boldsymbol{x}$，改写后为$(\boldsymbol{P}^{-1}\boldsymbol{AP})\boldsymbol{P}^{-1}\boldsymbol{x}=\lambda\boldsymbol{P}^{-1}\boldsymbol{x}$，即相当于$\boldsymbol{BP}^{-1}\boldsymbol{x}=\lambda\boldsymbol{P}^{-1}\boldsymbol{x}$，所以$\boldsymbol{P}^{-1}\boldsymbol{x}$是$\boldsymbol{B}$的属于特征值

$\lambda$ 的特征向量.

## (三) 计算题

### 1. 矩阵的特征值和特征向量的求法

**【例 1】** 计算 $A=\begin{pmatrix}3 & -1 & -2\\ 2 & 0 & -2\\ 2 & -1 & -1\end{pmatrix}$的特征值和全部特征向量.

**【解析】** 特征多项式为

$$|A-\lambda E|=\begin{vmatrix}3-\lambda & -1 & -2\\ 2 & -\lambda & -2\\ 2 & -1 & -1-\lambda\end{vmatrix}=\begin{vmatrix}3-\lambda & -1 & -2\\ 2 & -\lambda & -2\\ \lambda-1 & 0 & 1-\lambda\end{vmatrix},$$

以上是进行$(-1)r_1+r_3$. 再提取$(\lambda-1)$后，进行 $c_1+c_3$得

$$|A-\lambda E|=(\lambda-1)\begin{vmatrix}3-\lambda & -1 & 1-\lambda\\ 2 & -\lambda & 0\\ 1 & 0 & 0\end{vmatrix}=-\lambda(\lambda-1)^2,$$

令$|A-\lambda E|=-\lambda(\lambda-1)^2=0$，得特征值 $\lambda_1=0,\lambda_2=\lambda_3=1$.

对于 $\lambda_1=0$，解齐次线性方程组$(A-0\cdot E)x=Ax=0$，

$$A=\begin{pmatrix}3 & -1 & -2\\ 2 & 0 & -2\\ 2 & -1 & -1\end{pmatrix}\to\begin{pmatrix}1 & -1 & 0\\ 1 & 0 & -1\\ 2 & -1 & -1\end{pmatrix}\to\begin{pmatrix}1 & -1 & 0\\ 0 & 1 & -1\\ 0 & 0 & 0\end{pmatrix}\to\begin{pmatrix}1 & 0 & -1\\ 0 & 1 & -1\\ 0 & 0 & 0\end{pmatrix},$$

得基础解系为$\begin{pmatrix}1\\1\\1\end{pmatrix}$，属于特征值 $\lambda_1=0$ 的全部特征向量为 $k_1\begin{pmatrix}1\\1\\1\end{pmatrix}$，$k_1\neq0$.

对于 $\lambda_2=\lambda_3=1$，解齐次线性方程组$(A-E)x=0$，

$$A-E=\begin{pmatrix}2 & -1 & -2\\ 2 & -1 & -2\\ 2 & -1 & -2\end{pmatrix}\to\begin{pmatrix}-2 & 1 & 2\\ 0 & 0 & 0\\ 0 & 0 & 0\end{pmatrix}，得\begin{cases}x_1=x_1\\ x_2=2x_1-2x_3\\ x_3=x_3\end{cases}，得基础解系为\begin{pmatrix}1\\2\\0\end{pmatrix},\begin{pmatrix}0\\-2\\1\end{pmatrix}.$$

属于特征值 $\lambda_2=\lambda_3=1$ 的全部特征向量为

$$k_2\begin{pmatrix}1\\2\\0\end{pmatrix}+k_3\begin{pmatrix}0\\-2\\1\end{pmatrix}，k_2,k_3不同时为零.$$

**【例 2】** (2011 年考研题) 设 $A$ 为 3 阶实对称矩阵，$A$ 的秩为 2，且

$$A\cdot\begin{pmatrix}1 & 1\\ 0 & 0\\ -1 & 1\end{pmatrix}=\begin{pmatrix}-1 & 1\\ 0 & 0\\ 1 & 1\end{pmatrix}$$

求 (1) $A$ 的所有特征值与特征向量；(2) 矩阵 $A$.

**【解析】** (1) 由于$A\cdot\begin{pmatrix}1 & 1\\ 0 & 0\\ -1 & 1\end{pmatrix}=\begin{pmatrix}-1 & 1\\ 0 & 0\\ 1 & 1\end{pmatrix}$，得

$$A\cdot\begin{pmatrix}1\\0\\-1\end{pmatrix}=-1\cdot\begin{pmatrix}1\\0\\-1\end{pmatrix}及A\cdot\begin{pmatrix}1\\0\\1\end{pmatrix}=1\cdot\begin{pmatrix}1\\0\\1\end{pmatrix},$$

所以$\lambda_1=-1$及$\lambda_2=1$为$\boldsymbol{A}$的两个特征值，对应的全部特征向量分别为$k_1\cdot\begin{pmatrix}1\\0\\-1\end{pmatrix}$及$k_2\cdot\begin{pmatrix}1\\0\\1\end{pmatrix}$，其中$k_1,k_2$均为非零常数．又因为$\boldsymbol{A}$为对称阵且秩为2，可得$\lambda_3=0$为$\boldsymbol{A}$的另一个特征值．仍由$\boldsymbol{A}$为3阶实对称矩阵知，$\lambda_3=0$对应的特征向量$\boldsymbol{\alpha}=\begin{pmatrix}x_1\\x_2\\x_3\end{pmatrix}$与$\lambda_1=-1$及$\lambda_2=1$对应的特征向量是正交的，即有$\begin{cases}x_1-x_3=0,\\x_1+x_3=0,\end{cases}$得$\lambda_3=0$对应的全部特征向量为$k_3\cdot\begin{pmatrix}0\\1\\0\end{pmatrix}$，其中$k_3$为非零常数.

(2) 由于$\boldsymbol{A}\cdot\begin{pmatrix}1&1&0\\0&0&1\\-1&1&0\end{pmatrix}=\begin{pmatrix}1&1&0\\0&0&1\\-1&1&0\end{pmatrix}\cdot\begin{pmatrix}-1&0&0\\0&1&0\\0&0&0\end{pmatrix}$，

$$\boldsymbol{A}=\begin{pmatrix}1&1&0\\0&0&1\\-1&1&0\end{pmatrix}\cdot\begin{pmatrix}-1&0&0\\0&1&0\\0&0&0\end{pmatrix}\cdot\begin{pmatrix}1&1&0\\0&0&1\\-1&1&0\end{pmatrix}^{-1}=\begin{pmatrix}0&0&1\\0&0&0\\1&0&0\end{pmatrix}.$$

**【例3】** 设4阶矩阵$\boldsymbol{A}$满足$|3\boldsymbol{E}+\boldsymbol{A}|=0$，$\boldsymbol{A}\boldsymbol{A}^{\mathrm{T}}=2\boldsymbol{E}$，$|\boldsymbol{A}|<0$，其中$\boldsymbol{E}$为单位矩阵，求伴随矩阵$\boldsymbol{A}^*$的一个特征值.

**【解析】** 由$|\boldsymbol{A}-(-3)\boldsymbol{E}|=|\boldsymbol{A}+3\boldsymbol{E}|=|3\boldsymbol{E}+\boldsymbol{A}|=0$知，$\lambda=-3$为矩阵$\boldsymbol{A}$的一个特征值．伴随矩阵$\boldsymbol{A}^*$的一个特征值为$\dfrac{|\boldsymbol{A}|}{-3}$. 又由$\boldsymbol{A}\boldsymbol{A}^{\mathrm{T}}=2\boldsymbol{E}$得，$|\boldsymbol{A}|^2=|\boldsymbol{A}\boldsymbol{A}^{\mathrm{T}}|=|2\boldsymbol{E}|=2^4=16$，由于$|\boldsymbol{A}|<0$，所以$|\boldsymbol{A}|=-4$. 得伴随矩阵$\boldsymbol{A}^*$的一个特征值为$\dfrac{4}{3}$.

**2. 已知矩阵的特征值和特征向量求矩阵A**

**【例4】** 设$\boldsymbol{A}$是3阶实对称矩阵，且其特征值为$\lambda_1=-1$，$\lambda_2=\lambda_3=1$. 又属于特征值$\lambda_1=-1$的特征向量为$\boldsymbol{\alpha}_1=\begin{pmatrix}0\\1\\1\end{pmatrix}$，求矩阵$\boldsymbol{A}$.

**【解析】** 注意到$\boldsymbol{A}$是3阶实对称矩阵，所以若设$\boldsymbol{A}$的特征值$\lambda_2=\lambda_3=1$所对应的特征向量为$\boldsymbol{x}=(x_1,x_2,x_3)^{\mathrm{T}}$，则有$\boldsymbol{x}$与$\boldsymbol{\alpha}_1$正交，即

$$\boldsymbol{x}^{\mathrm{T}}\boldsymbol{\alpha}_1=x_2+x_3=0，得\begin{cases}x_1=x_1,\\x_2=-x_3,\\x_3=x_3,\end{cases}$$

所以特征值$\lambda_2=\lambda_3=1$所对应的特征向量为$\boldsymbol{\alpha}_2=\begin{pmatrix}1\\0\\0\end{pmatrix}$，$\boldsymbol{\alpha}_3=\begin{pmatrix}0\\-1\\1\end{pmatrix}$. 再由$\boldsymbol{A}\boldsymbol{\alpha}_1=-\boldsymbol{\alpha}_1$，$\boldsymbol{A}\boldsymbol{\alpha}_2=\boldsymbol{\alpha}_2$，$\boldsymbol{A}\boldsymbol{\alpha}_3=\boldsymbol{\alpha}_3$知，$\boldsymbol{A}(\boldsymbol{\alpha}_1,\boldsymbol{\alpha}_2,\boldsymbol{\alpha}_3)=(\boldsymbol{\alpha}_1,\boldsymbol{\alpha}_2,\boldsymbol{\alpha}_3)\begin{pmatrix}-1&0&0\\0&1&0\\0&0&1\end{pmatrix}$，即

$$A=(\boldsymbol{\alpha}_1,\boldsymbol{\alpha}_2,\boldsymbol{\alpha}_3)\begin{pmatrix}-1&0&0\\0&1&0\\0&0&1\end{pmatrix}(\boldsymbol{\alpha}_1,\boldsymbol{\alpha}_2,\boldsymbol{\alpha}_3)^{-1}，又(\boldsymbol{\alpha}_1,\boldsymbol{\alpha}_2,\boldsymbol{\alpha}_3)^{-1}=\begin{pmatrix}0&1&0\\1&0&-1\\1&0&1\end{pmatrix}^{-1}，$$

$$\begin{pmatrix}0&1&0&1&0&0\\1&0&-1&0&1&0\\1&0&1&0&0&1\end{pmatrix}\to\begin{pmatrix}1&0&-1&0&1&0\\0&1&0&1&0&0\\1&0&1&0&0&1\end{pmatrix}\to\begin{pmatrix}1&0&-1&0&1&0\\0&1&0&1&0&0\\0&0&2&0&-1&1\end{pmatrix}$$

$$\to\begin{pmatrix}1&0&-1&0&1&0\\0&1&0&1&0&0\\0&0&1&0&\frac{-1}{2}&\frac{1}{2}\end{pmatrix}\to\begin{pmatrix}1&0&0&0&\frac{1}{2}&\frac{1}{2}\\0&1&0&1&0&0\\0&0&1&0&\frac{-1}{2}&\frac{1}{2}\end{pmatrix},$$

所以得
$$A=\begin{pmatrix}0&1&0\\1&0&-1\\1&0&1\end{pmatrix}\begin{pmatrix}-1&0&0\\0&1&0\\0&0&1\end{pmatrix}\begin{pmatrix}0&\frac{1}{2}&\frac{1}{2}\\1&0&0\\0&\frac{-1}{2}&\frac{1}{2}\end{pmatrix}=\begin{pmatrix}1&0&0\\0&0&-1\\0&-1&0\end{pmatrix}.$$

注意　对于不是实对称矩阵来说，一般给出所有的特征值及所对应的特征向量，要求矩阵 $\boldsymbol{A}$，方法是一样的.

**3. 研究矩阵 A 能否对角化问题**

**【例 5】** 设 $\boldsymbol{A}=\begin{pmatrix}-1&1&0\\-4&3&0\\1&0&2\end{pmatrix}$，问矩阵 $\boldsymbol{A}$ 能否对角化？若能对角化，求出可逆矩阵 $\boldsymbol{P}$，使 $\boldsymbol{P}^{-1}\boldsymbol{AP}$ 为对角矩阵.

**【解析】** $|\boldsymbol{A}-\lambda\boldsymbol{E}|=\begin{vmatrix}-1-\lambda&1&0\\-4&3-\lambda&0\\1&0&2-\lambda\end{vmatrix}=-(2-\lambda)(\lambda-1)^2$，

得特征值为 $\lambda_1=\lambda_2=1$，$\lambda_3=2$. 对于特征值 $\lambda_1=\lambda_2=1$，解

$$(\boldsymbol{A}-\boldsymbol{E})\boldsymbol{x}=\boldsymbol{0}，\boldsymbol{A}-\boldsymbol{E}=\begin{pmatrix}-2&1&0\\-4&2&0\\1&0&1\end{pmatrix}\to\begin{pmatrix}1&0&1\\-2&1&0\\0&0&0\end{pmatrix},$$

得特征向量为 $\begin{pmatrix}1\\2\\-1\end{pmatrix}$，显然矩阵 $\boldsymbol{A}$ 不存在 3 个线性无关的特征向量，所以矩阵 $\boldsymbol{A}$ 不能对角化.

注意　判别一个矩阵能否对角化，常用矩阵对角化的充分条件和充要条件来判别．充分条件是 $n$ 阶矩阵有 $n$ 个不同的特征值．若满足有 $n$ 个不同的特征值，则矩阵能对角化．否则，再用是否有 $n$ 个线性无关的特征向量这个充要条件来判别，若有 $n$ 个线性无关的特征向量，则可以对角化，否则不能对角化.

**【例 6】** 设 $\boldsymbol{A}=\begin{pmatrix}1&-1&1\\2&4&-2\\-3&-3&5\end{pmatrix}$，问矩阵 $\boldsymbol{A}$ 能否对角化？若能对角化，求出可逆矩阵 $\boldsymbol{P}$，使 $\boldsymbol{P}^{-1}\boldsymbol{AP}$ 为对角矩阵.

【解析】 $|A-\lambda E|=\begin{vmatrix}1-\lambda & -1 & 1\\ 2 & 4-\lambda & -2\\ -3 & -3 & 5-\lambda\end{vmatrix}=-(\lambda-2)^2(\lambda-6)$，

得特征值为 $\lambda_1=\lambda_2=2$，$\lambda_3=6$.

对于特征值 $\lambda_1=\lambda_2=2$，解 $(\boldsymbol{A}-2\boldsymbol{E})\boldsymbol{x}=\boldsymbol{0}$，$\boldsymbol{A}-2\boldsymbol{E}=\begin{pmatrix}-1 & -1 & 1\\ 2 & 2 & -2\\ -3 & -3 & 3\end{pmatrix}\to\begin{pmatrix}1 & 1 & -1\\ 0 & 0 & 0\\ 0 & 0 & 0\end{pmatrix}$，

得 $\begin{cases}x_1=-x_2+x_3,\\ x_2=x_2,\\ x_3=x_3,\end{cases}$ 所以特征向量为 $\boldsymbol{p}_1=\begin{pmatrix}-1\\ 1\\ 0\end{pmatrix}$，$\boldsymbol{p}_2=\begin{pmatrix}1\\ 0\\ 1\end{pmatrix}$，

对于特征值 $\lambda_3=6$，解 $(\boldsymbol{A}-6\boldsymbol{E})\boldsymbol{x}=0$，$\boldsymbol{A}-6\boldsymbol{E}=\begin{pmatrix}-5 & -1 & 1\\ 2 & -2 & -2\\ -3 & -3 & -1\end{pmatrix}\to\begin{pmatrix}1 & 0 & -\frac{1}{3}\\ 0 & 1 & \frac{2}{3}\\ 0 & 0 & 0\end{pmatrix}$

得 $\begin{cases}x_1=\frac{1}{3}x_3\\ x_2=\frac{-2}{3}x_3\\ x_3=x_3\end{cases}$，所以特征向量为 $\boldsymbol{p}_3=\begin{pmatrix}\frac{1}{3}\\ \frac{-2}{3}\\ 1\end{pmatrix}$，为方便可取 $\boldsymbol{p}_3=\begin{pmatrix}1\\ -2\\ 3\end{pmatrix}$，

显然矩阵 $\boldsymbol{A}$ 存在 3 个线性无关的特征向量，所以矩阵 $\boldsymbol{A}$ 可以对角化．因为 $\boldsymbol{p}_1,\boldsymbol{p}_2,\boldsymbol{p}_3$ 线性无关，令 $\boldsymbol{P}=\begin{pmatrix}-1 & 1 & 1\\ 1 & 0 & -2\\ 0 & 1 & 3\end{pmatrix}$，使得 $\boldsymbol{P}^{-1}\boldsymbol{A}\boldsymbol{P}=\begin{pmatrix}2 & 0 & 0\\ 0 & 2 & 0\\ 0 & 0 & 6\end{pmatrix}$.

注意 (1) $\boldsymbol{P}^{-1}\boldsymbol{A}\boldsymbol{P}=\boldsymbol{\Lambda}$ 对角矩阵中 3 个特征值的排列次序要与可逆矩阵 $\boldsymbol{P}$ 的列向量的排列次序一致．即第 $i$ 个列向量对应对角矩阵中第 $i$ 个特征值.

(2) 由于这里要求的是可逆矩阵 $\boldsymbol{P}$，所以只需将 3 个线性无关的列向量组成矩阵 $\boldsymbol{P}$ 即可．若要求 $\boldsymbol{P}$ 是正交矩阵 $\boldsymbol{P}$，则需将 3 个列向量通过正交化、单位化后再组成正交矩阵 $\boldsymbol{P}$.

(3) 所求可逆矩阵 $\boldsymbol{P}$ 一般是不唯一的，这是由于特征向量的取法是不唯一的．但对于对角矩阵 $\boldsymbol{\Lambda}$ 来说，除排列次序外是唯一的，因为特征值是唯一的.

(4) 判别一个矩阵能否对角化，关键是考虑重特征值所对应的线性无关的特征向量个数是否与其重数相等．若相等则可以对角化，否则不能对角化.

**【例 7】** 设 $\boldsymbol{A}=\begin{pmatrix}1 & -1 & 1\\ x & 4 & y\\ -3 & -3 & 5\end{pmatrix}$，已知 $\boldsymbol{A}$ 有 3 个线性无关的特征向量，$\lambda=2$ 是 $\boldsymbol{A}$ 的一个二重特征值．试求可逆矩阵 $\boldsymbol{P}$，使 $\boldsymbol{P}^{-1}\boldsymbol{A}\boldsymbol{P}$ 为对角矩阵.

【解析】 由于 3 阶矩阵 $\boldsymbol{A}$ 有 3 个线性无关的特征向量，且 $\lambda=2$ 是 $\boldsymbol{A}$ 的一个二重特征值．所以齐次线性方程组 $(\boldsymbol{A}-2\boldsymbol{E})\boldsymbol{x}=\boldsymbol{0}$ 的基础解系中必有两个线性无关的向量，即 $R(\boldsymbol{A}-2\boldsymbol{E})=1$. 而

$$\boldsymbol{A}-2\boldsymbol{E}=\begin{pmatrix}-1 & -1 & 1\\ x & 2 & y\\ -3 & -3 & 3\end{pmatrix}\to\begin{pmatrix}-1 & -1 & 1\\ 0 & 2-x & x+y\\ 0 & 0 & 0\end{pmatrix},$$

于是得 $x=2,y=-2$. 此时矩阵

$$A=\begin{pmatrix}1&-1&1\\2&4&-2\\-3&-3&5\end{pmatrix}.\ 由【例6】知，P=\begin{pmatrix}-1&1&1\\1&0&-2\\0&1&3\end{pmatrix}，得 P^{-1}AP=\begin{pmatrix}2&0&0\\0&2&0\\0&0&6\end{pmatrix}.$$

**【例 8】** 设矩阵 $A$ 与 $B$ 相似，且 $A=\begin{pmatrix}1&-1&1\\2&4&-2\\-3&-3&a\end{pmatrix}$，$B=\begin{pmatrix}2&0&0\\0&2&0\\0&0&b\end{pmatrix}$，求 $a,b$ 的值及可逆矩阵 $P$，使 $P^{-1}AP$ 为对角矩阵.

**【解析】** 方法一　由于矩阵 $A$ 与 $B$ 相似，所以 $|A|=|B|$，且 $\mathrm{tr}(A)=\mathrm{tr}(B)$，得到 $6a-6=4b$ 和 $4+b=5+a$，解得 $a=5$ 和 $b=6$.

方法二　矩阵 $A$ 的特征多项式为

$$|A-\lambda E|=\begin{vmatrix}1-\lambda&-1&1\\2&4-\lambda&-2\\-3&-3&a-\lambda\end{vmatrix}=-(\lambda-2)[\lambda^2-(a+3)\lambda+3(a-1)].$$

又矩阵 $B$ 的特征值为 $\lambda_1=\lambda_2=2$，$\lambda_3=b$. 因为矩阵 $A$ 与 $B$ 相似，所以有相同的特征值，知 $\lambda=2$ 是矩阵 $A$ 的二重特征值，故 $\lambda=2$ 是方程 $\lambda^2-(a+3)\lambda+3(a-1)=0$ 的根，代入得，$a=5$. 从而知

$$|A-\lambda E|=-(\lambda-2)^2(\lambda-6)，知 \lambda_3=b=6.$$

所以 $$A=\begin{pmatrix}1&-1&1\\2&4&-2\\-3&-3&5\end{pmatrix}.\ P=\begin{pmatrix}-1&1&1\\1&0&-2\\0&1&3\end{pmatrix}，使得 P^{-1}AP=\begin{pmatrix}2&0&0\\0&2&0\\0&0&6\end{pmatrix}.$$

**【例 9】** 设实对称矩阵 $A=\begin{pmatrix}-1&0&2\\0&1&2\\2&2&0\end{pmatrix}$，试求正交矩阵 $P$，使 $P^{-1}AP=\Lambda$ 为对角矩阵.

**【解析】** 矩阵 $A$ 的特征多项式为

$$|A-\lambda E|=\begin{vmatrix}-1-\lambda&0&2\\0&1-\lambda&2\\2&2&-\lambda\end{vmatrix}=-(\lambda+1)[-\lambda(1-\lambda)-4]+2[-2(1-\lambda)]$$
$$=\lambda(3-\lambda)(3+\lambda),$$

得矩阵 $A$ 的特征值为 $\lambda_1=0$，$\lambda_2=3$，$\lambda_3=-3$.

对于特征值 $\lambda_1=0$，解

$$Ax=0，A=\begin{pmatrix}-1&0&2\\0&1&2\\2&2&0\end{pmatrix}\to\begin{pmatrix}1&0&-2\\0&1&2\\0&0&0\end{pmatrix}，得\begin{cases}x_1=2x_3,\\x_2=-2x_3,\\x_3=x_3,\end{cases}$$

所以特征向量为 $p_1=\begin{pmatrix}2\\-2\\1\end{pmatrix}$.

对于特征值 $\lambda_2=3$，解 $(A-3E)x=0$，$A-3E=\begin{pmatrix}-4&0&2\\0&-2&2\\2&2&-3\end{pmatrix}\to\begin{pmatrix}1&0&-\frac{1}{2}\\0&1&-1\\0&0&0\end{pmatrix}$

得$\begin{cases}x_1=\dfrac{1}{2}x_3,\\x_2=x_3,\\x_3=x_3,\end{cases}$ 所以当取自由未知数 $x_3=2$ 时，得特征向量为 $\boldsymbol{p}_2=\begin{pmatrix}1\\2\\2\end{pmatrix}$

对于特征值$\lambda_3=-3$，解$(\boldsymbol{A}+3\boldsymbol{E})\boldsymbol{x}=\boldsymbol{0}$，$\boldsymbol{A}+3\boldsymbol{E}=\begin{pmatrix}2&0&2\\0&4&2\\2&2&3\end{pmatrix}\to\begin{pmatrix}1&0&1\\0&1&\frac{1}{2}\\0&0&0\end{pmatrix}$，

得$\begin{cases}x_1=-x_3,\\x_2=-\dfrac{1}{2}x_3,\\x_3=x_3,\end{cases}$所以当取自由未知数 $x_3=2$ 时，得特征向量为 $\boldsymbol{p}_3=\begin{pmatrix}-2\\-1\\2\end{pmatrix}$. 由于 3 个特征向量属于不同的特征值，又矩阵 $\boldsymbol{A}$ 是实对称阵，所以 $\boldsymbol{p}_1,\boldsymbol{p}_2,\boldsymbol{p}_3$ 为两两正交向量. 只需单位化即可.

$$\boldsymbol{\eta}_1=\frac{1}{\|\boldsymbol{p}_1\|}\boldsymbol{p}_1=\frac{1}{3}\begin{pmatrix}2\\-2\\1\end{pmatrix},\ \boldsymbol{\eta}_2=\frac{1}{\|\boldsymbol{p}_2\|}\boldsymbol{p}_2=\frac{1}{3}\begin{pmatrix}1\\2\\2\end{pmatrix},\ \boldsymbol{\eta}_3=\frac{1}{\|\boldsymbol{p}_3\|}\boldsymbol{p}_3=\frac{1}{3}\begin{pmatrix}-2\\-1\\2\end{pmatrix},$$

取正交矩阵

$$\boldsymbol{P}=\begin{pmatrix}\frac{2}{3}&\frac{1}{3}&-\frac{2}{3}\\-\frac{2}{3}&\frac{2}{3}&-\frac{1}{3}\\\frac{1}{3}&\frac{2}{3}&\frac{2}{3}\end{pmatrix}=\frac{1}{3}\begin{pmatrix}2&1&-2\\-2&2&-1\\1&2&2\end{pmatrix}，则有\ \boldsymbol{P}^{-1}\boldsymbol{A}\boldsymbol{P}=\boldsymbol{P}^{\mathrm{T}}\boldsymbol{A}\boldsymbol{P}=\begin{pmatrix}0&&\\&3&\\&&-3\end{pmatrix}.$$

注意 (1) 对于同一个特征值（重特征值）所对应的特征向量，应先将特征值对应的特征向量经过正交化后，再单位化.

(2) 对于特征值$\lambda_2=3$，$\lambda_3=-3$，若按通常解齐次线性方程组时基础解系的取法，应有特征向量 $\overline{\boldsymbol{p}}_2=\begin{pmatrix}\frac{1}{2}\\1\\1\end{pmatrix}$和 $\overline{\boldsymbol{p}}_3=\begin{pmatrix}-1\\-\frac{1}{2}\\1\end{pmatrix}$，这是自由未知数取 $x_3=1$ 的情况，但由于自由未知数可取任意非零数，为使所求特征向量的分量为整数形式，我们可以取自由未知数不等于 1，而是根据具体情况来取自由未知数的值.

(3) 由于这里要求的是正交矩阵 $\boldsymbol{P}$，所以应将 3 个线性无关的列向量通过正交化、单位化后再组成正交矩阵 $\boldsymbol{P}$.

**4. 矩阵 $\boldsymbol{A}$ 对角化的应用例题**

**【例 10】** 设 $\boldsymbol{A}=\begin{pmatrix}4&6&0\\-3&-5&0\\-3&-6&1\end{pmatrix}$，求 $\boldsymbol{A}^{100}$.

**【解析】** 直接计算 $\boldsymbol{A}^{100}$ 是不现实的，为此有以下方法.

$$|\boldsymbol{A}-\lambda\boldsymbol{E}|=\begin{vmatrix}4-\lambda&6&0\\-3&-5-\lambda&0\\-3&-6&1-\lambda\end{vmatrix}=-(1-\lambda)^2(\lambda+2)=0,$$

解得矩阵 $\boldsymbol{A}$ 的特征值为 $\lambda_1=\lambda_2=1$，$\lambda_3=-2$.

对于特征值 $\lambda_1=\lambda_2=1$，解 $(\boldsymbol{A}-\boldsymbol{E})\boldsymbol{x}=\boldsymbol{0}$，$\boldsymbol{A}-\boldsymbol{E}=\begin{pmatrix}3&6&0\\-3&-6&0\\-3&-6&0\end{pmatrix}\to\begin{pmatrix}1&2&0\\0&0&0\\0&0&0\end{pmatrix}$，

得 $\begin{cases}x_1=-2x_2,\\x_2=x_2,\\x_3=x_3,\end{cases}$ 所以特征向量为 $\boldsymbol{p}_1=\begin{pmatrix}-2\\1\\0\end{pmatrix}$ 和 $\boldsymbol{p}_2=\begin{pmatrix}0\\0\\1\end{pmatrix}$；

对于特征值 $\lambda_3=-2$，解 $(\boldsymbol{A}+2\boldsymbol{E})\boldsymbol{x}=\boldsymbol{0}$，$\boldsymbol{A}+2\boldsymbol{E}=\begin{pmatrix}6&6&0\\-3&-3&0\\-3&-6&3\end{pmatrix}\to\begin{pmatrix}1&0&1\\0&1&-1\\0&0&0\end{pmatrix}$，

得 $\begin{cases}x_1=-x_3,\\x_2=x_3,\\x_3=x_3,\end{cases}$ 所以特征向量为 $\boldsymbol{p}_3=\begin{pmatrix}-1\\1\\1\end{pmatrix}$. 显然矩阵 $\boldsymbol{A}$ 可以对角化. 令

$$\boldsymbol{P}=\begin{pmatrix}-2&0&-1\\1&0&1\\0&1&1\end{pmatrix},$$

则 $\boldsymbol{P}^{-1}\boldsymbol{AP}=\boldsymbol{\Lambda}$ 对角矩阵. 其中 $\Lambda=\begin{pmatrix}1&&\\&1&\\&&-2\end{pmatrix}$. 得 $\boldsymbol{A}=\boldsymbol{P\Lambda P}^{-1}$，

$$\boldsymbol{A}^{100}=\overbrace{\boldsymbol{P\Lambda P}^{-1}\cdot\boldsymbol{P\Lambda P}^{-1}\cdots\boldsymbol{P\Lambda P}^{-1}}^{100}=\boldsymbol{P\Lambda}^{100}\boldsymbol{P}^{-1}，而 \boldsymbol{A}^{100}=\begin{pmatrix}1&&\\&1&\\&&2^{100}\end{pmatrix},$$

得
$$\boldsymbol{A}^{100}=\boldsymbol{P\Lambda}^{100}\boldsymbol{P}^{-1}=\begin{pmatrix}-2^{100}+2&-2^{101}+2&0\\2^{100}-1&2^{101}-1&0\\2^{100}-1&2^{101}-2&1\end{pmatrix}.$$

**【例 11】** 已知 3 阶矩阵 $\boldsymbol{A}$ 的特征值为 1,−1,2，设 $\boldsymbol{B}=\boldsymbol{A}^3-5\boldsymbol{A}^2$，求 $|\boldsymbol{B}|$ 和 $|\boldsymbol{A}-5\boldsymbol{E}|$.

**【解析】** 由"本章内容要点(九)主要结论"中的结论 2 知，矩阵 $\boldsymbol{B}$ 的特征值为

$\lambda_1=1^3-5\cdot1^2=-4$；　$\lambda_2=(-1)^3-5\cdot(-1)^2=-6$；　$\lambda_3=2^3-5\cdot2^2=-12$，

所以 $|\boldsymbol{B}|=(-4)\cdot(-6)\cdot(-12)=-288$. 同理，$\boldsymbol{A}-5\boldsymbol{E}$ 的特征值为 $1-5,-1-5,2-5$. 即 3 个特征值为：−4,−6,−3. 所以 $|\boldsymbol{A}-5\boldsymbol{E}|=-72$.

**5. 利用正交变换化二次型为标准形**

**【例 12】** 求一个正交变换 $\boldsymbol{x}=\boldsymbol{Py}$，化二次型 $f=x_1^2+x_2^2+x_3^2-2x_1x_2$ 为标准形.

**【解析】** 二次型矩阵 $\boldsymbol{A}=\begin{pmatrix}1&0&-1\\0&1&0\\-1&0&1\end{pmatrix}$，$|\boldsymbol{A}-\lambda\boldsymbol{E}|=\begin{vmatrix}1-\lambda&0&-1\\0&1-\lambda&0\\-1&0&1-\lambda\end{vmatrix}$

$$=-\lambda(\lambda-1)(\lambda-2)=0.$$

解得矩阵 $\boldsymbol{A}$ 的特征值为 $\lambda_1=0$，$\lambda_2=1$，$\lambda_3=2$.

对于特征值 $\lambda_1=0$，解 $\boldsymbol{Ax}=\boldsymbol{0}$，$\boldsymbol{A}=\begin{pmatrix}1&0&-1\\0&1&0\\-1&0&1\end{pmatrix}\to\begin{pmatrix}1&0&-1\\0&1&0\\0&0&0\end{pmatrix}$，

得 $\begin{cases}x_1=x_3,\\x_2=0,\\x_3=x_3,\end{cases}$ 所以特征向量为 $\boldsymbol{p}_1=\begin{pmatrix}1\\0\\1\end{pmatrix}$.

同理，对于特征值 $\lambda_2=1$，解得特征向量为 $\boldsymbol{p}_2=\begin{pmatrix}0\\1\\0\end{pmatrix}$；对于特征值 $\lambda_3=2$，解得特征向量为 $\boldsymbol{p}_3=\begin{pmatrix}1\\0\\-1\end{pmatrix}$. 由于 3 个特征向量属于不同的特征值，又矩阵 $\boldsymbol{A}$ 是实对称阵，所以 $\boldsymbol{p}_1,\boldsymbol{p}_2,\boldsymbol{p}_3$ 为两两正交向量. 只需单位化即可.

$$\boldsymbol{\eta}_1=\frac{1}{\|\boldsymbol{p}_1\|}\boldsymbol{p}_1=\frac{1}{\sqrt{2}}\begin{pmatrix}1\\0\\1\end{pmatrix},\quad \boldsymbol{\eta}_2=\boldsymbol{p}_2=\begin{pmatrix}0\\1\\0\end{pmatrix},\quad \boldsymbol{\eta}_3=\frac{1}{\|\boldsymbol{p}_3\|}\boldsymbol{p}_3=\frac{1}{\sqrt{2}}\begin{pmatrix}1\\0\\-1\end{pmatrix},$$

取正交矩阵 $\boldsymbol{P}=\begin{pmatrix}\frac{1}{\sqrt{2}}&0&\frac{1}{\sqrt{2}}\\0&1&0\\\frac{1}{\sqrt{2}}&0&-\frac{1}{\sqrt{2}}\end{pmatrix}$，则在正交变换 $\boldsymbol{x}=\boldsymbol{Py}$ 下，二次型化为

$$f(x_1,x_2,x_3)=y_2^2+2y_3^2.$$

**【例 13】** 已知二次型 $f=2x_1^2+3x_2^2+3x_3^2+2ax_2x_3(a>0)$，能通过正交变换 $\boldsymbol{x}=\boldsymbol{Py}$ 化成标准形 $f(x_1,x_2,x_3)=y_1^2+2y_2^2+5y_3^2$. 求参数 $a$ 及正交矩阵 $\boldsymbol{P}$.

**【解析】** 二次型矩阵 $\boldsymbol{A}=\begin{pmatrix}2&0&0\\0&3&a\\0&a&3\end{pmatrix}$，由标准形可知，矩阵的特征值为 1,2,5. 所以

$$|\boldsymbol{A}|=\begin{vmatrix}2&0&0\\0&3&a\\0&a&3\end{vmatrix}=2(9-a^2)=1\cdot2\cdot5=10,$$

得 $9-a^2=5$. 解得：$a=\pm2$，再有 $a>0$ 得 $a=2$.

对于特征值 $\lambda=1$，$\lambda=2$，$\lambda=5$ 分别解 $(\boldsymbol{A}-\boldsymbol{E})\boldsymbol{x}=\boldsymbol{0}$ 和 $(\boldsymbol{A}-2\boldsymbol{E})\boldsymbol{x}=\boldsymbol{0}$ 及 $(\boldsymbol{A}-5\boldsymbol{E})\boldsymbol{x}=\boldsymbol{0}$ 得特征向量 $\boldsymbol{p}_1=\begin{pmatrix}0\\1\\-1\end{pmatrix}$，$\boldsymbol{p}_2=\begin{pmatrix}1\\0\\0\end{pmatrix}$，$\boldsymbol{p}_3=\begin{pmatrix}0\\1\\1\end{pmatrix}$，已经两两正交. 单位化后得

$\boldsymbol{\eta}_1=\frac{1}{\sqrt{2}}\begin{pmatrix}0\\1\\-1\end{pmatrix}$，$\boldsymbol{\eta}_2=\begin{pmatrix}1\\0\\0\end{pmatrix}$，$\boldsymbol{\eta}_3=\frac{1}{\sqrt{2}}\begin{pmatrix}0\\1\\1\end{pmatrix}$，所以得正交矩阵 $\boldsymbol{P}=\begin{pmatrix}0&1&0\\\frac{1}{\sqrt{2}}&0&\frac{1}{\sqrt{2}}\\-\frac{1}{\sqrt{2}}&0&\frac{1}{\sqrt{2}}\end{pmatrix}$.

在正交变换 $\boldsymbol{x}=\boldsymbol{P}\boldsymbol{y}$ 下，标准形为

$$f(x_1,x_2,x_3)=y_1^2+2y_2^2+5y_3^2.$$

**6. 正定二次型、正定矩阵的判别**

**【例 14】** 已知二次型 $f=ax_1^2+ax_2^2+ax_3^2+2x_1x_2+2x_1x_3-2x_2x_3$，求参数 $a$ 使二次型为正定二次型.

**【解析】** 二次型矩阵 $\boldsymbol{A}=\begin{pmatrix}a&1&1\\1&a&-1\\1&-1&a\end{pmatrix}$，由二次型正定的充分必要条件知，需有 $a>0$，$\begin{vmatrix}a&1\\1&a\end{vmatrix}=a^2-1>0$，$|\boldsymbol{A}|=(a-2)(a+1)^2>0$ 同时成立. 解之得：$a>2$. 当 $a>2$ 时，二次型为正定二次型.

**【例 15】**（2010 年考研题）已知二次型 $f(x_1,x_2,x_3)=\boldsymbol{x}^{\mathrm{T}}\boldsymbol{A}\boldsymbol{x}$ 在正交变换 $\boldsymbol{x}=\boldsymbol{Q}\boldsymbol{y}$ 下的标准形为 $y_1^2+y_2^2$，且 $\boldsymbol{Q}$ 的第 3 列为 $\left(\frac{\sqrt{2}}{2},0,\frac{\sqrt{2}}{2}\right)^{\mathrm{T}}$.

（1）求矩阵 $\boldsymbol{A}$；（2）证明 $\boldsymbol{A}+\boldsymbol{E}$ 为正定矩阵，其中 $\boldsymbol{E}$ 为 3 阶单位矩阵.

**【解析】**（1）由条件知，矩阵 $\boldsymbol{A}$ 的 3 个特征值分别为 $\lambda_1=\lambda_2=1$，$\lambda_3=0$.

又由正交矩阵 $\boldsymbol{Q}$ 的第 3 列为 $\boldsymbol{\eta}_3=\frac{\sqrt{2}}{2}\begin{pmatrix}1\\0\\1\end{pmatrix}$ 得知，此为 $\lambda_3=0$ 所对应的特征向量. 由于二次型矩阵为对称矩阵，所以 $\lambda_1=\lambda_2=1$ 所对应的特征向量 $\begin{pmatrix}x_1\\x_2\\x_3\end{pmatrix}$ 与 $\boldsymbol{\eta}_3$ 是正交的，则知满足 $x_1+x_3=0$，得 $\boldsymbol{\alpha}_1=\begin{pmatrix}1\\0\\-1\end{pmatrix}$ 和 $\boldsymbol{\alpha}_2=\begin{pmatrix}0\\1\\0\end{pmatrix}$. 此时已得到矩阵 $\boldsymbol{A}$ 的 3 个特征值以及对应的特征向量，所以有

$$\boldsymbol{A}(\boldsymbol{\alpha}_1,\boldsymbol{\alpha}_2,\boldsymbol{\eta}_3)=(1\cdot\boldsymbol{\alpha}_1,1\cdot\boldsymbol{\alpha}_2,0\cdot\boldsymbol{\eta}_3),$$

从而 $\boldsymbol{A}=(\boldsymbol{\alpha}_1,\boldsymbol{\alpha}_2,0)(\boldsymbol{\alpha}_1,\boldsymbol{\alpha}_2,\boldsymbol{\eta}_3)^{-1}=\begin{pmatrix}1&0&0\\0&1&0\\-1&0&0\end{pmatrix}\cdot\begin{pmatrix}1&0&\frac{\sqrt{2}}{2}\\0&1&0\\-1&0&\frac{\sqrt{2}}{2}\end{pmatrix}^{-1}=\begin{pmatrix}\frac{1}{2}&0&-\frac{1}{2}\\0&1&0\\-\frac{1}{2}&0&\frac{1}{2}\end{pmatrix}$.

（2）由于 $\boldsymbol{A}+\boldsymbol{E}$ 是对称矩阵，且 $\boldsymbol{A}+\boldsymbol{E}$ 得 3 个特征值为 $1+1,1+1,0+1$. 全大于零，故为正定.

**（四）证明题及杂例**

**【例 1】** 假设 $n$ 阶矩阵 $\boldsymbol{A}$ 的任意一行中 $n$ 个元素的和都是 $a$. 证明：$a$ 必为 $\boldsymbol{A}$ 的一个特

征值，且 $\boldsymbol{A}$ 的属于特征值 $a$ 的一个特征向量为 $(1,1,\cdots,1)^{\mathrm{T}}$.

**【证明】** 由于

$$\boldsymbol{A}\cdot\begin{pmatrix}1\\1\\\vdots\\1\end{pmatrix}=\begin{pmatrix}a_{11}&a_{12}&\cdots&a_{1n}\\a_{21}&a_{22}&\cdots&a_{2n}\\\cdots&\cdots&\cdots&\cdots\\a_{n1}&a_{n2}&\cdots&a_{nn}\end{pmatrix}\begin{pmatrix}1\\1\\\vdots\\1\end{pmatrix}=\begin{pmatrix}\sum_{j=1}^{n}a_{1j}\\\sum_{j=1}^{n}a_{2j}\\\vdots\\\sum_{j=1}^{n}a_{nj}\end{pmatrix}=\begin{pmatrix}a\\a\\\vdots\\a\end{pmatrix}=a\begin{pmatrix}1\\1\\\vdots\\1\end{pmatrix},$$

所以 $a$ 为 $\boldsymbol{A}$ 的一个特征值，对应的一个特征向量为 $(1,1,\cdots,1)^{\mathrm{T}}$.

注意　事实上，由矩阵特征值及特征向量的定义，只需根据上式即可得证.

**【例 2】** 设 $\boldsymbol{A}$ 为 $m$ 阶实对称正定矩阵，$\boldsymbol{B}$ 为 $m\times n$ 实矩阵，$\boldsymbol{B}^{\mathrm{T}}$ 为 $\boldsymbol{B}$ 的转置矩阵. 试证：$\boldsymbol{B}^{\mathrm{T}}\boldsymbol{A}\boldsymbol{B}$ 为正定矩阵的充分必要条件是 $\boldsymbol{B}$ 的秩 $R(\boldsymbol{B})=n$.

**【证明】** 必要性　设 $\boldsymbol{B}^{\mathrm{T}}\boldsymbol{A}\boldsymbol{B}$ 为正定矩阵，则由定义知，对任意 $n$ 维列向量 $\boldsymbol{x}\neq\boldsymbol{0}$，有 $\boldsymbol{x}^{\mathrm{T}}(\boldsymbol{B}^{\mathrm{T}}\boldsymbol{A}\boldsymbol{B})\boldsymbol{x}>0$，即 $(\boldsymbol{B}\boldsymbol{x})^{\mathrm{T}}\boldsymbol{A}(\boldsymbol{B}\boldsymbol{x})>0$，得 $\boldsymbol{B}\boldsymbol{x}\neq 0$，因此，$\boldsymbol{B}\boldsymbol{x}=\boldsymbol{0}$ 只有零解，故有 $R(\boldsymbol{B})=n$.

充分性　由于 $\boldsymbol{A}$ 为对称矩阵，知 $(\boldsymbol{B}^{\mathrm{T}}\boldsymbol{A}\boldsymbol{B})^{\mathrm{T}}=\boldsymbol{B}^{\mathrm{T}}\boldsymbol{A}^{\mathrm{T}}\boldsymbol{B}=\boldsymbol{B}^{\mathrm{T}}\boldsymbol{A}\boldsymbol{B}$，故 $\boldsymbol{B}^{\mathrm{T}}\boldsymbol{A}\boldsymbol{B}$ 为对称矩阵. 又 $R(\boldsymbol{B})=n$，则线性方程组 $\boldsymbol{B}\boldsymbol{x}=\boldsymbol{0}$ 只有零解，从而对任意 $n$ 维列向量 $\boldsymbol{x}\neq\boldsymbol{0}$，有 $\boldsymbol{B}\boldsymbol{x}\neq\boldsymbol{0}$，由矩阵 $\boldsymbol{A}$ 为正定矩阵，所以 $(\boldsymbol{B}\boldsymbol{x})^{\mathrm{T}}\boldsymbol{A}(\boldsymbol{B}\boldsymbol{x})>0$，即 $\boldsymbol{x}^{\mathrm{T}}(\boldsymbol{B}^{\mathrm{T}}\boldsymbol{A}\boldsymbol{B})\boldsymbol{x}>0$，故 $\boldsymbol{B}^{\mathrm{T}}\boldsymbol{A}\boldsymbol{B}$ 为正定矩阵.

**【例 3】** 设 $\boldsymbol{A}$ 为 $n$ 阶实对称矩阵，$\boldsymbol{E}$ 为 $n$ 阶单位矩阵，且 $\boldsymbol{A}^3-6\boldsymbol{A}^2+11\boldsymbol{A}-6\boldsymbol{E}=\boldsymbol{O}$. 证明：$\boldsymbol{A}$ 为正定矩阵.

**【证明】** 设 $\lambda$ 为 $\boldsymbol{A}$ 的特征值，由“本章内容要点(九)主要结论”中的结论 3 知 $\lambda$ 满足

$$\lambda^3-6\lambda^2+11\lambda-6=0\text{，即有}(\lambda-1)(\lambda-2)(\lambda-3)=0\text{ 成立.}$$

得知，$\boldsymbol{A}$ 的特征值为 $\lambda_1=1,\lambda_2=2,\lambda_3=3$ 全大于零. 又由条件知，$\boldsymbol{A}$ 为 $n$ 阶实对称矩阵，所以 $\boldsymbol{A}$ 为正定矩阵.

**【例 4】** 设矩阵 $\boldsymbol{A}$ 满足 $\boldsymbol{A}^2=\boldsymbol{A}$. 证明：$\boldsymbol{A}$ 的特征值只能是 0 和 1.

**【证明】** 设 $\lambda$ 为 $\boldsymbol{A}$ 的特征值，由“本章内容要点(九)主要结论”中的结论 2 知 $\lambda^2$ 为 $\boldsymbol{A}^2$ 的特征值，又 $\boldsymbol{A}^2=\boldsymbol{A}$，故有 $\lambda^2=\lambda$，得知 $\lambda=0$ 或 $\lambda=1$.

注意　由 $\boldsymbol{A}^2=\boldsymbol{A}$ 知，$\boldsymbol{A}(\boldsymbol{A}-\boldsymbol{E})=\boldsymbol{O}$，得到 $\boldsymbol{A}=\boldsymbol{O}$ 或 $\boldsymbol{A}=\boldsymbol{E}$，知 $\boldsymbol{A}=\boldsymbol{O}$ 时，特征值等于零；$\boldsymbol{A}=\boldsymbol{E}$ 时，特征值等于 1. 这是不可以的.

**【例 5】** 设 $\boldsymbol{A}$ 为 $n$ 阶正交矩阵，试证明 $\boldsymbol{A}$ 的实特征向量对应的特征值的绝对值等于 1.

**【证明】** 由条件知，$\boldsymbol{A}$ 满足 $\boldsymbol{A}^{\mathrm{T}}\boldsymbol{A}=\boldsymbol{E}$. 设 $\boldsymbol{x}$ 为 $\boldsymbol{A}$ 的实特征向量，对应的特征值为 $\lambda$，则有

$$\boldsymbol{A}\boldsymbol{x}=\lambda\boldsymbol{x}，\ \boldsymbol{x}^{\mathrm{T}}\boldsymbol{A}^{\mathrm{T}}=\lambda\boldsymbol{x}^{\mathrm{T}}，$$

两式相乘得

$$\boldsymbol{x}^{\mathrm{T}}\boldsymbol{A}^{\mathrm{T}}\boldsymbol{A}\boldsymbol{x}=\lambda^2\boldsymbol{x}^{\mathrm{T}}\boldsymbol{x}\text{，即 }\boldsymbol{x}^{\mathrm{T}}\boldsymbol{x}=\lambda^2\boldsymbol{x}^{\mathrm{T}}\boldsymbol{x}，$$

得 $(\lambda^2-1)\boldsymbol{x}^{\mathrm{T}}\boldsymbol{x}=0$，由 $\boldsymbol{x}$ 为 $\boldsymbol{A}$ 的实特征向量且非零，所以 $\lambda^2=1$，即 $|\lambda|=1$.

## 三、疑难解析

(1) 求方阵 $\boldsymbol{A}$ 的特征值和特征向量常用方法.

① 如果方阵 $\boldsymbol{A}$ 的元素是用具体数值给出的，则求矩阵的特征值、特征向量的基本方法是：

a. 求特征方程$|\boldsymbol{A}-\lambda\boldsymbol{E}|=0$的全部根，此即为$\boldsymbol{A}$的全部特征值；

b. 对于$\boldsymbol{A}$的每一个特征值$\lambda_i$，求齐次线性方程组$(\boldsymbol{A}-\lambda_i\boldsymbol{E})\boldsymbol{x}=\boldsymbol{0}$的一个基础解系．那么该基础解系的所有非零线性组合就是$\boldsymbol{A}$对应于特征值$\lambda_i$的全部特征向量．

② 如果方阵$\boldsymbol{A}$是抽象矩阵，即矩阵的元素没有具体给出时，求此类矩阵的特征值和特征向量的基本分法是：

a. 利用特征值和特征向量的定义$\boldsymbol{Ax}=\lambda\boldsymbol{x}(\boldsymbol{x}\neq\boldsymbol{0})$，满足此式的$\lambda$为$\boldsymbol{A}$的特征值，$\boldsymbol{x}$为相应的特征向量．

b. 满足特征方程$|\boldsymbol{A}-\lambda\boldsymbol{E}|=0$的$\lambda$为$\boldsymbol{A}$的特征值，进而求相应的特征向量．

（2）若$\lambda$是方阵$\boldsymbol{A}$的一个$r$重特征值，则属于$\lambda$的线性无关的特征向量并不一定有$r$个．

比如：$\boldsymbol{A}=\begin{pmatrix}0&1\\0&0\end{pmatrix}$有特征值$\lambda=0$为二重的，但$(\boldsymbol{A}-0\boldsymbol{E})\boldsymbol{x}=\boldsymbol{Ax}=\boldsymbol{0}$的基础解系中只有一个向量$\begin{pmatrix}1\\0\end{pmatrix}$．但若方阵$\boldsymbol{A}$是一个实对称矩阵，那么$\boldsymbol{A}$的一个$r$重特征值，一定有$r$个属于$\lambda$的线性无关的特征向量．

（3）若$\lambda$是方阵$\boldsymbol{A}$的特征值，并非齐次线性方程组$(\boldsymbol{A}-\lambda\boldsymbol{E})\boldsymbol{x}=\boldsymbol{0}$的所有解都是属于$\lambda$的特征向量．这是由于特征向量是非零向量，而$(\boldsymbol{A}-\lambda\boldsymbol{E})\boldsymbol{x}=\boldsymbol{0}$的所有解中包含零向量．应该说齐次线性方程组$(\boldsymbol{A}-\lambda\boldsymbol{E})\boldsymbol{x}=\boldsymbol{0}$的所有非零解都是属于$\lambda$的特征向量．

（4）即使矩阵$\boldsymbol{A}$与$\boldsymbol{B}$的特征值都相同，$\boldsymbol{A}$与$\boldsymbol{B}$也未必相似．因为特征值相同是$\boldsymbol{A}$与$\boldsymbol{B}$相似的必要条件而非充分条件．比如：$\boldsymbol{A}=\begin{pmatrix}0&1\\0&0\end{pmatrix}$，$\boldsymbol{B}=\begin{pmatrix}0&0\\0&0\end{pmatrix}$有相同的二重特征值$\lambda=0$，显然它们不可能相似．至少它们的秩不相等．

（5）当矩阵$\boldsymbol{A}$与$\boldsymbol{B}$是相似矩阵时，它们有相同的特征值，但特征向量不一定相同．

（6）判断$n$阶矩阵$\boldsymbol{A}$是否可对角化的步骤如下：

① 判断矩阵$\boldsymbol{A}$是否是实对称矩阵，若是实对称矩阵，则一定可对角化；

② 判断矩阵$\boldsymbol{A}$是否有$n$个不同的特征值，若有$n$个不同的特征值，则一定可对角化；

③ 求$\boldsymbol{A}$的特征向量，若有$n$个线性无关的特征向量，则$\boldsymbol{A}$可对角化、否则不可对角化．

以上的①，②是充分条件，而③是充分必要条件．

（7）在矩阵$\boldsymbol{A}$可以对角化时，那么矩阵$\boldsymbol{A}$有$n$个线性无关的特征向量，由这$n$个线性无关的特征向量组成的矩阵$\boldsymbol{P}$（按列排序）即为可逆矩阵，此时$\boldsymbol{P}^{-1}\boldsymbol{AP}=\boldsymbol{\Lambda}$为一个对角矩阵，对角矩阵$\boldsymbol{\Lambda}$对角线上的元素由特征值组成．一般可逆矩阵$\boldsymbol{P}$不是唯一的，但对角矩阵$\boldsymbol{\Lambda}$除对角线上的元素排列次序外是唯一的．它的排列次序与可逆矩阵$\boldsymbol{P}$的列排列次序是一致的．若要求$\boldsymbol{P}$是正交矩阵$\boldsymbol{P}$，则需将$n$个列向量通过正交化、单位化后再组成正交矩阵$\boldsymbol{P}$，此时$\boldsymbol{P}^{-1}\boldsymbol{AP}=\boldsymbol{P}^{\mathrm{T}}\boldsymbol{AP}=\boldsymbol{\Lambda}$为一个对角矩阵．

（8）正确理解二次型$f=\boldsymbol{x}^{\mathrm{T}}\boldsymbol{Ax}$为正定二次型的定义．对任意$\boldsymbol{x}=(x_1,x_2,\cdots,x_n)^{\mathrm{T}}\neq\boldsymbol{0}$，有$f=\boldsymbol{x}^{\mathrm{T}}\boldsymbol{Ax}>0$成立，并非对向量中每个分量$x_i\neq0(i=1,2,\cdots,n)$，都有$f=\boldsymbol{x}^{\mathrm{T}}\boldsymbol{Ax}>0$成立．任意向量$\boldsymbol{x}\neq\boldsymbol{0}$包含了向量中每个分量$x_i\neq0(i=1,2,\cdots,n)$的情况，但向量中每个分量$x_i\neq0$并不是指任意向量$\boldsymbol{x}\neq\boldsymbol{0}$．比如：$f=x_1^2-2x_1x_2+x_2^2+x_3^2=(x_1-x_2)^2+x_3^2$，对任意$x_1\neq0,x_2\neq0,x_3\neq0$都有$f>0$．但对$\boldsymbol{x}=(1,1,0)^{\mathrm{T}}\neq\boldsymbol{0}$时，$f=0$．所以此二次型不是正定的．

（9）关于矩阵$\boldsymbol{A},\boldsymbol{B}$等价、相似、合同、正交相似的结论

只要矩阵$\boldsymbol{A},\boldsymbol{B}$是同型矩阵就可以讨论它们是否等价，而矩阵$\boldsymbol{A},\boldsymbol{B}$相似、合同、正交相似只对$n$阶方阵而言．在矩阵$\boldsymbol{A},\boldsymbol{B}$是同型矩阵时，$\boldsymbol{A},\boldsymbol{B}$等价$\Leftrightarrow R(\boldsymbol{A})=R(\boldsymbol{B})$；在矩阵$\boldsymbol{A},\boldsymbol{B}$是实对称矩

阵时，$\boldsymbol{A},\boldsymbol{B}$ 相似⇔它们有相同的特征值；若矩阵 $\boldsymbol{A},\boldsymbol{B}$ 不是实对称矩阵，$\boldsymbol{A},\boldsymbol{B}$ 相似⇒它们有相同的特征值；实对称矩阵 $\boldsymbol{A},\boldsymbol{B}$ 合同⇔它们的特征值中正、负、零特征值的个数相等.

它们之间的关系是：

① $\boldsymbol{A}$ 与 $\boldsymbol{B}$ 正交相似⇒$\boldsymbol{A}$ 与 $\boldsymbol{B}$ 合同且相似；

② $\boldsymbol{A}$ 与 $\boldsymbol{B}$ 相似⇒$\boldsymbol{A}$ 与 $\boldsymbol{B}$ 等价；

③ $\boldsymbol{A}$ 与 $\boldsymbol{B}$ 合同⇒$\boldsymbol{A}$ 与 $\boldsymbol{B}$ 等价；

④ 若 $\boldsymbol{A},\boldsymbol{B}$ 为实对称矩阵，则 $\boldsymbol{A}$ 与 $\boldsymbol{B}$ 相似⇒$\boldsymbol{A}$ 与 $\boldsymbol{B}$ 合同.

# 四、强化练习题

### ☆ A 题 ☆

## (一) 填空题

1. 已知 3 阶矩阵 $\boldsymbol{A}$ 的 3 个特征值为 1,2,3. 则 $\boldsymbol{A}^{-1}$ 的特征值为______，$\boldsymbol{A}^*$ 的特征值为______.

2. 若二次型 $f=x_1^2+4x_2^2+2x_3^2+2tx_1x_2+2x_1x_3$ 是正定的，那么 $t$ 应满足________.

3. 设 $\boldsymbol{A}=\begin{pmatrix}1&1&1\\1&1&1\\1&1&1\end{pmatrix}$，则 $\boldsymbol{A}$ 的一个非零特征值是________.

4. 已知 $n$ 阶矩阵 $\boldsymbol{A}$ 能与一个对角矩阵相似，则 $\boldsymbol{A}$ ________（一定，不一定，一定没）有 $n$ 个不同的特征值；$\boldsymbol{A}$ ________（一定，不一定，一定没）有 $n$ 个线性无关的特征向量.

5. 已知二次型 $f(x_1,x_2,x_3)=\boldsymbol{x}^{\mathrm{T}}\boldsymbol{A}\boldsymbol{x}$，经过正交变换 $\boldsymbol{x}=\boldsymbol{P}\boldsymbol{y}$ 后化为 $f=2y_1^2-y_3^2$，则二次型 $f(x_1,x_2,x_3)=\boldsymbol{x}^{\mathrm{T}}\boldsymbol{A}\boldsymbol{x}$ 对应的矩阵的特征值为________；二次型的秩是________.

6. 已知 $\boldsymbol{\alpha}=(1,k,1)^{\mathrm{T}}$ 是 $\boldsymbol{A}=\begin{pmatrix}1&2&2\\2&1&2\\2&2&1\end{pmatrix}$ 的一个特征向量，则 $k=$________.

7. （2008 年考研数学题）设 $\boldsymbol{A}$ 为 3 阶矩阵，$\boldsymbol{A}$ 的特征值为 1，2，2，则 $|2\boldsymbol{A}^{-1}-\boldsymbol{E}|=$________.

8. （2011 年考研题）设二次型 $f(x_1,x_2,x_3)=\boldsymbol{x}^{\mathrm{T}}\boldsymbol{A}\boldsymbol{x}$ 的秩为 1，$\boldsymbol{A}$ 的各行元素之和为 3，则 $f$ 在正交变换 $\boldsymbol{x}=\boldsymbol{Q}\boldsymbol{y}$ 下的标准形为________.

## (二) 选择题

1. 二次型 $f=x_1^2+x_1x_2-x_2^2$ 的矩阵是________.

(A) $\boldsymbol{A}=\begin{pmatrix}1&0\\1&-1\end{pmatrix}$ (B) $\boldsymbol{A}=\begin{pmatrix}1&1\\0&-1\end{pmatrix}$ (C) $\boldsymbol{A}=\begin{pmatrix}1&\frac{1}{2}\\\frac{1}{2}&-1\end{pmatrix}$ (D) $\boldsymbol{A}=\begin{pmatrix}\frac{1}{2}&-1\\-1&\frac{1}{2}\end{pmatrix}$

2. 设 $\boldsymbol{A}=\begin{pmatrix}1&0&1\\0&3&0\\1&0&a\end{pmatrix}$，且已知零是其一个特征值，则 $a=$________.

(A) $-1$ (B) 3 (C) 0 (D) 1

3. 设 $\boldsymbol{A}=\begin{pmatrix}7&4&1\\4&7&-1\\-4&-4&a\end{pmatrix}$ 的 3 个特征值为 $\lambda_1=3,\lambda_2=4,\lambda_3=11$，则 $a=$________.

(A) 7 (B) 4 (C) $-1$ (D) 1

4. 若 $\boldsymbol{A}$ 为 $n$ 阶实对称矩阵，则下列结论正确的是________.

(A) $|\boldsymbol{A}|\neq 0$　　(B) $|\boldsymbol{A}|>0$

(C) $\boldsymbol{A}$ 有 $n$ 个不相同的特征值　　(D) $\boldsymbol{A}$ 有 $n$ 个线性无关的特征向量

5. 设 $\boldsymbol{A},\boldsymbol{B}$ 为两个 $n$ 阶方阵，且 $\boldsymbol{A}$ 与 $\boldsymbol{B}$ 相似，则________.

(A) $\boldsymbol{A},\boldsymbol{B}$ 的特征矩阵相同　　(B) $\boldsymbol{A},\boldsymbol{B}$ 的特征方程相同

(C) $\boldsymbol{A},\boldsymbol{B}$ 相似于同一个对角阵　　(D) 存在正交矩阵 $\boldsymbol{T}$，使得 $\boldsymbol{T}^{-1}\boldsymbol{AT}=\boldsymbol{B}$

6. 设 $\boldsymbol{A},\boldsymbol{B}$ 为两个 $n$ 阶对称正定矩阵，则下列结论成立的是________.

(A) $\boldsymbol{AB}$ 为实对称矩阵　　(B) $\boldsymbol{AB}$ 为正定矩阵

(C) $\boldsymbol{AB}$ 为可逆矩阵　　(D) $\boldsymbol{AB}$ 为正交矩阵

7. 设 $\boldsymbol{A},\boldsymbol{B}$ 为两个 $n$ 阶对称正定矩阵，则下列结论成立的是________.

(A) $\boldsymbol{AB}$ 是对称矩阵正定矩阵　　(B) $\boldsymbol{A}+\boldsymbol{B}$ 是对称正定矩阵

(C) $\boldsymbol{A}-\boldsymbol{B}$ 是对称正定矩阵　　(D) $\boldsymbol{A}^{-1}\boldsymbol{B}$ 是对称正定矩阵

8. 设 $\boldsymbol{A},\boldsymbol{B}$ 为两个 $n$ 阶方阵，且 $\boldsymbol{A}$ 与 $\boldsymbol{B}$ 合同，则________.

(A) $\boldsymbol{A},\boldsymbol{B}$ 的特征值相同　　(B) $\boldsymbol{A},\boldsymbol{B}$ 的秩相同

(C) $\boldsymbol{A},\boldsymbol{B}$ 的行列式相等　　(D) 存在可逆矩阵 $\boldsymbol{T}$，使得 $\boldsymbol{T}^{-1}\boldsymbol{AT}=\boldsymbol{B}$

9. $n$ 阶矩阵 $\boldsymbol{A}$ 可对角化，则________.

(A) $\boldsymbol{A}$ 的秩等于 $n$　　(B) $\boldsymbol{A}$ 必有 $n$ 个不同的特征值

(C) $\boldsymbol{A}$ 必有 $n$ 个线性无关的特征向量　　(D) $\boldsymbol{A}$ 必为实对称矩阵

10. (2013 年考研题) 矩阵 $\begin{pmatrix}1 & a & 1\\ a & b & a\\ 1 & a & 1\end{pmatrix}$ 与 $\begin{pmatrix}2 & 0 & 0\\ 0 & b & 0\\ 0 & 0 & 0\end{pmatrix}$ 相似的充分必要条件为__________.

(A) $a=0$，$b=2$　　(B) $a=0$，$b$ 为任意常数

(C) $a=2$，$b=0$　　(D) $a=2$，$b$ 为任意常数

**(三) 计算题**

1. 设矩阵 $\boldsymbol{A}=\begin{pmatrix}2 & 3 & 2\\ 1 & 4 & 2\\ 1 & -3 & 1\end{pmatrix}$，求其特征值及全部特征向量.

2. 设矩阵 $\boldsymbol{A}=\begin{pmatrix}2 & -1 & 2\\ 5 & -3 & 3\\ -1 & 0 & -2\end{pmatrix}$，问矩阵 $\boldsymbol{A}$ 能否对角化？若能对角化，求出可逆矩阵 $\boldsymbol{P}$，使 $\boldsymbol{P}^{-1}\boldsymbol{AP}$ 为对角矩阵.

3. 设 $\boldsymbol{A}=\begin{pmatrix}3 & 2 & -2\\ 0 & -1 & 0\\ 4 & 2 & -3\end{pmatrix}$，问矩阵 $\boldsymbol{A}$ 能否对角化？若能对角化，求出可逆矩阵 $\boldsymbol{P}$，使 $\boldsymbol{P}^{-1}\boldsymbol{AP}$ 为对角矩阵.

4. 求一个正交变换 $\boldsymbol{x}=\boldsymbol{PY}$，化二次型 $f=5x_1^2+5x_2^2+3x_3^2-2x_1x_2+6x_1x_3-6x_2x_3$ 为标准形.

5. 设矩阵 $\boldsymbol{A}=\begin{pmatrix}-2 & 0 & 0\\ 2 & a & 2\\ 3 & 1 & 1\end{pmatrix}$ 和 $\boldsymbol{B}=\begin{pmatrix}-1 & 0 & 0\\ 0 & 2 & 0\\ 0 & 0 & b\end{pmatrix}$ 相似，求 $a,b$ 的值，并求一个可逆矩阵 $\boldsymbol{P}$，使得 $\boldsymbol{P}^{-1}\boldsymbol{AP}=\boldsymbol{B}$.

**（四）证明题**

（2014 年考研题）证明 $n$ 阶矩阵 $\begin{pmatrix}1&1&\cdots&1\\1&1&\cdots&1\\ &\cdots\cdots& & \\1&1&\cdots&1\end{pmatrix}$ 与 $\begin{pmatrix}0&0&\cdots&1\\0&0&\cdots&2\\ &\cdots\cdots& & \\0&0&\cdots&n\end{pmatrix}$ 相似.

**☆ B 题 ☆**

**（一）填空题**

1. 已知矩阵 $\boldsymbol{A},\boldsymbol{B}$ 相似，且 $\boldsymbol{A}^2=\boldsymbol{A}$，则 $\boldsymbol{B}^2=$________.

2. 设 $\boldsymbol{A}=\begin{pmatrix}-1&1&0\\-4&3&0\\1&0&2\end{pmatrix}$，$\boldsymbol{B}=\begin{pmatrix}-1&-4&1\\1&3&0\\0&0&2\end{pmatrix}$，且 $\boldsymbol{A}$ 的特征值为 2 和 1（二重），那么 $\boldsymbol{B}$ 的特征值为________；$\boldsymbol{B}^*$ 的特征值为________；$(-2\boldsymbol{B})^*$ 的特征值为________.

3. 已知 $\boldsymbol{A}=\begin{pmatrix}2&0&0\\0&0&1\\0&1&a\end{pmatrix}$，$\boldsymbol{B}=\begin{pmatrix}2&0&0\\0&b&0\\0&0&-1\end{pmatrix}$ 相似，则 $a,b$ 的值分别是________.

4. （2008 年考研题）设 $\boldsymbol{A}$ 为 2 阶矩阵，$\boldsymbol{\alpha}_1,\boldsymbol{\alpha}_2$ 是线性无关的 2 维向量，$\boldsymbol{A\alpha}_1=\boldsymbol{0},\boldsymbol{A\alpha}_2=2\boldsymbol{\alpha}_1+\boldsymbol{\alpha}_2$，则 $\boldsymbol{A}$ 的非零特征值为________.

5. （2008 年考研题）设 $\boldsymbol{A}$ 为 3 阶矩阵，$\boldsymbol{A}$ 的特征值为 $2,3,\lambda$，若 $|2\boldsymbol{A}|=-48$，则 $\lambda=$________.

6. （2008 年考研题）设 $\boldsymbol{A}$ 为 3 阶矩阵，且 $\boldsymbol{A}$ 的特征值互不相同，又 $|\boldsymbol{A}|=\boldsymbol{0}$，则 $\boldsymbol{A}$ 的秩为________.

7. （2009 年考研题）若 3 维列向量 $\boldsymbol{\alpha},\boldsymbol{\beta}$ 满足 $\boldsymbol{\alpha}^{\mathrm{T}}\boldsymbol{\beta}=2$，其中 $\boldsymbol{\alpha}^{\mathrm{T}}$ 为 $\boldsymbol{\alpha}$ 的转置，则 $\boldsymbol{\beta\alpha}^{\mathrm{T}}$ 的非零特征值为________.

8. （2014 年考研题）设二次型 $f(x_1,x_2,x_3)=x_1^2-x_2^2+2ax_1x_3+4x_2x_3$ 的负惯性指数是 1，则 $a$ 的取值范围__________.

**（二）选择题**

1. 设 $\boldsymbol{A},\boldsymbol{B}$ 为两个 $n$ 阶实对称矩阵，则 $\boldsymbol{A},\boldsymbol{B}$ 相似的充要条件是 $\boldsymbol{A}$ 与 $\boldsymbol{B}$ 有________.

（A）相同的迹　（B）相同的秩　（C）相同的特征值　（D）相同的特征向量

2. 已知 $\lambda_1,\lambda_2$ 是矩阵 $\boldsymbol{A}$ 的两个不相同的特征值，$\boldsymbol{\alpha}_1,\boldsymbol{\alpha}_2$ 是 $\boldsymbol{A}$ 的分别属于 $\lambda_1,\lambda_2$ 的特征向量，则 $\boldsymbol{\alpha}_1,\boldsymbol{\alpha}_2$ 是________.

（A）线性无关的　（B）正交的　（C）可能有一个零向量　（D）线性相关的

3. 与 $n$ 阶单位矩阵 $\boldsymbol{E}$ 合同的矩阵是________.

（A）正交矩阵　（B）正定矩阵　（C）可逆矩阵　（D）初等矩阵

4. 下列矩阵能与对角矩阵相似的是________.

（A）$\boldsymbol{A}=\begin{pmatrix}3&1&0\\-4&-1&0\\4&-8&2\end{pmatrix}$　（B）$\boldsymbol{A}=\begin{pmatrix}2&-1&2\\5&-3&3\\-1&0&-2\end{pmatrix}$

（C）$\boldsymbol{A}=\begin{pmatrix}1&1&1&1\\1&1&-1&-1\\1&-1&1&-1\\1&-1&-1&1\end{pmatrix}$　（D）$\boldsymbol{A}=\begin{pmatrix}-3&1&-1\\-7&5&-1\\-6&6&-2\end{pmatrix}$

5. 设 $\boldsymbol{A},\boldsymbol{B}$ 为两个 $n$ 阶方阵，则下列结论成立的是________.

(A) $\boldsymbol{A}$ 和 $\boldsymbol{B}$ 等价⇒$\boldsymbol{A}$ 和 $\boldsymbol{B}$ 相似　　(B) $\boldsymbol{A}$ 和 $\boldsymbol{B}$ 相似⇒$\boldsymbol{A}$ 和 $\boldsymbol{B}$ 等价

(C) $\boldsymbol{A}$ 和 $\boldsymbol{B}$ 等价⇒$\boldsymbol{A}$ 和 $\boldsymbol{B}$ 合同　　(D) $\boldsymbol{A}$ 和 $\boldsymbol{B}$ 相似⇒$\boldsymbol{A}$ 和 $\boldsymbol{B}$ 合同

6. $n$ 阶实对称矩阵 $\boldsymbol{A}$ 为正定矩阵的充分必要条件是________.

(A) 所有 $k$ 阶顺序主子式为非负（$k=1,2,\cdots,n$）

(B) $\boldsymbol{A}$ 的所有特征值非负

(C) $\boldsymbol{A}^{-1}$ 为对称正定矩阵

(D) $R(\boldsymbol{A})=n$

7.（2008 年考研题）设 $\boldsymbol{A}$ 为 3 阶实对称阵，如果二次曲面方程 $(x,y,z)\boldsymbol{A}\begin{pmatrix}x\\y\\z\end{pmatrix}=1$ 在正交变换下的标准方程的图形如图 5-1 所示，则 $\boldsymbol{A}$ 的正特征值的个数为________.

(A) 0　　(B) 1　　(C) 2　　(D) 3

8.（2010 年考研题）设 $\boldsymbol{A}$ 为 4 阶矩阵，且 $\boldsymbol{A}^2+\boldsymbol{A}=\boldsymbol{O}$，若秩 $R(\boldsymbol{A})=3$，则 $\boldsymbol{A}$ 相似于________.

(A) $\begin{pmatrix}1&&&\\&1&&\\&&1&\\&&&0\end{pmatrix}$　　(B) $\begin{pmatrix}1&&&\\&1&&\\&&-1&\\&&&0\end{pmatrix}$

(C) $\begin{pmatrix}1&&&\\&-1&&\\&&-1&\\&&&0\end{pmatrix}$　　(D) $\begin{pmatrix}-1&&&\\&-1&&\\&&-1&\\&&&0\end{pmatrix}$

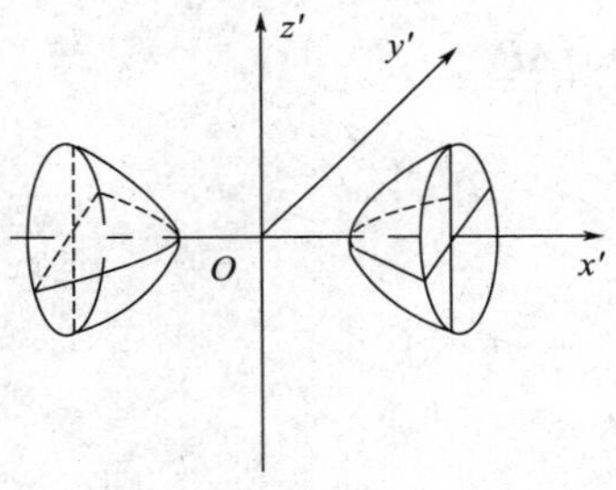

图 5-1

**（三）计算题**

1. 设实对称矩阵 $\boldsymbol{A}=\begin{pmatrix}0&1&1&-1\\1&0&-1&1\\1&-1&0&1\\-1&1&1&0\end{pmatrix}$，试求正交矩阵 $\boldsymbol{P}$，使 $\boldsymbol{P}^{-1}\boldsymbol{AP}=\boldsymbol{\Lambda}$ 为对角矩阵.

2. 设矩阵 $\boldsymbol{A}=\dfrac{1}{10}\begin{pmatrix}9&4\\1&6\end{pmatrix}$，$n$ 为正整数，求 $\boldsymbol{A}^n$.

3. $n$ 阶矩阵 $\boldsymbol{A}$ 的 $n$ 个特征值为：$0,1,\cdots,n-1$，$\boldsymbol{P}$ 为可逆矩阵，求 $|\boldsymbol{E}+\boldsymbol{P}^{-1}\boldsymbol{AP}|$.

4. 设矩阵 $\boldsymbol{A}=\begin{pmatrix}0&1&0&0\\1&0&0&0\\0&0&y&1\\0&0&1&2\end{pmatrix}$，已知 $\boldsymbol{A}$ 的一个特征值为 3，求 $y$；并求一个可逆矩阵 $\boldsymbol{P}$，使得 $(\boldsymbol{AP})^{\mathrm{T}}(\boldsymbol{AP})$ 为对角矩阵.

5. 设矩阵 $\boldsymbol{A}=\begin{pmatrix}2&-1&2\\5&a&3\\-1&b&1-2\end{pmatrix}$，已知 $\boldsymbol{\xi}=\begin{pmatrix}1\\1\\-1\end{pmatrix}$ 是它的一个特征向量．求 $a,b$ 的值，

问 $\boldsymbol{A}$ 能否相似于对角矩阵？为什么？

6.（2012 年考研题）3 阶矩阵 $\boldsymbol{A}=\begin{pmatrix}1&0&1\\0&1&1\\-1&0&a\end{pmatrix}$，$\boldsymbol{A}^{\mathrm{T}}$ 为 $\boldsymbol{A}$ 的转置，已知 $R(\boldsymbol{A}^{\mathrm{T}}\boldsymbol{A})=2$，且二次型 $f=\boldsymbol{x}^{\mathrm{T}}\boldsymbol{A}^{\mathrm{T}}\boldsymbol{A}\boldsymbol{x}$.（1）求 $a$；（2）求二次型对应的矩阵，并将二次型化为标准形，写出正交变换过程.

**（四）证明题**

1. 已知 $n$ 阶矩阵 $\boldsymbol{A}$ 满足 $\boldsymbol{A}^2=\boldsymbol{E}$，$\boldsymbol{E}$ 为 $n$ 阶单位矩阵. 证明矩阵 $\boldsymbol{A}$ 的 $n$ 个特征值只能是 1 或 $-1$.

2. 设 $\boldsymbol{A}$ 和 $\boldsymbol{B}$ 是两个对称正定矩阵. 证明：$\boldsymbol{AB}$ 是对称正定矩阵的充要条件是 $\boldsymbol{AB}=\boldsymbol{BA}$.

3.（2007 年考研题）设 3 阶实对称矩阵 $\boldsymbol{A}$ 的特征值为 $\lambda_1=1$，$\lambda_2=2$，$\lambda_3=-2$，$\boldsymbol{\alpha}_1=(1,-1,1)^{\mathrm{T}}$ 为 $\boldsymbol{A}$ 的特征值 $\lambda_1=1$ 对应的特征向量，记 $\boldsymbol{B}=\boldsymbol{A}^5-4\boldsymbol{A}^3+\boldsymbol{E}$，其中 $\boldsymbol{E}$ 为 3 阶单位矩阵.（1）验证 $\boldsymbol{\alpha}_1$ 是矩阵 $\boldsymbol{B}$ 的特征向量，并求 $\boldsymbol{B}$ 的全部特征值与特征向量；（2）求矩阵 $\boldsymbol{B}$.

4.（2008 年考研题）设 $\boldsymbol{A}$ 为 3 阶矩阵，$\boldsymbol{\alpha}_1,\boldsymbol{\alpha}_2$ 为 $\boldsymbol{A}$ 分别属于特征值 $-1$，1 的特征向量，向量 $\boldsymbol{\alpha}_3$ 满足 $\boldsymbol{A}\boldsymbol{\alpha}_3=\boldsymbol{\alpha}_2+\boldsymbol{\alpha}_3$.（1）证明：$\boldsymbol{\alpha}_1,\boldsymbol{\alpha}_2,\boldsymbol{\alpha}_3$ 线性无关；（2）令 $\boldsymbol{P}=(\boldsymbol{\alpha}_1,\boldsymbol{\alpha}_2,\boldsymbol{\alpha}_3)$，求 $\boldsymbol{P}^{-1}\boldsymbol{AP}$.

# 线性代数自测题

## 自测题(一)

**(一) 填空题**

1. 设 $\boldsymbol{A}=\begin{pmatrix}\boldsymbol{\alpha}\\2\boldsymbol{\alpha}_2\\3\boldsymbol{\alpha}_3\end{pmatrix}$，$\boldsymbol{B}=\begin{pmatrix}\boldsymbol{\beta}\\\boldsymbol{\alpha}_2\\\boldsymbol{\alpha}_3\end{pmatrix}$，其中 $\boldsymbol{\alpha},\boldsymbol{\beta},\boldsymbol{\alpha}_2,\boldsymbol{\alpha}_3$ 均为 $1\times3$ 阶矩阵，且 $|\boldsymbol{A}|=18$，$|\boldsymbol{B}|=2$，则 $|\boldsymbol{A}-\boldsymbol{B}|=$__________

2. 当 $k=$______时，向量 $\boldsymbol{\beta}=(1,k,5)^{\mathrm{T}}$ 能由 $\boldsymbol{\alpha}_1=(1,-3,2)^{\mathrm{T}}$，$\boldsymbol{\alpha}_2=(2,-1,1)^{\mathrm{T}}$ 线性表示.

3. 已知矩阵 $\boldsymbol{A}=\begin{pmatrix}2&0&0\\0&0&1\\0&1&x\end{pmatrix}$ 与 $\boldsymbol{B}=\begin{pmatrix}2&0&0\\0&y&0\\0&0&-1\end{pmatrix}$ 相似，则 $x=$______，$y=$______.

4. 已知 3 阶矩阵 $\boldsymbol{A}$ 的特征值为 1,2,3，则 $|\boldsymbol{A}^3-5\boldsymbol{A}^2+7\boldsymbol{A}|=$________.

5. 已知二次型 $f(x_1,x_2,x_3)=ax_1^2+ax_2^2+ax_3^2+2x_1x_2+2x_1x_3-2x_2x_3$ 为正定二次型，则参数 $a$ 的范围是________.

**(二) 单项选择题**

1. 已知 $\boldsymbol{A},\boldsymbol{B}$ 均是 3 阶矩阵，$\boldsymbol{A}^*$ 是 $\boldsymbol{A}$ 的伴随矩阵，若 $|\boldsymbol{A}|=2$，$|\boldsymbol{B}|=2$，则 $\left||\boldsymbol{B}^{-1}|\boldsymbol{A}^*\right|=$（　　）.

(A) 2　　(B) $\frac{1}{2}$　　(C) $-\frac{1}{2}$　　(D) $-2$

2. 设 $\boldsymbol{A},\boldsymbol{B},\boldsymbol{C}$ 为同阶方阵，$\boldsymbol{E}$ 为单位矩阵，若 $\boldsymbol{ABC}=\boldsymbol{E}$，下列结论正确的是（　　）.

(A) $\boldsymbol{BCA}=\boldsymbol{E}$　　(B) $\boldsymbol{ACB}=\boldsymbol{E}$　　(C) $\boldsymbol{BAC}=\boldsymbol{E}$　　(D) $\boldsymbol{CBA}=\boldsymbol{E}$

3. 零为矩阵的特征值是矩阵 $\boldsymbol{A}$ 不可逆的（　　）条件.

(A) 充分　　(B) 必要　　(C) 充分必要　　(D) 非充分非必要

4. 下列命题正确的是（　　）.

(A) 方程组 $\boldsymbol{Ax}=\boldsymbol{b}$ 有唯一解的充分必要条件是 $|\boldsymbol{A}|\neq0$

(B) 若 $\boldsymbol{Ax}=\boldsymbol{0}$ 只有零解，那么 $\boldsymbol{Ax}=\boldsymbol{b}$ 有唯一解

(C) 若 $\boldsymbol{Ax}=\boldsymbol{0}$ 有非零解，那么 $\boldsymbol{Ax}=\boldsymbol{b}$ 有无穷多解

(D) 若 $\boldsymbol{Ax}=\boldsymbol{b}$ 有两个不同的解，那么 $\boldsymbol{Ax}=\boldsymbol{0}$ 有无穷多解

5. 若 $n$ 阶矩阵 $\boldsymbol{A}$ 的特征值各不相同，且 $|\boldsymbol{A}|=0$，则下列不正确的是（　　）.

(A) $\boldsymbol{A}$ 是降秩矩阵　　(B) $\boldsymbol{A}$ 是奇异矩阵

(C) 伴随矩阵 $\boldsymbol{A}^*$ 的秩 $R(\boldsymbol{A}^*)=n-1$　　(D) $R(\boldsymbol{A})=n-1$

**(三) 计算题**

1. 设 $\boldsymbol{A}=\begin{pmatrix}5&2&2&2\\2&5&2&2\\2&2&5&2\\2&2&2&5\end{pmatrix}$，求 $|\boldsymbol{A}|$.

2. 已知二次型 $f=2x_1{}^2+2x_2{}^2+x_3{}^2+2ax_1x_2$ $(a>0)$ 能通过正交变换 $\boldsymbol{x}=\boldsymbol{P}\boldsymbol{y}$ 转化为标准型 $f=y_1^2+y_2^2+3y_3^2$，试求：(1) 参数 $a$；(2) 正交变换 $\boldsymbol{x}=\boldsymbol{P}\boldsymbol{y}$.

3. 设 $\boldsymbol{A}=\begin{pmatrix}2&3&1&-3&-7\\1&2&0&-2&-4\\3&-2&8&3&0\\2&-3&7&4&3\end{pmatrix}$，试求矩阵 $\boldsymbol{A}$ 的秩及 $\boldsymbol{A}$ 的列向量组的一个最大无关组，并将不是最大无关组的向量用最大线性无关组线性表示.

4. 设矩阵 $\boldsymbol{A}$，$\boldsymbol{B}$ 满足关系式 $\boldsymbol{AB}=\boldsymbol{A}+2\boldsymbol{B}$，其中 $\boldsymbol{A}=\begin{pmatrix}3&0&1\\1&1&0\\0&1&4\end{pmatrix}$，求矩阵 $\boldsymbol{B}$.

5. 设线性方程组 $\begin{cases}\lambda x_1+x_2+x_3=\lambda-3,\\x_1+\lambda x_2+x_3=-2,\\x_1+x_2+\lambda x_3=-2,\end{cases}$ 问 $\lambda$ 取何值时，此方程组 (1) 有唯一解；(2) 无解；(3) 有无穷多解？并在有无穷多解时求其通解.

**（四）证明题**

设向量组 $\boldsymbol{\alpha}_1,\boldsymbol{\alpha}_2,\cdots,\boldsymbol{\alpha}_s$ 为齐次线性方程组 $\boldsymbol{Ax}=\boldsymbol{0}$ 的一个基础解系，$\boldsymbol{\beta}_1=\boldsymbol{\alpha}_1$，$\boldsymbol{\beta}_2=\boldsymbol{\alpha}_1+\boldsymbol{\alpha}_2$，…，$\boldsymbol{\beta}_s=\boldsymbol{\alpha}_1+\boldsymbol{\alpha}_2+\cdots+\boldsymbol{\alpha}_s$. 证明：向量组 $\boldsymbol{\beta}_1,\boldsymbol{\beta}_2,\cdots,\boldsymbol{\beta}_s$ 线性无关.

## 自测题(二)

**（一）填空题**

1. 设 $\boldsymbol{A}$，$\boldsymbol{B}$ 均为 3 阶方阵，且 $|\boldsymbol{A}|=2$，$|\boldsymbol{B}|=-3$，则 $|-\boldsymbol{A}^{\mathrm{T}}\boldsymbol{B}^*|=$________.
2. 若 $n$ 阶矩阵 $\boldsymbol{A}$ 满足 $2\boldsymbol{A}^2-3\boldsymbol{A}+4\boldsymbol{E}=0$，则 $(\boldsymbol{A}-\boldsymbol{E})^{-1}=$________.
3. 设向量 $\boldsymbol{\alpha}_1,\boldsymbol{\alpha}_2$ 线性无关，$\boldsymbol{\alpha}_3=2\boldsymbol{\alpha}_2-\boldsymbol{\alpha}_1$，则 $R(\boldsymbol{\alpha}_1,\boldsymbol{\alpha}_2,\boldsymbol{\alpha}_3)=$________.
4. 已知 3 阶实对称矩阵 $\boldsymbol{A}$ 的特征值为 1，2，$-2$，则 $|\boldsymbol{A}^3-3\boldsymbol{A}+\boldsymbol{E}|=$________.
5. 设矩阵 $\boldsymbol{A}=\begin{pmatrix}1&t&1\\t&4&0\\1&0&2\end{pmatrix}$ 为正定矩阵，则 $t$ 的范围是________.

**（二）单项选择题**

1. 已知 3 阶行列式 $\begin{vmatrix}a_{11}&a_{12}&a_{13}\\a_{21}&a_{22}&a_{23}\\a_{31}&a_{32}&a_{33}\end{vmatrix}=3$，则 $\begin{vmatrix}a_{11}&3a_{31}-5a_{21}&2a_{21}\\a_{12}&3a_{32}-5a_{22}&2a_{22}\\a_{13}&3a_{33}-5a_{23}&2a_{23}\end{vmatrix}=$（　　）.

(A) $-18$　　(B) 18　　(C) $-30$　　(D) 30

2. 若方阵 $\boldsymbol{A}$，$\boldsymbol{B}$ 与矩阵 $\boldsymbol{C}=(c_{ij})_{m\times n}$ 满足 $\boldsymbol{AC}=\boldsymbol{CB}$，则 $\boldsymbol{A}$ 与 $\boldsymbol{B}$ 的阶数分别为（　　）.

(A) $m$，$m$　　(B) $m$，$n$　　(C) $n$，$m$　　(D) $n$，$n$

3. 齐次线性方程组 $\boldsymbol{Ax}=\boldsymbol{0}$ 仅有零解的充分必要条件是（　　）.

(A) $\boldsymbol{A}$ 的行向量组线性无关　　(B) $\boldsymbol{A}$ 的列向量组线性无关

(C) $\boldsymbol{A}$ 的列向量组线性相关　　(D) $\boldsymbol{A}$ 的行向量组线性相关

4. 设向量组 $\boldsymbol{\alpha}_1,\boldsymbol{\alpha}_2,\cdots,\boldsymbol{\alpha}_s$ 的秩为 $r$，则下列说法正确的是（　　）.

(A) 必定有 $r<s$

(B) 向量组 $\boldsymbol{\alpha}_1,\boldsymbol{\alpha}_2,\cdots,\boldsymbol{\alpha}_s$ 中任意 $r$ 个向量线性无关

(C) 向量组 $\boldsymbol{\alpha}_1,\boldsymbol{\alpha}_2,\cdots,\boldsymbol{\alpha}_s$ 中任意小于 $r$ 的部分向量组线性无关

(D) 向量组 $\boldsymbol{\alpha}_1,\boldsymbol{\alpha}_2,\cdots,\boldsymbol{\alpha}_s$ 中任意 $r+1$ 个向量线性相关

5. $n$ 阶矩阵 $\boldsymbol{A}$ 可对角化的充要条件是（　　）.

(A) $\boldsymbol{A}$ 的秩等于 $n$　　(B) $\boldsymbol{A}$ 必有 $n$ 个不同的特征值

(C) $\boldsymbol{A}$ 必有 $n$ 个线性无关特征向量　　(D) $\boldsymbol{A}$ 必为实对称矩阵

**（三）计算题**

1. 若 $|\boldsymbol{A}|=\begin{vmatrix}1&2&3&2\\3&3&1&2\\2&5&4&3\\1&3&3&4\end{vmatrix}$，$M_{ij}$ 是元素 $a_{ij}$ 的余子式，试求：$M_{12}-M_{22}+M_{32}-M_{42}$.

2. 已知 $\boldsymbol{A}=\begin{pmatrix}1&1&1\\1&1&-1\\1&-1&1\end{pmatrix}$，且 $\boldsymbol{AB}=\boldsymbol{A}+\boldsymbol{B}$，求 $\boldsymbol{B}$.

3. 求 $\boldsymbol{A}=\begin{pmatrix}1&7&2&5&2\\3&0&-1&1&-1\\2&14&0&6&4\\0&3&1&2&1\end{pmatrix}$ 列向量组的秩和最大无关组，并将不是最大无关组的向量用最大无关组线性表示.

4. 设向量组 $A$：$\boldsymbol{a}_1=\begin{pmatrix}\lambda\\1\\1\end{pmatrix}$，$\boldsymbol{a}_2=\begin{pmatrix}1\\\lambda\\1\end{pmatrix}$，$\boldsymbol{a}_3=\begin{pmatrix}1\\1\\\lambda\end{pmatrix}$，及向量 $\boldsymbol{b}=\begin{pmatrix}1\\\lambda\\\lambda^2\end{pmatrix}$，问 $\lambda$ 为何值时：

(1) 向量 $\boldsymbol{b}$ 不能由向量组 $A$ 线性表示；

(2) 向量 $\boldsymbol{b}$ 能由向量组 $A$ 线性表示，且表示式唯一；

(3) 向量 $\boldsymbol{b}$ 能由向量组 $A$ 线性表示，且表示式不唯一，并求一般表示式.

5. 设 $\boldsymbol{A}=\begin{pmatrix}2&0&0\\0&3&1\\0&1&3\end{pmatrix}$，求一个正交矩阵 $\boldsymbol{P}$，使 $\boldsymbol{P}^{-1}\boldsymbol{AP}=\boldsymbol{P}^{\mathrm{T}}\boldsymbol{AP}$ 为一个对角矩阵.

**（四）证明题**

设向量组 $\boldsymbol{\alpha}_1$，$\boldsymbol{\alpha}_2$，…，$\boldsymbol{\alpha}_n$ 线性无关，证明：当且仅当 $n$ 为奇数时，向量组 $\boldsymbol{\alpha}_1+\boldsymbol{\alpha}_2$，$\boldsymbol{\alpha}_2+\boldsymbol{\alpha}_3$，…，$\boldsymbol{\alpha}_n+\boldsymbol{\alpha}_1$ 线性无关.

## 自测题（三）

**（一）填空题**

1. 设 $f(x)=\begin{vmatrix}1&1&1\\2&3&x\\4&9&x^2\end{vmatrix}$，则 $f(x)=0$ 的根为__________.

2. 若矩阵 $\boldsymbol{A},\boldsymbol{B}$ 与矩阵 $\boldsymbol{C}=(c_{ij})_{m\times n}$ 满足 $\boldsymbol{AC}=\boldsymbol{CB}$，则矩阵 $\boldsymbol{B}$ 的阶数为__________

3. 设$\boldsymbol{A}=\begin{pmatrix} a & 1 & 1 \\ 1 & a & 1 \\ 1 & 1 & a \end{pmatrix}$，若$R(\boldsymbol{A}^*)=1$，则$a$满足__________.

4. 设$\lambda=2$是矩阵$\boldsymbol{A}$的一个特征值，则矩阵$\boldsymbol{A}^3-3\boldsymbol{A}^2+2\boldsymbol{E}$的一个特征值为__________.

5. 设$n$阶矩阵$\boldsymbol{A}$与$\boldsymbol{B}$满足$\boldsymbol{AB}=\boldsymbol{O}$（$\boldsymbol{O}$为$n$阶零矩阵），则$R(\boldsymbol{A})+R(\boldsymbol{B})=$__________.

**（二）单项选择题**

1. 设$\boldsymbol{A}$与$\boldsymbol{B}$均为3阶可逆方阵，且$|\boldsymbol{A}|=-2$，$|\boldsymbol{B}|=3$，则$|2\boldsymbol{A}^{-1}\boldsymbol{B}^{\mathrm{T}}|=$（　　）.

（A）$-12$　　（B）12　　（C）3　　（D）$-3$

2. 向量组$\boldsymbol{\alpha}_1,\boldsymbol{\alpha}_2,\cdots,\boldsymbol{\alpha}_s$中有一个零向量是此向量组线性相关的（　　）条件.

（A）充分非必要　　（B）必要非充分　　（C）充分必要　　（D）非充分非必要

3. 若$n$阶矩阵$\boldsymbol{A}$满足$2\boldsymbol{A}^2-3\boldsymbol{A}+4\boldsymbol{E}=0$，则$(\boldsymbol{A}-\boldsymbol{E})^{-1}$为（　　）.

（A）$\frac{1}{3}(2\boldsymbol{A}-\boldsymbol{E})$　　（B）$\frac{1}{2}(2\boldsymbol{A}-\boldsymbol{E})$　　（C）$-\frac{1}{2}(2\boldsymbol{A}-\boldsymbol{E})$　　（D）$-\frac{1}{3}(2\boldsymbol{A}-\boldsymbol{E})$

4. 若齐次线性方程组$\boldsymbol{Ax}=\boldsymbol{0}$有非零解，则非齐次线性方程组$\boldsymbol{Ax}=b$（　　）.

（A）必有无穷多解　　（B）可能有唯一解

（C）可能无解　　（D）以上说法都不对

5. 以下结论正确的是（　　）.

（A）对于方阵$\boldsymbol{A},\boldsymbol{B}$，若存在矩阵$\boldsymbol{C}$使得$\boldsymbol{B}=\boldsymbol{C}^{\mathrm{T}}\boldsymbol{AC}$，则$\boldsymbol{A}$与$\boldsymbol{B}$相似

（B）若$n$阶实对称矩阵$\boldsymbol{A}$的各阶子式都为正数，则$\boldsymbol{A}$为正定矩阵

（C）对于$n$阶实对称矩阵$\boldsymbol{A}$，若存在矩阵$\boldsymbol{C}$使得$\boldsymbol{A}=\boldsymbol{C}^{\mathrm{T}}\boldsymbol{C}$，则$\boldsymbol{A}$为正定矩阵

（D）二次型$f(x_1,x_2,x_3)=x_1^2+2x_2^2$是正定二次型

**（三）计算题**

1. 设$D=\begin{vmatrix} 3 & -5 & 2 & 1 \\ 1 & 1 & 0 & -5 \\ -1 & 3 & 1 & 3 \\ 2 & -4 & -1 & -3 \end{vmatrix}$，元素$a_{ij}$的余子式和代数余子式分别记作$M_{ij}$和$A_{ij}$，求$A_{41}-A_{42}+A_{43}-A_{44}$和$M_{13}-M_{23}+M_{33}-M_{43}$.

2. 设矩阵$\boldsymbol{A}=\begin{pmatrix} 4 & 1 & 0 \\ 2 & 4 & 1 \\ 3 & 0 & 5 \end{pmatrix}$，矩阵$\boldsymbol{B}$满足$\boldsymbol{AB}-\boldsymbol{A}=3\boldsymbol{B}+\boldsymbol{E}$，求矩阵$\boldsymbol{B}$.

3. 设向量组$\boldsymbol{\alpha}_1=\begin{pmatrix} 1 \\ -2 \\ 3 \\ 0 \end{pmatrix}$，$\boldsymbol{\alpha}_2=\begin{pmatrix} -1 \\ -1 \\ 1 \\ -2 \end{pmatrix}$，$\boldsymbol{\alpha}_3=\begin{pmatrix} 1 \\ -3 \\ 4 \\ -2 \end{pmatrix}$，$\boldsymbol{\alpha}_4=\begin{pmatrix} 2 \\ -1 \\ 2 \\ 2 \end{pmatrix}$，$\boldsymbol{\alpha}_5=\begin{pmatrix} 1 \\ -5 \\ 7 \\ -2 \end{pmatrix}$，求向量组$\boldsymbol{\alpha}_1,\boldsymbol{\alpha}_2,\boldsymbol{\alpha}_3,\boldsymbol{\alpha}_4,\boldsymbol{\alpha}_5$的秩以及它的一个最大无关组，并将其余的列向量用最大无关组线性表示.

4. 设有线性方程组$\begin{cases} (2-\lambda)x_1+x_2+x_3=1, \\ x_1+(2-\lambda)x_2+x_3=1, \\ x_1+x_2+(2-\lambda)x_3=1, \end{cases}$问$\lambda$为何值时，此方程组（1）有唯一解；（2）无解；（3）有无穷多解？并在有无穷多解的情况下求其通解.

5. 已知二次型$f(x_1,x_2,x_3)=2x_1^2+ax_2^2-4x_1x_2-2bx_2x_3$（$b>0$）其中二次型的矩阵$\boldsymbol{A}$

的特征值之和为 3，特征值之积为 $-8$；试求：(1) 常数 $a, b$；(2) 求一个正交变换 $\boldsymbol{x}=\boldsymbol{P}\boldsymbol{y}$ 将二次型化为标准型.

**(四) 证明题**

设 $\boldsymbol{\alpha}_1=\begin{pmatrix}2\\2\\-1\\3\end{pmatrix}$，$\boldsymbol{\alpha}_2=\begin{pmatrix}0\\-2\\1\\-1\end{pmatrix}$，$\boldsymbol{\alpha}_3=\begin{pmatrix}0\\0\\-5\\9\end{pmatrix}$，$\boldsymbol{\alpha}_4=\begin{pmatrix}0\\0\\0\\-5\end{pmatrix}$，证明：$\boldsymbol{\alpha}_1, \boldsymbol{\alpha}_2, \boldsymbol{\alpha}_3, \boldsymbol{\alpha}_4$ 线性无关.

## 自测题(四)

**(一) 填空题**

1. 行列式 $\begin{vmatrix}3&-1&4\\-2&0&1\\5&2&3\end{vmatrix}$ 中，元素 1 的代数余子式为__________.

2. 设 $\boldsymbol{A}$ 是 4 阶方阵，且 $|\boldsymbol{A}|=\dfrac{1}{2}$，则 $|(2\boldsymbol{A})^{-1}-3\boldsymbol{A}^*|=$__________.

3. 若向量组 $\boldsymbol{\alpha},\boldsymbol{\beta},\boldsymbol{\gamma}$ 线性无关，向量组 $\boldsymbol{\alpha}, \boldsymbol{\beta}, \boldsymbol{\delta}$ 线性相关，则 $\boldsymbol{\delta}$ ______________（一定，不一定，一定不）能由 $\boldsymbol{\alpha},\boldsymbol{\beta},\boldsymbol{\gamma}$ 线性表示.

4. 已知 $\boldsymbol{\alpha}_1, \boldsymbol{\alpha}_2$ 为非齐次线性方程组 $\boldsymbol{A}\boldsymbol{x}=\boldsymbol{b}$ 的两个解，又 $k_1\boldsymbol{\alpha}_1+k_2\boldsymbol{\alpha}_2$ $(k_1, k_2\in\mathbf{R})$ 也是方程组 $\boldsymbol{A}\boldsymbol{x}=\boldsymbol{b}$ 的解，则 $k_1, k_2$ 满足__________.

5. 已知矩阵 $\boldsymbol{A}=\begin{pmatrix}1&-1&1\\2&4&-2\\-3&-3&5\end{pmatrix}$ 和 $\boldsymbol{B}=\begin{pmatrix}\lambda&0&0\\0&2&0\\0&0&1\end{pmatrix}$ 相似，则 $\lambda=$__________.

**(二) 单项选择题**

1. 设 $\boldsymbol{A}$ 为 3 阶矩阵，且 $|\boldsymbol{A}|=3$，则 $|(\boldsymbol{A}^*)^{-1}|=$ (　　).

(A) 9　　(B) $\dfrac{1}{9}$　　(C) $-9$　　(D) $-\dfrac{1}{9}$

2. 系数矩阵的行列式等于 0 是非齐次方程组 $\boldsymbol{A}_{n\times n}\boldsymbol{x}=\boldsymbol{b}$ 有无穷多解的 (　　) 条件.

(A) 充分非必要　　(B) 充分必要　　(C) 必要非充分　　(D) 非充分非必要

3. 若向量组 $\boldsymbol{\alpha}_1=(2,1,1,1)^{\mathrm{T}}$，$\boldsymbol{\alpha}_2=(2,1,a,a)^{\mathrm{T}}$，$\boldsymbol{\alpha}_3=(3,2,1,a)^{\mathrm{T}}$，$\boldsymbol{\alpha}_4=(4,3,2,1)^{\mathrm{T}}$ 的秩为 3，且 $a\neq1$，则 $a=$ (　　).

(A) 2　　(B) $-2$　　(C) $-\dfrac{1}{2}$　　(D) $\dfrac{1}{2}$

4. 若 $n$ 阶矩阵 $\boldsymbol{A}$ 可对角化，则 (　　).

(A) $\boldsymbol{A}$ 必有 $n$ 个线性无关的特征向量　　(B) $\boldsymbol{A}$ 必为实对称矩阵

(C) $\boldsymbol{A}$ 的秩等于 $n$　　(D) $\boldsymbol{A}$ 必有 $n$ 个不同的特征值

5. 在 5 阶行列式中，符号为正的项是 (　　).

(A) $a_{13}a_{24}a_{32}a_{41}a_{55}$　　(B) $a_{15}a_{31}a_{22}a_{44}a_{53}$

(C) $a_{23}a_{32}a_{41}a_{15}a_{54}$　　(D) $a_{31}a_{25}a_{43}a_{14}a_{52}$

**(三) 计算题**

1. 设行列式 $D=\begin{vmatrix} 3 & 1 & -1 & 2 \\ -5 & 1 & 3 & -4 \\ 2 & 0 & 1 & -1 \\ 1 & -5 & 3 & -3 \end{vmatrix}$，其中 $D$ 的 $(i,j)$ 元的余子式记作 $M_{ij}$，求 $M_{31}-3M_{32}-2M_{33}-2M_{34}$.

2. 设矩阵 $\boldsymbol{A}=\begin{pmatrix} 0 & 1 & 0 \\ -1 & 1 & 1 \\ -1 & 0 & 1 \end{pmatrix}$，$\boldsymbol{B}=\begin{pmatrix} 1 & -1 \\ 2 & 0 \\ 5 & -3 \end{pmatrix}$ 满足 $\boldsymbol{Ax}+\boldsymbol{B}=\boldsymbol{x}$，求 $\boldsymbol{x}$.

3. 设 $\boldsymbol{A}=\begin{pmatrix} 1 & 1 & 2 & 1 \\ 0 & 2 & 2 & -1 \\ 2 & 2 & 3 & 3 \\ 1 & 1 & 0 & 3 \end{pmatrix}$，求矩阵 $\boldsymbol{A}$ 的秩及 $\boldsymbol{A}$ 的列向量组的一个最大无关组，并将不属于最大无关组的列向量用最大无关组线性表示.

4. 设有线性方程组 $\begin{cases} x_1+x_2+\lambda x_3=4, \\ -x_1+\lambda x_2+x_3=\lambda^2, \\ x_1-x_2+2x_3=-4, \end{cases}$ 问 $\lambda$ 取何值时，此方程组（1）有唯一解；（2）无解；（3）无穷多解，并在无穷多解时求其通解.

5. 设对称矩阵 $\boldsymbol{A}=\begin{pmatrix} 2 & 0 & 0 \\ 0 & 3 & a \\ 0 & a & 3 \end{pmatrix}$ $(a>0)$，若存在正交矩阵 $\boldsymbol{P}$，使得 $\boldsymbol{P}^{-1}\boldsymbol{AP}=\boldsymbol{P}^{\mathrm{T}}\boldsymbol{AP}=\boldsymbol{\Lambda}=\begin{pmatrix} b & & \\ & 2 & \\ & & 5 \end{pmatrix}$，试求：（1）参数 $a$ 和 $b$ 的值；（2）正交矩阵 $\boldsymbol{P}$.

**(四) 证明题**

设向量组 $\boldsymbol{\alpha}_1,\boldsymbol{\alpha}_2,\cdots,\boldsymbol{\alpha}_n$ 线性无关，向量组 $\boldsymbol{\beta}_1=\boldsymbol{\alpha}_1+\boldsymbol{\alpha}_2$，$\boldsymbol{\beta}_2=\boldsymbol{\alpha}_2+\boldsymbol{\alpha}_3,\cdots,\boldsymbol{\beta}_{n-1}=\boldsymbol{\alpha}_{n-1}+\boldsymbol{\alpha}_n$，$\boldsymbol{\beta}_n=\boldsymbol{\alpha}_n+\boldsymbol{\alpha}_1$，证明：当 $n=3$ 时，向量组 $\boldsymbol{\beta}_1,\boldsymbol{\beta}_2,\cdots,\boldsymbol{\beta}_n$ 线性无关；当 $n=4$ 时，向量组 $\boldsymbol{\beta}_1,\boldsymbol{\beta}_2,\cdots,\boldsymbol{\beta}_n$ 线性相关.

# 自测题参考答案

## 自测题(一)

**(一) 填空题**

1. 2；　2. $-8$；　3. 0，1；　4. 18；　5. $a>2$.

**(二) 单项选择题**

1. B；　2. A；　3. C；　4. D；　5. C.

**(三) 计算题**

1. $|\boldsymbol{A}|=297$；　2. $a=1$，$\boldsymbol{x}=\boldsymbol{P}\boldsymbol{y}=(\boldsymbol{p}_1,\boldsymbol{p}_2,\boldsymbol{p}_3)\boldsymbol{y}=\begin{pmatrix}-\frac{1}{\sqrt{2}} & 0 & \frac{1}{\sqrt{2}}\\ \frac{1}{\sqrt{2}} & 0 & \frac{1}{\sqrt{2}}\\ 0 & 1 & 0\end{pmatrix}\boldsymbol{y}$.

3. $R(\boldsymbol{A})=3$，$\boldsymbol{\alpha}_1,\boldsymbol{\alpha}_3,\boldsymbol{\alpha}_4$ 为一个极大线性无关组，$\boldsymbol{\alpha}_2=2\boldsymbol{\alpha}_1-\boldsymbol{\alpha}_3$，$\boldsymbol{\alpha}_5=4\boldsymbol{\alpha}_1-3\boldsymbol{\alpha}_3+4\boldsymbol{\alpha}_4$ .

4. $\boldsymbol{B}=\begin{pmatrix}5 & -2 & -2\\ 4 & -3 & -2\\ -2 & 2 & 3\end{pmatrix}$.

5. $\lambda\neq-2$ 且 $\lambda\neq1$ 时有唯一解；$\lambda=-2$ 时无解；$\lambda=1$ 时有无穷多个解.

通解：$\boldsymbol{x}=\begin{pmatrix}-2\\0\\0\end{pmatrix}+k_1\begin{pmatrix}-1\\1\\0\end{pmatrix}+k_2\begin{pmatrix}-1\\0\\1\end{pmatrix}$.

**(四) 证明题**

$$(\boldsymbol{\beta}_1,\boldsymbol{\beta}_2,\cdots,\boldsymbol{\beta}_s)=(\boldsymbol{\alpha}_1,\boldsymbol{\alpha}_2,\cdots,\boldsymbol{\alpha}_s)\begin{pmatrix}1 & 1 & \cdots & 1\\ 0 & 1 & \cdots & 1\\ \multicolumn{4}{c}{\cdots\cdots\cdots\cdots}\\ 0 & 0 & \cdots & 1\end{pmatrix}$$ 则 $|\boldsymbol{A}|=1\neq0$.

又向量组 $\boldsymbol{\alpha}_1,\boldsymbol{\alpha}_2,\cdots,\boldsymbol{\alpha}_s$ 为齐次线性方程组 $\boldsymbol{A}\boldsymbol{x}=\boldsymbol{0}$ 的一个基础解系，则 $\boldsymbol{\alpha}_1,\boldsymbol{\alpha}_2,\cdots,\boldsymbol{\alpha}_s$ 线性无关，故向量组 $\boldsymbol{\beta}_1,\boldsymbol{\beta}_2,\cdots,\boldsymbol{\beta}_s$ 也线性无关.

## 自测题(二)

**(一) 填空题**

1. $-18$；　2. $-\dfrac{2\boldsymbol{A}-\boldsymbol{E}}{3}$；　3. 2；　4. 3；　5. $-\sqrt{2}<t<\sqrt{2}$ .

**(二) 单项选择题**

1. A;　　2. B;　　3. B;　　4. D;　　5. C.

**(三) 计算题**

1. $M_{12}-M_{22}+M_{32}-M_{42}=8$.

2. $\boldsymbol{B}=\begin{pmatrix}\frac{3}{2} & \frac{1}{2} & \frac{1}{2}\\ \frac{1}{2} & \frac{3}{2} & -\frac{1}{2}\\ \frac{1}{2} & -\frac{1}{2} & \frac{3}{2}\end{pmatrix}$.

3. $R(\boldsymbol{A})=3$，向量组的最大无关组为 $\boldsymbol{\alpha}_1,\boldsymbol{\alpha}_1,\boldsymbol{\alpha}_3$，$\boldsymbol{\alpha}_4=\frac{2}{3}\boldsymbol{\alpha}_1+\frac{1}{3}\boldsymbol{\alpha}_2+\boldsymbol{\alpha}_3,\boldsymbol{\alpha}_5=-\frac{1}{3}\boldsymbol{\alpha}_1+\frac{1}{3}\boldsymbol{\alpha}_2$.

4. (1) 当 $\lambda=-2$ 时，向量 $\boldsymbol{b}$ 不能由向量组 $\boldsymbol{A}$ 线性表示；

(2) 当 $\lambda\neq-2$ 且 $\lambda\neq1$ 时，向量 $\boldsymbol{b}$ 能由向量组 $\boldsymbol{A}$ 线性表示，且表示式唯一；

(3) 当 $\lambda=1$ 时，向量 $\boldsymbol{b}$ 能由向量组 $\boldsymbol{A}$ 线性表示，且表示式不唯一.

$$\begin{pmatrix}x_1\\x_2\\x_3\end{pmatrix}=C_1\begin{pmatrix}-1\\1\\0\end{pmatrix}+C_2\begin{pmatrix}-1\\0\\1\end{pmatrix}+\begin{pmatrix}1\\0\\0\end{pmatrix}\quad(C_1,C_2\in\mathbf{R}).$$

5. $\boldsymbol{P}=\begin{bmatrix}1 & 0 & 0\\ 0 & -\frac{1}{\sqrt{2}} & \frac{1}{\sqrt{2}}\\ 0 & \frac{1}{\sqrt{2}} & \frac{1}{\sqrt{2}}\end{bmatrix}$.

**(四) 证明题**

设一组常数 $k_1,k_2,\cdots,k_n$. 使得 $k_1(\boldsymbol{\alpha}_1+\boldsymbol{\alpha}_2)+k_2(\boldsymbol{\alpha}_2+\boldsymbol{\alpha}_3)+\cdots+k_n(\boldsymbol{\alpha}_n+\boldsymbol{\alpha}_1)=\mathbf{0}$，即 $\boldsymbol{\alpha}_1(k_1+k_n)+\boldsymbol{\alpha}_2(k_1+k_2)+\cdots+\boldsymbol{\alpha}_n(k_{n-1}+k_n)=\mathbf{0}$，因为向量组 $\boldsymbol{\alpha}_1,\boldsymbol{\alpha}_2,\cdots,\boldsymbol{\alpha}_n$ 线性无关，

所以 $\begin{cases}k_1+k_n=0\\ k_1+k_2=0\\ \cdots\cdots\\ k_{n-1}+k_n=0\end{cases}$，$\begin{vmatrix}1 & 1 & 0 & \cdots & 0\\ 0 & 1 & 1 & \cdots & 0\\ 0 & 0 & 1 & \cdots & 0\\ \cdots & \cdots & \cdots & \cdots & \cdots\\ 1 & 0 & 0 & \cdots & 1\end{vmatrix}=(-1)^{2n-2}+(-1)^{n+1}=1+(-1)^{n+1}=\begin{cases}0, & n\in 2k,\\ 2, & n\in 2k+1,\end{cases}$ 故当且仅当 $n$ 为奇数时，向量组 $\boldsymbol{\alpha}_1+\boldsymbol{\alpha}_2,\boldsymbol{\alpha}_2+\boldsymbol{\alpha}_3,\cdots,\boldsymbol{\alpha}_n+\boldsymbol{\alpha}_1$ 线性无关.

## 自测题(三)

**(一) 填空题**

1. $x=2$ 或 $x=3$；　　2. $n$ 阶；　　3. $a=-2$；　　4. $-2$；　　5. $n$.

**(二) 单项选择题**

1. A;　　2. A;　　3. D;　　4. C;　　5. B.

**（三）计算题**

1. $A_{41}-A_{42}+A_{43}-A_{44}=-24$；$M_{13}-M_{23}+M_{33}-M_{43}=A_{13}+A_{23}+A_{33}+A_{43}=-64$.

2. $\boldsymbol{B}=\begin{pmatrix}9&-8&4\\-4&9&-4\\-12&12&-3\end{pmatrix}$.

3. $R(\boldsymbol{A})=3$，$\boldsymbol{\alpha}_1$，$\boldsymbol{\alpha}_2$，$\boldsymbol{\alpha}_3$ 为一个极大线性无关组，$\boldsymbol{\alpha}_4=\boldsymbol{\alpha}_1-\boldsymbol{\alpha}_2$，$\boldsymbol{\alpha}_5=2\boldsymbol{\alpha}_1+\boldsymbol{\alpha}_2$.

4. 当 $\lambda\neq1$ 且 $\lambda\neq4$ 时有唯一解；$\lambda=4$ 时无解；$\lambda=1$ 时有无穷多个解.

通解为 $\begin{pmatrix}x_1\\x_2\\x_3\end{pmatrix}=C_1\begin{pmatrix}-1\\1\\0\end{pmatrix}+C_2\begin{pmatrix}-1\\0\\1\end{pmatrix}+\begin{pmatrix}1\\0\\0\end{pmatrix}\quad(C_1,C_2\in\mathbf{R})$.

5. $\begin{cases}a=1,\\b=2\quad(b>0)\end{cases}$；$f=-2y_1^2+y_2^2+4y_3^2$.

**（四）证明题**

$(\boldsymbol{\alpha}_1,\boldsymbol{\alpha}_2,\boldsymbol{\alpha}_3,\boldsymbol{\alpha}_4)^{\mathrm{T}}=\begin{pmatrix}2&2&-1&3\\0&-2&1&-1\\0&0&-5&9\\0&0&0&-5\end{pmatrix}$，因为 $R(\boldsymbol{\alpha}_1,\boldsymbol{\alpha}_2,\boldsymbol{\alpha}_3,\boldsymbol{\alpha}_4)^{\mathrm{T}}=R(\boldsymbol{\alpha}_1,\boldsymbol{\alpha}_2,\boldsymbol{\alpha}_3,\boldsymbol{\alpha}_4)=4$，所以 $\boldsymbol{\alpha}_1,\boldsymbol{\alpha}_2,\boldsymbol{\alpha}_3,\boldsymbol{\alpha}_4$ 线性无关.

# 自测题（四）

**（一）填空题**

1. $-11$；　2. 2；　3. 一定；　4. $k_1+k_2=1$；　5. 7.

**（二）单项选择题**

1. B；　2. C；　3. D；　4. A；　5. B.

**（三）计算题**

1. $M_{31}-3M_{32}-2M_{33}-2M_{34}=A_{31}+3A_{32}-2A_{33}+2A_{34}=24$.

2. $\boldsymbol{x}=\begin{pmatrix}5&-3\\4&-2\\3&-3\end{pmatrix}$.

3. $R(\boldsymbol{A})=3$；$\boldsymbol{A}$ 的列向量组的一个最大无关组为 $\boldsymbol{\alpha}_1,\boldsymbol{\alpha}_2,\boldsymbol{\alpha}_3$；$\boldsymbol{\alpha}_4=\frac{5}{2}\boldsymbol{\alpha}_1+\frac{1}{2}\boldsymbol{\alpha}_2-\boldsymbol{\alpha}_3$.

4. 当 $\lambda\neq-1$，且 $\lambda\neq4$ 时方程有唯一解；$\lambda=-1$ 时无解；$\lambda=4$ 无穷多解.

基础解系为：$\boldsymbol{\eta}=\begin{pmatrix}-3\\3\\1\end{pmatrix}$，$\boldsymbol{\xi}=\begin{pmatrix}-3\\-1\\1\end{pmatrix}$，通解为 $\boldsymbol{x}=k\boldsymbol{\xi}+\boldsymbol{\eta}(k\in\mathbf{R})$.

5. $a=2,b=1$；正交矩阵为 $\boldsymbol{P}=\begin{pmatrix} 0 & 1 & 0 \\ -\frac{1}{\sqrt{2}} & 0 & \frac{1}{\sqrt{2}} \\ \frac{1}{\sqrt{2}} & 0 & \frac{1}{\sqrt{2}} \end{pmatrix}$.

**（四）证明题**

设$(\boldsymbol{\beta}_1,\boldsymbol{\beta}_2,\cdots,\boldsymbol{\beta}_n)=(\boldsymbol{\alpha}_1,\boldsymbol{\alpha}_2,\cdots,\boldsymbol{\alpha}_n)\begin{pmatrix} 1 & 0 & \cdots & 0 & 1 \\ 1 & 1 & \cdots & 0 & 0 \\ 0 & 1 & \cdots & 0 & 0 \\ \cdots & \cdots & \cdots & \cdots & \cdots \\ 0 & 0 & \cdots & 1 & 0 \\ 0 & 0 & \cdots & 1 & 1 \end{pmatrix}=(\boldsymbol{\alpha}_1,\boldsymbol{\alpha}_2,\cdots,\boldsymbol{\alpha}_n)\boldsymbol{A}$，

则 $|\boldsymbol{A}|=\begin{vmatrix} 1 & 0 & \cdots & 0 & 1 \\ 1 & 1 & \cdots & 0 & 0 \\ 0 & 1 & \cdots & 0 & 0 \\ \cdots & \cdots & \cdots & \cdots & \cdots \\ 0 & 0 & \cdots & 1 & 0 \\ 0 & 0 & \cdots & 1 & 1 \end{vmatrix}=\begin{cases} 2, & n=3, \\ 0, & n=4, \end{cases}$ 因为向量组 $\boldsymbol{\alpha}_1,\boldsymbol{\alpha}_2,\cdots,\boldsymbol{\alpha}_n$ 线性无关，

所以 $R(\boldsymbol{\beta}_1,\boldsymbol{\beta}_2,\cdots,\boldsymbol{\beta}_n)=R(\boldsymbol{A})$，即 $R(\boldsymbol{\beta}_1,\boldsymbol{\beta}_2,\cdots,\boldsymbol{\beta}_n)\begin{cases} =n, & n=3, \\ <n, & n=4, \end{cases}$

从而，当 $n=3$ 时，向量组 $\boldsymbol{\beta}_1,\boldsymbol{\beta}_2,\cdots,\boldsymbol{\beta}_n$ 线性无关；当 $n=4$ 时，向量组 $\boldsymbol{\beta}_1,\boldsymbol{\beta}_2,\cdots,\boldsymbol{\beta}_n$ 线性相关.

# 强化练习题参考答案

## 第一章

### ☆ A 题 ☆

**（一）填空题**

1. 正；  2. $a_{14}a_{23}a_{31}a_{42}$；  3. $-1$；  4. $(-1)^n$；  5. 0.

**（二）选择题**

1. C；  2. D；  3. B；  4. C；  5. C.

**（三）计算下列行列式**

1. 用$(-1)\cdot r_1+r_2$；$(-1)\cdot r_1+r_3$，$(-1)\cdot r_1+r_4$，原行列式化为上三角行列式，得$-8$.

2. 方法一：用$1\cdot r_1+r_2$得，原行列式为$\begin{vmatrix}1&2&0&0\\0&5&0&0\\0&0&2&1\\0&0&-3&1\end{vmatrix}$，按$a_{11}$展开两次，得到行列式

$$1\cdot 5=\begin{vmatrix}2&1\\-3&1\end{vmatrix}=5(2+3)=25.$$

方法二：利用"本章内容要点(五)几种特殊行列式的结论"中的2两个特殊的展开式，得原行列式$=\begin{vmatrix}1&2\\-1&3\end{vmatrix}\cdot\begin{vmatrix}2&1\\-3&1\end{vmatrix}=5\cdot 5=25.$

3. 方法一：用$1\cdot r_1+r_2$得，$\begin{vmatrix}0&0&1&2\\0&0&-1&3\\2&1&2&1\\-3&1&2&4\end{vmatrix}=\begin{vmatrix}0&0&1&2\\0&0&0&5\\2&1&2&1\\-3&1&2&4\end{vmatrix}$，再按$a_{24}$（即第2行）展开得，原式$=5\cdot\begin{vmatrix}0&0&1\\2&1&2\\-3&1&2\end{vmatrix}=5\cdot(-1)^{1+3}\begin{vmatrix}2&1\\-3&1\end{vmatrix}=25$；

方法二：两次交换行（$r_1\leftrightarrow r_4$，$r_2\leftrightarrow r_3$）化为$\begin{vmatrix}-3&1&2&4\\2&1&2&1\\0&0&-1&3\\0&0&1&2\end{vmatrix}=(-5)\cdot(-5)=25.$

4. 用$(-1)r_1+r_2$；$(-1)r_1+r_4$，得$\begin{vmatrix}1&2&0&1\\0&1&5&5\\0&1&5&6\\0&0&3&3\end{vmatrix}$，再按$a_{11}$（即第1列）展开得：

原式$=\begin{vmatrix}1&5&5\\1&5&6\\0&3&3\end{vmatrix}$，对此用$(-1)r_1+r_2$，再按$a_{11}$（即第1列）展开得

$$原式=\begin{vmatrix}1&5&5\\0&0&1\\0&3&3\end{vmatrix}=\begin{vmatrix}0&1\\3&3\end{vmatrix}=-3.$$

5. 用$c\cdot r_1+r_2$及$(-b)\cdot r_1+r_3$，然后按第1列展开并整理得：$1+a^2+b^2+c^2$.

6. 按某一行（列）展开或由计算3阶行列式的对角线法得知原式为0.

7. 对行列式$(-1)r_1+r_2$；$(-1)r_3+r_4$，然后第2行提出$-x$及第4行提出$-y$得

$xy\cdot\begin{vmatrix}1+x&1&1&1\\1&1&0&0\\1&1&1+y&1\\0&0&1&1\end{vmatrix}$，对此行列式$(-1)\cdot c_2+c_1$及$(-1)\cdot c_4+c_3$，得到

$$原式=xy\cdot\begin{vmatrix}x&1&0&1\\0&1&0&0\\0&1&y&1\\0&0&0&1\end{vmatrix}=x^2y^2.$$

8. 利用“本章精选题解析(三)计算题”【例11】的方法得，$D_n=(n+4)\cdot 4^{n-1}$.

9. 按第一列展开或按行列式定义得$D_n=(-1)^{n+1}n!$.

10. 同第7题，得原式等于$x^4$.

☆ B题 ☆

## （一）填空题

1. 4；　2. 0；　3. $(-1)^{n-1}$；　4. $-15$；　5. $-24$.

## （二）选择题

1. A；　2. A；　3. C；　4. C；　5. B.

## （三）计算题

1. 将第1行分别加到第2到第$n$行上，得$D_n=n!$.

2. 利用直接计算知，$4A_{12}+2A_{22}-3A_{32}+6A_{42}=0$.

3. 仿照“本章精选题解析(三)计算题”中【例2】，从第2列开始，将第$i$列的$\dfrac{-1}{a_{i-1}}$倍$(i=2,3,\cdots,n+1)$都加到第1列上，得$D_{n+1}=(a_0-\sum\limits_{i=1}^{n}\dfrac{1}{a_i})a_1a_2\cdots a_n$.

4. 用$(-x)r_2+r_1$，$(-y)r_3+r_1$，$(-z)r_4+r_1$，得到原式$=1-x^2-y^2-z^2$，所以$x=y=z=0$.

5. 根据行列式的定义，分别考虑能组成$x^4$和$x^3$的项，得知$x^4$的系数为2，$x^3$的系数为$-1$.

6. 按第1行或第1列展开，得$D_{10}=\lambda^{10}-10^{10}$.

7. 将第1列分别加到第2到第$n$列上，得此行列式等于$2^{n-1}$，而此行列式不同行不同列的$n$个元素乘积或是1或是$-1$，行列式等于$2^{n-1}$说明1与$-1$抵消后还剩$2^{n-1}$，即正项数大于负项数．不妨设正项数为$x$，负项数为$y$，知$x+y=n!$，又$x-y=2^{n-1}$，所以$x=$

$2^{n-2}+\frac{n!}{2}$.

8. (1)第 2 行加到第 3 行上，提出$(1-x)$，得$(1-x)\begin{vmatrix}2-x & 2 & -2\\ 2 & 5-x & -4\\ 0 & 1 & 1\end{vmatrix}=0$，再由$(-1)c_3+c_2$，按第 3 行展开，得到 $x=1$，10. (2)同上，第 2 行的$-1$倍加到第 3 行上，提出 $x+6$，再由 $c_3+c_2$，按第 3 行展开，得到 $x=1$，$-6$，4.

**(四) 证明题**

1. 提示：利用 $n$ 阶行列式 $D_n=\begin{vmatrix}1 & 1 & 1 & 1\\ 1 & 1 & 1 & 1\\ \cdots & \cdots & \cdots & \cdots\\ 1 & 1 & 1 & 1\end{vmatrix}=0$ .

2. 提示：$f'(x)=0$ 为 $n-1$ 次方程，它至多有 $n-1$ 个根，再由范德蒙行列式及罗尔定理证明它在$(1,2)$,$(2,3)$,$\cdots(n-1,n)$内至少有一个根.

# 第二章

## ☆ A 题 ☆

**(一) 填空题**

1. $\boldsymbol{AB}=\boldsymbol{O}$;　　2. $\boldsymbol{A}^2-\boldsymbol{B}^2=\begin{pmatrix}-4 & -6 & 0\\ -3 & -13 & 7\\ -6 & 2 & -18\end{pmatrix}$;　　3. $\boldsymbol{AB}=10$；$\boldsymbol{BA}=\begin{pmatrix}3 & 6 & 9\\ 2 & 4 & 6\\ 1 & 2 & 3\end{pmatrix}$;

4. $\boldsymbol{A}^k=\begin{pmatrix}1 & 1\\ 0 & 0\end{pmatrix}$;　　5. $k=2$ 时，$\boldsymbol{A}^2=\begin{pmatrix}0 & 0 & 1\\ 0 & 0 & 0\\ 0 & 0 & 0\end{pmatrix}$ $k\geqslant 3$ 时，$\boldsymbol{A}^k=\boldsymbol{O}$;

6. 注意到$|\boldsymbol{A}|=2$ 是一个数，再由当 $\boldsymbol{A}$ 为 $n$ 阶矩阵，$\lambda$ 为一个数时$|\lambda\boldsymbol{A}|=\lambda^n|\boldsymbol{A}|$以及$|\boldsymbol{A}^{-1}|=\frac{1}{|\boldsymbol{A}|}$，得知分别填 $2^6$，$2^5$，$2^4$；

7. 用“本章精选题解析”的填空题第一题方法得知，应填$-\frac{16}{27}$;　　8. $\frac{1}{4}$;

9. $\boldsymbol{AB}=\boldsymbol{BA}$;　　10. $\frac{1}{4}$.

**(二) 选择题**

1. C;　2. C;　3. B;　4. A;　5. C;　6. C;　7. D;　8. B;　9. C;　10. C.

**(三) 计算题**

1. 由求逆矩阵的公式法或第三章的初等变换法得 $\boldsymbol{A}^{-1}=\begin{pmatrix}-11 & 2 & 2\\ -4 & 0 & 1\\ 6 & -1 & -1\end{pmatrix}$;

2. (1) $\boldsymbol{X}=\begin{pmatrix}0 & 1\\ 1 & 0\end{pmatrix}\cdot\begin{pmatrix}-1 & 2\\ 1 & -4\end{pmatrix}^{-1}=-\frac{1}{2}\begin{pmatrix}1 & 1\\ 4 & 2\end{pmatrix}$;

(2) $\boldsymbol{X}=\begin{pmatrix}2 & 5\\ 1 & 3\end{pmatrix}^{-1}\cdot\begin{pmatrix}2 & -2\\ -1 & 3\end{pmatrix}=\begin{pmatrix}11 & -21\\ -4 & 8\end{pmatrix}$;

(3) $\boldsymbol{X}=\begin{pmatrix}2&-1\\3&-2\end{pmatrix}^{-1}\cdot\begin{pmatrix}1&-1\\2&-3\end{pmatrix}\cdot\begin{pmatrix}-1&-1\\2&3\end{pmatrix}^{-1}=\begin{pmatrix}2&1\\9&4\end{pmatrix}$；

(4) $\boldsymbol{X}=\left[\begin{pmatrix}1&0&0\\0&1&0\\0&0&1\end{pmatrix}-\begin{pmatrix}1&-1&0\\-1&1&-1\\-1&0&2\end{pmatrix}\right]^{-1}\cdot\begin{pmatrix}2&1\\1&2\\3&0\end{pmatrix}=\begin{pmatrix}2&1\\2&1\\-1&1\end{pmatrix}$.

3. 由 $\boldsymbol{A}^{-1}=\frac{1}{|\boldsymbol{A}|}\boldsymbol{A}^*$ 知，$\boldsymbol{A}=|\boldsymbol{A}|(\boldsymbol{A}^*)^{-1}$，而 $|\boldsymbol{A}^*|=9$，所以 $|\boldsymbol{A}|=\pm3$，又 $(\boldsymbol{A}^*)^{-1}=\frac{1}{|\boldsymbol{A}^*|}(\boldsymbol{A}^*)^*$，得 $\boldsymbol{A}=\pm\begin{pmatrix}3&0&0\\-2&1&0\\0&-2&1\end{pmatrix}$.

4. $(\boldsymbol{A}-\boldsymbol{E})^{-1}=\begin{pmatrix}0&0&1\\0&1&0\\1&0&0\end{pmatrix}$.　5. $(\boldsymbol{A}^*)^{-1}=\begin{pmatrix}\frac{1}{10}&0&0\\\frac{1}{5}&\frac{1}{5}&0\\\frac{3}{10}&\frac{2}{5}&\frac{1}{2}\end{pmatrix}$.

6. $\boldsymbol{X}=\begin{pmatrix}3&-1\\2&0\\1&-1\end{pmatrix}$.

## ☆ B 题 ☆

### (一) 填空题

1. 用 $\boldsymbol{A}^{-1}=\frac{1}{|\boldsymbol{A}|}\boldsymbol{A}^*$ 或分块矩阵求逆的公式 $\begin{pmatrix}\boldsymbol{O}&\boldsymbol{A}\\\boldsymbol{B}&\boldsymbol{O}\end{pmatrix}^{-1}=\begin{pmatrix}\boldsymbol{O}&\boldsymbol{B}^{-1}\\\boldsymbol{A}^{-1}&\boldsymbol{O}\end{pmatrix}$，其中 $\boldsymbol{A},\boldsymbol{B}$ 为同阶可逆方阵（此公式请读者自己证明），得知

$$\boldsymbol{A}^{-1}=\begin{pmatrix}0&0&0&\frac{1}{a_4}\\\frac{1}{a_1}&0&0&0\\0&\frac{1}{a_2}&0&0\\0&0&\frac{1}{a_3}&0\end{pmatrix}.$$

2. $\boldsymbol{A}=\begin{pmatrix}1&\frac{1}{2}&0\\\frac{1}{2}&1&\frac{1}{2}\\0&\frac{1}{2}&1\end{pmatrix}$；$\boldsymbol{B}=\begin{pmatrix}0&\frac{1}{2}&0\\-\frac{1}{2}&0&\frac{1}{2}\\0&-\frac{1}{2}&0\end{pmatrix}$[注意到任何方阵 $\boldsymbol{A}$ 总有，$\boldsymbol{A}=\frac{1}{2}(\boldsymbol{A}+\boldsymbol{A}^{\mathrm{T}})+\frac{1}{2}(\boldsymbol{A}-\boldsymbol{A}^{\mathrm{T}})$，其中 $\boldsymbol{A}+\boldsymbol{A}^{\mathrm{T}}$ 为对称阵，而 $\boldsymbol{A}-\boldsymbol{A}^{\mathrm{T}}$ 为反对称阵].

3. $A^n=3^{n-1}\begin{pmatrix}1&\frac{1}{2}&\frac{1}{3}\\2&1&\frac{2}{3}\\3&\frac{3}{2}&1\end{pmatrix}$.　　4. $B^2=E$.

5. 由行列式的性质，知 $|A-B|=\begin{vmatrix}\alpha-\beta\\\alpha_2\\2\alpha_3\end{vmatrix}=\begin{vmatrix}\alpha\\\alpha_2\\2\alpha_3\end{vmatrix}-\begin{vmatrix}\beta\\\alpha_2\\2\alpha_3\end{vmatrix}=2\begin{vmatrix}\alpha\\\alpha_2\\\alpha_3\end{vmatrix}-2\begin{vmatrix}\beta\\\alpha_2\\\alpha_3\end{vmatrix}$，

又 $|A|=\begin{vmatrix}\alpha\\2\alpha_2\\3\alpha_3\end{vmatrix}=6\begin{vmatrix}\alpha\\\alpha_2\\\alpha_3\end{vmatrix}=18$，所以有 $\begin{vmatrix}\alpha\\\alpha_2\\\alpha_3\end{vmatrix}=3$，且 $|B|=\begin{vmatrix}\beta\\\alpha_2\\\alpha_3\end{vmatrix}=2$，

得 $|A-B|=2\begin{vmatrix}\alpha\\\alpha_2\\\alpha_3\end{vmatrix}-2\begin{vmatrix}\beta\\\alpha_2\\\alpha_3\end{vmatrix}=2\cdot3-2\cdot2=2$.

6. $A^{-1}=\begin{pmatrix}0&0&-4&7\\0&0&3&5\\2&-3&-5&9\\1&-2&1&-1\end{pmatrix}$.

7. $\begin{pmatrix}-4&0&0\\0&-2&-6\\0&-4&-10\end{pmatrix}$ 提示：$(A^*)^{-1}=(|A|A^{-1})^{-1}=\frac{1}{|A|}A$.

8. $A_{s\times s}, B_{n\times n}$.　　9. $A^{-1}=\begin{pmatrix}13&10\\-3&-4\end{pmatrix}$.　　10. $2^{2n}|A||B|^{-1}$.

**（二）选择题**

1. B.

2. 用 $-XA^{-1}$ 左乘以前 $n$ 行加到后 $n$ 行上，利用“第一章内容要点(五)几种特殊行列式的结论”中的 2 得知选 D；

3. B.　4. B.　5. B.

6. C [提示：方法一，由于 $A^3=O$，所以有 $(A+E)(A^2-A+E)=E$ 及 $(E-A)(A^2+A+E)=E$ 均成立，可得 $E-A$ 可逆. $E+A$ 可逆；方法二，用第五章特征值的方法，由于 $A^3=0$，所以 $A$ 的特征值全为零，从而 $\pm1$ 不是 $A$ 的特征值，得 $|A-E|\neq0$ 和 $|A+E|\neq0$].

7. D [提示：前 $n$ 行与后 $n$ 行整体交换，此时相当于交换了 $n^2$ 次，则有 $\begin{vmatrix}O&A^*\\2A&O\end{vmatrix}=(-1)^{n^2}\begin{vmatrix}2A&O\\O&A^*\end{vmatrix}=(-1)^{n^2}|2A|\cdot|A^*|$].

8. B (提示：注意到公式 $A^*=|A|\cdot A^{-1}$ 以及上一题).

**（三）计算题**

1. 通过计算得 $f(A)=\begin{pmatrix}0&0\\0&0\end{pmatrix}$.

2. 先证明 $P$ 可逆，得 $A=PBP^{-1}=\begin{pmatrix}1&0&0\\2&0&0\\6&-1&-1\end{pmatrix}$，

又 $A^5=\overbrace{(PBP^{-1})\cdots(PBP^{-1})}^{5项}=PB^5P^{-1}=\begin{pmatrix}1&0&0\\2&0&0\\6&-1&-1\end{pmatrix}$.

3. $|B|=\dfrac{1}{2}$.

4. $\begin{pmatrix}3&0&0\\0&3&0\\0&0&-1\end{pmatrix}$（提示：仿照第 2 题，先求 $A^2$，再利用 $B=P^{-1}AP$ 求 $B^{2004}$）.

5. $a=0$ 或 $a=-\dfrac{n(n+1)}{2}$.

6. $A^n=\begin{cases}4^kE,\ n=2k,\\4^kA,\ n=2k+1,\end{cases}$ $k=1,2,\cdots$；$A^*=-4A$.

7. $B=\begin{pmatrix}2&0&0\\0&-4&0\\0&0&2\end{pmatrix}$.

8. (1) $|A|=1$；(2) $x_1=0$，$x_2=0$，$x_3=-1$.

**（四）证明题**

1. 提示：用反证法．　2. 提示：用公式 $A^*=|A|A^{-1}$.

3. 由 $2A(A-E)=A^3$ 得，$2A(A-E)-A^3+E=E$，即 $-2A(E-A)+E-A^3=E$，整理得 $(E-A)\cdot(-2A+A^2+A+E)=E$，由此知结论成立，并可求出 $(E-A)^{-1}$.

4. 提示：仿照“本章精选题解析(四)证明题及杂例”【例 4】.

5. 提示：将 $A^2=|A|E$ 代入公式 $A^*=|A|A^{-1}$ 即可.

# 第三章

## ☆ A 题 ☆

**（一）填空题**

1. $R(A)=3$；　2. $R(B)$；　3. 0；　4. 相等；　5. $a=-2$.

**（二）选择题**

1. A；　2. D；　3. C；　4. D；　5. B；　6. B.

**（三）计算题**

1. (1) $\begin{pmatrix}1&0&2&-1\\2&0&3&1\\3&0&4&3\end{pmatrix}\xrightarrow[r_3-3r_1]{r_2-2r_1}\begin{pmatrix}1&0&2&-1\\0&0&-1&3\\0&0&-2&6\end{pmatrix}\xrightarrow[\substack{r_1-2r_2\\r_3+2r_2}]{r_2\div(-1)}\begin{pmatrix}1&0&0&5\\0&0&1&-3\\0&0&0&0\end{pmatrix}$；

(2) $\begin{pmatrix}2&3&1&-3&-7\\1&2&0&-2&-4\\3&-2&8&3&0\\2&-3&7&4&3\end{pmatrix}\xrightarrow[\substack{r_3-3r_1\\r_4-2r_1}]{\substack{r_1\leftrightarrow r_2\\r_2-2r_1}}\begin{pmatrix}1&2&0&-2&-4\\0&-1&1&1&1\\0&-8&8&9&12\\0&-7&7&8&11\end{pmatrix}\xrightarrow[\substack{r_3-r_2\\r_4-7r_2}]{r_3-r_4}$

$\begin{pmatrix}1&2&0&-2&-4\\0&-1&1&1&1\\0&0&0&0&0\\0&0&0&1&4\end{pmatrix}\xrightarrow[\substack{r_1-2r_2\\r_3\leftrightarrow r_4}]{r_2\div(-1)}\begin{pmatrix}1&0&2&0&-2\\0&1&-1&-1&-1\\0&0&0&1&4\\0&0&0&0&0\end{pmatrix}\xrightarrow{r_2+r_3}\begin{pmatrix}1&0&2&0&-2\\0&1&-1&0&3\\0&0&0&1&4\\0&0&0&0&0\end{pmatrix}$.

2. $R(\boldsymbol{A})=4$.　　3. $R(\boldsymbol{A})=\begin{cases}1, & x=1,\\ 2, & x=-2,\\ 3, & x\neq 1,\ x\neq -2.\end{cases}$

4. $(\boldsymbol{A}-2\boldsymbol{E})^{-1}=\begin{pmatrix}1 & 0 & 0\\ -\frac{1}{2} & \frac{1}{2} & 0\\ 0 & 0 & 1\end{pmatrix}$.　　5. $\boldsymbol{X}=\begin{pmatrix}3 & 2\\ -2 & -3\\ 1 & 3\end{pmatrix}$.

6. $\boldsymbol{B}=(\boldsymbol{A}-2\boldsymbol{E})^{-1}\boldsymbol{A}$，$(\boldsymbol{A}-2\boldsymbol{E}\mid\boldsymbol{A})=\left(\begin{array}{ccc|ccc}-2 & 3 & 3 & 0 & 3 & 3\\ 1 & -1 & 0 & 1 & 1 & 0\\ -1 & 2 & 1 & -1 & 2 & 3\end{array}\right)\rightarrow$

$\left(\begin{array}{ccc|ccc}1 & -1 & 0 & 1 & 1 & 0\\ 0 & 1 & 1 & 0 & 3 & 3\\ 0 & 0 & 1 & 1 & 1 & 0\end{array}\right)\rightarrow\left(\begin{array}{ccc|ccc}1 & 0 & 0 & 0 & 3 & 3\\ 0 & 1 & 0 & -1 & 2 & 3\\ 0 & 0 & 1 & 1 & 1 & 0\end{array}\right)$，故 $\boldsymbol{B}=\begin{pmatrix}0 & 3 & 3\\ -1 & 2 & 3\\ 1 & 1 & 0\end{pmatrix}$.

7. (1) $\boldsymbol{A}=\begin{pmatrix}1 & 1 & 2 & -1\\ 2 & 1 & 1 & -1\\ 2 & 2 & 1 & 2\end{pmatrix}\rightarrow\begin{pmatrix}1 & 0 & 0 & -\frac{4}{3}\\ 0 & 1 & 0 & 3\\ 0 & 0 & 1 & -\frac{4}{3}\end{pmatrix}$，同解的方程组为$\begin{cases}x_1-\frac{4}{3}x_4=0,\\ x_2+3x_4=0,\\ x_3-\frac{4}{3}x_4=0,\end{cases}$

即$\begin{cases}x_1=\frac{4}{3}x_4,\\ x_2=-3x_4,\\ x_3=\frac{4}{3}x_4,\\ x_4=x_4,\end{cases}$取 $x_4$ 为自由未知量，得通解 $\begin{pmatrix}x_1\\ x_2\\ x_3\\ x_4\end{pmatrix}=c\begin{pmatrix}\frac{4}{3}\\ -3\\ \frac{4}{3}\\ 1\end{pmatrix}$ $(c\in\mathbf{R})$；

(2) $\boldsymbol{B}=\begin{pmatrix}2 & 3 & 1 & 4\\ 1 & -2 & 4 & -5\\ 3 & 8 & -2 & 13\\ 4 & -1 & 9 & -6\end{pmatrix}\xrightarrow[\substack{r_3-3r_1\\ r_4-4r_1}]{\substack{r_1\leftrightarrow r_2\\ r_1-2r_1}}\begin{pmatrix}1 & -2 & 4 & -5\\ 0 & 7 & -7 & 14\\ 0 & 14 & -14 & 28\\ 0 & 7 & -7 & 14\end{pmatrix}\xrightarrow[\substack{r_2\div 7\\ r_1+2r_2}]{\substack{r_3-2r_2\\ r_4-r_2}}\begin{pmatrix}1 & 0 & 2 & -1\\ 0 & 1 & -1 & 2\\ 0 & 0 & 0 & 0\\ 0 & 0 & 0 & 0\end{pmatrix}$

其同解方程组为$\begin{cases}x+2z=-1,\\ y-z=2,\end{cases}$ $\begin{cases}x=-2z-1,\\ y=z+2,\\ z=z,\end{cases}$ 所以$\begin{pmatrix}x\\ y\\ z\end{pmatrix}=c\begin{pmatrix}-2\\ 1\\ 1\end{pmatrix}+\begin{pmatrix}-1\\ 2\\ 0\end{pmatrix}$ $(c\in\mathbf{R})$.

8. 方法一：$\boldsymbol{B}=\begin{pmatrix}\lambda & 1 & 1 & \lambda-3\\ 1 & \lambda & 1 & -2\\ 1 & 1 & \lambda & -2\end{pmatrix}\rightarrow\begin{pmatrix}1 & 1 & \lambda & -2\\ 0 & \lambda-1 & 1-\lambda & 0\\ 0 & 0 & (1-\lambda)(\lambda+2) & 3\lambda-3\end{pmatrix}$

则 (1) $\lambda\neq-2$ 且 $\lambda\neq 1$ 时此时线性方程组有唯一解；(2) $\lambda=-2$ 时，此时线性方程组无解；(3) $\lambda=1$ 时，此时线性方程组有无穷多解；通解为

$$\begin{pmatrix}x_1\\ x_2\\ x_3\end{pmatrix}=k_1\begin{pmatrix}-1\\ 1\\ 0\end{pmatrix}+k_2\begin{pmatrix}-1\\ 0\\ 1\end{pmatrix}+\begin{pmatrix}-2\\ 0\\ 0\end{pmatrix}\quad (k_1,k_2\in\mathbf{R}).$$

方法二：$|\boldsymbol{A}|=\begin{vmatrix}\lambda & 1 & 1\\ 1 & \lambda & 1\\ 1 & 1 & \lambda\end{vmatrix}=(\lambda-1)^2(\lambda+2)$，

则（1）$\lambda\neq-2$ 且 $\lambda\neq1$ 时此时线性方程组有唯一解；

（2）$\lambda=-2$ 时，$\boldsymbol{B}=\begin{pmatrix}-2 & 1 & 1 & -5\\ 1 & -2 & 1 & -2\\ 1 & 1 & -2 & -2\end{pmatrix}\to\begin{pmatrix}1 & 1 & -2 & -2\\ 0 & 1 & -1 & 0\\ 0 & 0 & 0 & 1\end{pmatrix}$，此时线性方程组无解；

（3）$\lambda=1$ 时，$\boldsymbol{B}=\begin{pmatrix}1 & 1 & 1 & -2\\ 1 & 1 & 1 & -2\\ 1 & 1 & 1 & -2\end{pmatrix}\to\begin{pmatrix}1 & 1 & 1 & -2\\ 0 & 0 & 0 & 0\\ 0 & 0 & 0 & 0\end{pmatrix}$，此时线性方程组有无穷多解；通解同上.

**（四）证明题**

1. 由 $\boldsymbol{A}^2=\boldsymbol{A}$，得 $\boldsymbol{A}(\boldsymbol{A}-\boldsymbol{E})=\boldsymbol{O}$，从而 $R(\boldsymbol{A})+R(\boldsymbol{A}-\boldsymbol{E})\leqslant n$；又 $n=R(\boldsymbol{E})=R(\boldsymbol{E}-\boldsymbol{A}+\boldsymbol{A})\leqslant R(\boldsymbol{A})+R(\boldsymbol{E}-\boldsymbol{A})=R(\boldsymbol{A})+R(\boldsymbol{A}-\boldsymbol{E})$；故 $R(\boldsymbol{A})+R(\boldsymbol{A}-\boldsymbol{E})=n$.

2. 方程 $\boldsymbol{A}\boldsymbol{x}=\boldsymbol{E}_m$ 有解 $\Leftrightarrow R(\boldsymbol{A})=R(\boldsymbol{A},\boldsymbol{E}_m)$. 因 $(\boldsymbol{A},\boldsymbol{E}_m)$ 含有 $m$ 行，所以 $R(\boldsymbol{A},\boldsymbol{E}_m)\leqslant m$；又 $R(\boldsymbol{A},\boldsymbol{E}_m)\geqslant R(\boldsymbol{E}_m)=m$. 所以 $R(\boldsymbol{A},\boldsymbol{E}_m)=R(\boldsymbol{A})=m$.

## ☆ B 题 ☆

**（一）填空题**

1. $R(\boldsymbol{AB})=2$；　2. $<$；　3. $\leqslant3$；　4. $\boldsymbol{P}=\begin{pmatrix}0 & -2 & 1\\ 0 & 1 & 0\\ 1 & 0 & 0\end{pmatrix}$；　5. $R(\boldsymbol{A}^3)=1$.

**（二）选择题**

1. B；　2. C；　3. B；　4. A；　5. C；　6. D.

**（三）计算题**

1. 由 $(\boldsymbol{A},\ \boldsymbol{E})=\begin{pmatrix}-5 & 3 & 1 & 1 & 0\\ 2 & -1 & 1 & 0 & 1\end{pmatrix}\to\begin{pmatrix}1 & 0 & 4 & 1 & 3\\ 0 & 1 & 7 & 2 & 5\end{pmatrix}$，得 $\boldsymbol{P}=\begin{pmatrix}1 & 3\\ 2 & 5\end{pmatrix}$.

2. $\boldsymbol{B}=\begin{pmatrix}1 & 2 & 3 & 4 & 5 & 6\\ 2 & 3 & 4 & 5 & 6 & 7\\ 3 & 4 & 5 & 6 & 7 & 8\\ 4 & 5 & 6 & 7 & 8 & 9\\ 5 & 6 & 7 & 8 & 9 & 10\end{pmatrix}\to\begin{pmatrix}1 & 2 & 3 & 4 & 5 & 6\\ 1 & 1 & 1 & 1 & 1 & 1\\ 0 & 0 & 0 & 0 & 0 & 0\\ 0 & 0 & 0 & 0 & 0 & 0\\ 0 & 0 & 0 & 0 & 0 & 0\end{pmatrix}$，$R(\boldsymbol{B})=2$.

3. $\boldsymbol{A}=\begin{pmatrix}1 & -2 & 3k\\ -1 & 2k & -3\\ k & -2 & 3\end{pmatrix}\to\begin{pmatrix}1 & -2 & 3k\\ 0 & 2(k-1) & 3(k-1)\\ 0 & 0 & -3(k-1)(k+2)\end{pmatrix}$，于是：（1）当 $k=1$ 时，$R(\boldsymbol{A})=1$；（2）当 $k=-2$ 时，$R(\boldsymbol{A})=2$；（3）当 $k\neq-2$ 且 $k\neq1$ 时，$R(\boldsymbol{A})=3$.

4. $(\boldsymbol{A}^*)^{-1}=\dfrac{\boldsymbol{A}}{|\boldsymbol{A}|}=-\dfrac{1}{6}\begin{pmatrix}0&0&1\\0&2&3\\3&4&5\end{pmatrix}$.

5. $\boldsymbol{B}=\boldsymbol{E}(i,j)\boldsymbol{A}$，$\boldsymbol{AB}^{-1}=\boldsymbol{AA}^{-1}\boldsymbol{E}(i,j)^{-1}=\boldsymbol{E}(i,j)$.

6. 当 $\lambda\neq1$ 且 $\lambda\neq10$ 时，方程组有唯一解；当 $\lambda=10$ 时，方程组无解；当 $\lambda=1$ 时，方程组有无穷多个解；通解为 $\begin{pmatrix}x_1\\x_2\\x_3\end{pmatrix}=c_1\begin{pmatrix}-2\\1\\0\end{pmatrix}+c_2\begin{pmatrix}2\\0\\1\end{pmatrix}+\begin{pmatrix}1\\0\\0\end{pmatrix}$ $(c_1,c_2\in\mathbf{R})$.

**(四) 证明题**

1. 提示：同 A 题证明题 1.

2. 充分性. 设 $\boldsymbol{a}=(a_1,a_2,\cdots,a_m)^{\mathrm{T}}$，$\boldsymbol{b}=(b_1,b_2,\cdots,b_n)^{\mathrm{T}}$，并不妨设 $a_1b_1\neq0$.
因为 $R(\boldsymbol{AB})\leqslant\min[R(\boldsymbol{A}),R(\boldsymbol{B})]$，又 $\boldsymbol{A}=\boldsymbol{ab}^{\mathrm{T}}$，所以 $R(\boldsymbol{A})\leqslant R(\boldsymbol{a})=1$；另一方面，由于 $\boldsymbol{A}$ 的元素 $a_1b_1\neq0$，所以 $R(\boldsymbol{A})\geqslant1$，从而 $R(\boldsymbol{A})=1$.

必要性. 因为 $R(\boldsymbol{A})=1$，则存在两个 $n$ 阶可逆阵 $\boldsymbol{P}$，$\boldsymbol{Q}$ 使得，

$$\boldsymbol{PAQ}=\begin{pmatrix}1&0&\cdots&0\\0&0&\cdots&0\\ \cdots&\cdots&\cdots&\cdots\\0&0&\cdots&0\end{pmatrix}，设\ \boldsymbol{P}^{-1}=\begin{pmatrix}a_{11}&a_{12}&\cdots&a_{1n}\\a_{21}&a_{22}&\cdots&a_{2n}\\ \cdots&\cdots&\cdots&\cdots\\a_{n1}&a_{n2}&\cdots&a_{nn}\end{pmatrix}，\boldsymbol{Q}^{-1}=\begin{pmatrix}b_{11}&b_{12}&\cdots&b_{1n}\\b_{21}&b_{22}&\cdots&b_{2n}\\ \cdots&\cdots&\cdots&\cdots\\b_{n1}&b_{n2}&\cdots&b_{nn}\end{pmatrix}，$$

则

$$\boldsymbol{A}=\boldsymbol{P}^{-1}\begin{pmatrix}1&0&\cdots&0\\0&0&\cdots&0\\ \cdots&\cdots&\cdots&\cdots\\0&0&\cdots&0\end{pmatrix}\boldsymbol{Q}^{-1}=\begin{pmatrix}a_{11}&a_{12}&\cdots&a_{1n}\\a_{21}&a_{22}&\cdots&a_{2n}\\ \cdots&\cdots&\cdots&\cdots\\a_{n1}&a_{n2}&\cdots&a_{nn}\end{pmatrix}\begin{pmatrix}1&0&\cdots&0\\0&0&\cdots&0\\ \cdots&\cdots&\cdots&\cdots\\0&0&\cdots&0\end{pmatrix}\begin{pmatrix}b_{11}&b_{12}&\cdots&b_{1n}\\b_{21}&b_{22}&\cdots&b_{2n}\\ \cdots&\cdots&\cdots&\cdots\\b_{n1}&b_{n2}&\cdots&b_{nn}\end{pmatrix}$$

$$=\begin{pmatrix}a_{11}\\a_{21}\\ \vdots\\a_{n1}\end{pmatrix}(b_{11},\ b_{12},\ \cdots,\ b_{1n})，令\ \boldsymbol{a}=\begin{pmatrix}a_{11}\\a_{21}\\ \vdots\\a_{n1}\end{pmatrix}，\boldsymbol{b}^{\mathrm{T}}=(b_{11},\ b_{12},\ \cdots,\ b_{1n})，有\ \boldsymbol{A}=\boldsymbol{ab}^{\mathrm{T}}.$$

# 第四章

## ☆ A 题 ☆

**(一) 填空题**

1. $x_1y_2-x_2y_1\neq0$； 2. $c\neq5$； 3. $-18$； 4. 一定； 5. 相关； 6. $(1,1)^T$；
7. $\lambda\neq-1$； 8. $\boldsymbol{Ax}=\boldsymbol{b}$； 9. $k_1+k_2=1$.

**(二) 选择题**

1. A； 2. B； 3. D； 4. D； 5. C； 6. C； 7. B；
8. C 提示：$R(\boldsymbol{A})=m$，只能得到 $\boldsymbol{A}_{m\times n}$ 的行向量组线性无关，不能确定列向量组的线性

相关性，而 $m<n$ 时，$A_{m\times n}$ 列向量组为 $n$ 个 $m$ 维列向量当然线性相关；

9. A；　10. B；　11. D；　12. A；　13. D；　14. C.

**（三）计算题**

1. $R(\boldsymbol{\alpha}_1,\boldsymbol{\alpha}_2,\boldsymbol{\alpha}_3,\boldsymbol{\alpha}_4,\boldsymbol{\alpha}_5)=3$，$\boldsymbol{\alpha}_1,\boldsymbol{\alpha}_2,\boldsymbol{\alpha}_3$ 或 $\boldsymbol{\alpha}_1,\boldsymbol{\alpha}_2,\boldsymbol{\alpha}_4$（不唯一）；

2. $x\neq1$；　3. 只需证明 $\boldsymbol{\alpha}_1,\boldsymbol{\alpha}_2,\boldsymbol{\alpha}_3$ 线性无关，$\boldsymbol{\beta}=7\boldsymbol{\alpha}_1-2\boldsymbol{\alpha}_3$；

4. $\boldsymbol{x}=k_1(2,-1,0,0,0)^{\mathrm{T}}+k_2(4,0,1,-1,0)^{\mathrm{T}}+k_3(3,0,1,0,1)^{\mathrm{T}}$，$k_1,k_2,k_3$ 为任意常数；

5. $\boldsymbol{x}=k_1\left(\frac{1}{2},\frac{3}{2},-1,1,0\right)^{\mathrm{T}}+k_2\left(\frac{1}{4},-\frac{3}{4},\frac{1}{2},0,1\right)^{\mathrm{T}}+\left(\frac{1}{4},-\frac{3}{4},\frac{3}{2},0,0\right)^{\mathrm{T}}$，$k_1,k_2$ 为任意常数；

6. 当 $\lambda=0$，$\mu=-2$ 时，线性方程组有解.
通解为 $\boldsymbol{x}=k_1(0,1,1,0)^{\mathrm{T}}+k_2(-4,1,0,1)^{\mathrm{T}}+(-1,1,0,0)^{\mathrm{T}}$，$k_1,k_2$ 为任意常数；

7. 线性方程组的系数矩阵为 $\boldsymbol{A}=\begin{pmatrix}1&0&-3&0\\0&0&1&0\\0&1&0&0\\0&-3&0&1\end{pmatrix}$（不唯一）.

**（四）证明题**

1. 提示：利用“本章内容要点(三)主要定理、结论”中的 14；
2. 同上题.

## ☆ B 题 ☆

**（一）填空题**

1. $mnt=1$；　2. $(1,1,1)^{\mathrm{T}}+k(-1,0,-2)^{\mathrm{T}}$ $(k\in\mathbf{R})$；
3. $(1,0,2)^{\mathrm{T}}+k(1,1,1)^{\mathrm{T}}$ $(k\in\mathbf{R})$.

**（二）选择题**

1. B.　2. D.　3. C.

4. A［记 $\boldsymbol{B}=(\boldsymbol{\alpha}_1,\boldsymbol{\alpha}_2,\cdots,\boldsymbol{\alpha}_s)$，则 $(\boldsymbol{A\alpha}_1,\boldsymbol{A\alpha}_2,\cdots,\boldsymbol{A\alpha}_s)=\boldsymbol{AB}$. 所以，若向量组 $\boldsymbol{\alpha}_1,\boldsymbol{\alpha}_2,\cdots,\boldsymbol{\alpha}_s$ 线性相关，则 $R(\boldsymbol{B})<s$，从而 $R(\boldsymbol{AB})\leqslant r(\boldsymbol{B})<s$，向量组 $\boldsymbol{A\alpha}_1,\boldsymbol{A\alpha}_2,\cdots,\boldsymbol{A\alpha}_s$ 也线性相关，故应选(A)］.

5. A［提示：由主要定理、结论 9 知，向量组Ⅰ的秩不超过向量组Ⅱ的秩，当向量组Ⅰ线性无关时，其秩等于 $r$，所以 $r\leqslant R(\text{Ⅱ})\leqslant s$］.

6. D；　7. A；　8. C；　9. A；　10. C；　11. A；

12. B［提示：$R(\boldsymbol{BA})=R(\boldsymbol{A})=r$，而 $R(\boldsymbol{CA})<R(\boldsymbol{A})=r$］.

**（三）计算题**

1. $\lambda=2$ 或 $\lambda=1$；　2. $k=3$；　3. $k_1=\frac{3}{2}$，$k_2=0$，$k_3=-1$；

4. 不一定；　5. 线性相关，反之亦然.

6 提示：利用 $(\boldsymbol{\alpha}_1,\boldsymbol{\alpha}_2,\boldsymbol{\alpha}_3)=(\boldsymbol{\beta}_1,\boldsymbol{\beta}_2,\boldsymbol{\beta}_3)\begin{pmatrix}1&1&-1\\-1&1&1\\1&-1&1\end{pmatrix}$.

7. $a=-1$，$b=-2$，$c=4$. 提示：方法一，先求方程组(Ⅱ)的通解，再代入方程组(Ⅰ). 方法二，方程组(Ⅰ)同解(Ⅱ)，意味着它们的增广矩阵的行向量组等价.

8. (1) 实际是求方程组 $\boldsymbol{Ax}=\xi_1$ 及 $\boldsymbol{A}^2\boldsymbol{x}=\xi_1$ 的通解问题. 分别考虑它们的增广矩阵

$$(\boldsymbol{A}\quad \xi_1)=\left(\begin{array}{ccc|c}1&-1&-1&-1\\-1&1&1&1\\0&-4&-2&-2\end{array}\right)\to\left(\begin{array}{ccc|c}1&1&0&0\\0&2&1&1\\0&0&0&0\end{array}\right),$$

得 $\boldsymbol{\xi}_2=k\begin{pmatrix}-1\\1\\-2\end{pmatrix}+\begin{pmatrix}0\\0\\1\end{pmatrix}$，$k$ 为任意常数.

$$(\boldsymbol{A}^2\quad \xi_1)=\left(\begin{array}{ccc|c}2&2&0&-1\\-2&-2&0&1\\4&4&0&-2\end{array}\right)\to\left(\begin{array}{ccc|c}1&1&0&-\frac{1}{2}\\0&0&0&0\\0&0&0&0\end{array}\right),$$

得 $\boldsymbol{\xi}_3=k_2\begin{pmatrix}-1\\1\\0\end{pmatrix}+k_3\begin{pmatrix}0\\0\\1\end{pmatrix}+\begin{pmatrix}-\frac{1}{2}\\0\\0\end{pmatrix}$，其中 $k_2,k_3$ 为任意常数.

(2) 证明 $\boldsymbol{\xi}_1,\boldsymbol{\xi}_2,\boldsymbol{\xi}_3$ 线性无关，只需证明 3 个向量构成的行列式非零即可.

**(四) 证明题**

1. 提示：设 $\boldsymbol{A}=(\boldsymbol{\alpha}_1,\boldsymbol{\alpha}_2,\cdots,\boldsymbol{\alpha}_n)$，$\boldsymbol{A}^{\mathrm{T}}\boldsymbol{A}=\begin{pmatrix}\boldsymbol{\alpha}_1^{\mathrm{T}}\boldsymbol{\alpha}_1&\boldsymbol{\alpha}_1^{\mathrm{T}}\boldsymbol{\alpha}_2&\cdots&\boldsymbol{\alpha}_1^{\mathrm{T}}\boldsymbol{\alpha}_n\\\boldsymbol{\alpha}_2^{\mathrm{T}}\boldsymbol{\alpha}_1&\boldsymbol{\alpha}_2^{\mathrm{T}}\boldsymbol{\alpha}_2&\cdots&\boldsymbol{\alpha}_2^{\mathrm{T}}\boldsymbol{\alpha}_n\\\cdots&\cdots&\cdots&\cdots\\\boldsymbol{\alpha}_n^{\mathrm{T}}\boldsymbol{\alpha}_1&\boldsymbol{\alpha}_n^{\mathrm{T}}\boldsymbol{\alpha}_2&\cdots&\boldsymbol{\alpha}_n^{\mathrm{T}}\boldsymbol{\alpha}_n\end{pmatrix}$，用主要定理、结论 6；

2. 提示：利用向量组线性无关的定义证明；

3. 提示：设存在 $\lambda_1,\lambda_2,\cdots,\lambda_m$ 使得 $\lambda_1\boldsymbol{\alpha}_1+\lambda_2\boldsymbol{\alpha}_2+\cdots+\lambda_{i-1}\boldsymbol{\alpha}_{i-1}+\lambda_i\boldsymbol{\beta}+\lambda_{i+1}\boldsymbol{\alpha}_{i+1}+\cdots+\lambda_m\boldsymbol{\alpha}_m=0$ 将 $\boldsymbol{\beta}=k_1\boldsymbol{\alpha}_1+k_2\boldsymbol{\alpha}_2+\cdots+k_m\boldsymbol{\alpha}_m$ 代入并按 $\boldsymbol{\alpha}_1$，$\boldsymbol{\alpha}_2$，$\cdots$，$\boldsymbol{\alpha}_m$ 的顺序整理，再由 $\boldsymbol{\alpha}_1$，$\boldsymbol{\alpha}_2$，$\cdots$，$\boldsymbol{\alpha}_m$ 线性无关及 $k_i\neq0$ 即得证；

4. 提示：(1) $\boldsymbol{\alpha}\boldsymbol{\alpha}^{\mathrm{T}}$ 及 $\boldsymbol{\beta}\boldsymbol{\beta}^{\mathrm{T}}$ 均为秩为 1 的矩阵，又由公式 $R(\boldsymbol{A}+\boldsymbol{B})\leqslant R(\boldsymbol{A})+R(\boldsymbol{B})$，可得证；

(2) 两个向量线性相关的充要条件为：一个向量是另一个向量的倍数. 所以当 $\boldsymbol{\alpha}$，$\boldsymbol{\beta}$ 线性相关时，则存在一个数(不妨设)$k$，有 $\boldsymbol{\beta}=k\boldsymbol{\alpha}$，此时 $\boldsymbol{A}=\boldsymbol{\alpha}\boldsymbol{\alpha}^{\mathrm{T}}+(k\boldsymbol{\alpha})\cdot(k\boldsymbol{\alpha})^{\mathrm{T}}=(1+k^2)\boldsymbol{\alpha}\boldsymbol{\alpha}^{\mathrm{T}}$，所以 $R(\boldsymbol{A})=R(\boldsymbol{\alpha}\boldsymbol{\alpha}^{\mathrm{T}})\leqslant1$.

5. 提示：仿照“本章精选题解析”的【例 24】题.

# 第五章

## ☆ A 题 ☆

**(一) 填空题**

1. 1，$\frac{1}{2}$，$\frac{1}{3}$；6，3，2；　2. $-\sqrt{2}<t<\sqrt{2}$；　3. 3；　4. 不一定；一定；

5. 特征值为 2；0；$-1$；秩为 2；　6. $k=1$ 或 $k=-2$；　7. 0；

8. $3y_1^2$[提示，由本章精选题解析(四)证明题及杂例【例 1】知，$\lambda=3$ 为 $\boldsymbol{A}$ 的一个特征值，又秩为 1，得另两个特征值均为 0].

**（二）选择题**

1. C； 2. D； 3. B； 4. D； 5. B； 6. C； 7. B； 8. B； 9. C； 10. B

**（三）计算题**

1. $\lambda_1=1$，$k_1(3,1,-3)^{\mathrm{T}}(k_1\neq 0)$，$\lambda_2=\lambda_3=3$，$k_2(-1,-1,1)^{\mathrm{T}}$ $(k_2\neq 0)$；

2. 矩阵 $\boldsymbol{A}$ 不能对角化； 3. $\boldsymbol{P}=\begin{pmatrix}1&1&1\\-2&0&0\\0&2&1\end{pmatrix}$，使得 $\boldsymbol{P}^{-1}\boldsymbol{A}\boldsymbol{P}=\begin{pmatrix}-1&0&0\\0&-1&0\\0&0&1\end{pmatrix}$.

4. $\boldsymbol{P}=\begin{pmatrix}-\frac{1}{\sqrt{6}}&\frac{1}{\sqrt{2}}&\frac{1}{\sqrt{3}}\\\frac{1}{\sqrt{6}}&\frac{1}{\sqrt{2}}&-\frac{1}{\sqrt{3}}\\\frac{2}{\sqrt{6}}&0&\frac{1}{\sqrt{3}}\end{pmatrix}$，在 $\boldsymbol{x}=\boldsymbol{P}\boldsymbol{y}$ 下，标准形为 $f(x_1,x_2,x_3)=4y_2^2+9y_3^2$.

5. $a=0$，$b=-2$，$\boldsymbol{P}=\begin{pmatrix}0&0&1\\2&1&0\\-1&1&-1\end{pmatrix}$.

**（四）证明题**

提示：设 $\boldsymbol{A}=\begin{pmatrix}1&1&\cdots&1\\1&1&\cdots&1\\\cdots&\cdots&\cdots&\cdots\\1&1&\cdots&1\end{pmatrix}$，$\boldsymbol{B}=\begin{pmatrix}0&0&\cdots&1\\0&0&\cdots&2\\\cdots&\cdots&\cdots&\cdots\\0&0&\cdots&n\end{pmatrix}$ $\boldsymbol{A}$ 与 $\boldsymbol{B}$ 的特征值相同，$\lambda_1=\lambda_2=\cdots=\lambda_{n-1}=0,\lambda_n=n$，由于 $\boldsymbol{A}$ 是对称阵，所以 $\boldsymbol{A}$ 可以和对角阵 $\begin{pmatrix}0&0&\cdots&0\\0&0&\cdots&0\\\cdots&\cdots&\cdots&\cdots\\0&0&\cdots&n\end{pmatrix}$ 相似，对于 $\boldsymbol{B}$ 的 $n-1$ 重特征根 0，$(\boldsymbol{B}-0\boldsymbol{E})$ 的秩为 1，所以齐次线性方程组 $(\boldsymbol{B}-0\boldsymbol{E})\boldsymbol{x}=\boldsymbol{0}$ 的解集的秩是 $n-1$，所以存在 $n-1$ 个线性无关的特征向量，所以 $\boldsymbol{B}$ 与 $\begin{pmatrix}0&0&\cdots&0\\0&0&\cdots&0\\\cdots&\cdots&\cdots&\cdots\\0&0&\cdots&n\end{pmatrix}$ 相似，所以 $\boldsymbol{A}$ 与 $\boldsymbol{B}$ 相似.

## ☆ B 题 ☆

**（一）填空题**

1. $\boldsymbol{B}^2=\boldsymbol{B}$；

2. $\boldsymbol{B}$ 的特征值为 2 和 1(二重)；$\boldsymbol{B}^*$ 的特征值为 1 和 2(二重)；$(-2\boldsymbol{B})^*$ 的特征值为 4 和 8(二重)；

3. $a=0$，$b=1$；4. 1；5. $\lambda=-1$；6. 2；7. 2；8. $[-2, 2]$

**（二）选择题**

1. C； 2. A； 3. B； 4. C； 5. B； 6. C； 7. B； 8. D.

**(三) 计算题**

1. $P=\begin{pmatrix} \frac{1}{\sqrt{2}} & \frac{1}{\sqrt{6}} & -\frac{1}{2\sqrt{3}} & \frac{1}{2} \\ \frac{1}{\sqrt{2}} & \frac{-1}{\sqrt{6}} & \frac{1}{2\sqrt{3}} & -\frac{1}{2} \\ 0 & \frac{2}{\sqrt{6}} & \frac{1}{2\sqrt{3}} & \frac{-1}{2} \\ 0 & 0 & \frac{\sqrt{3}}{2} & \frac{1}{2} \end{pmatrix}$，$P^{-1}AP=P^{T}AP=\begin{pmatrix} 1 & & & \\ & 1 & & \\ & & 1 & \\ & & & -3 \end{pmatrix}$(注意相同特征值对应的特征向量要正交化).

2. $A^{n}=\frac{1}{5}\begin{pmatrix} 4+\frac{1}{2^{n}} & 4-4\frac{1}{2^{n}} \\ 1-\frac{1}{2^{n}} & 1+4\frac{1}{2^{n}} \end{pmatrix}$.

3. $n!$.

4. $y=2$，$P=\begin{pmatrix} 1 & 0 & 0 & 0 \\ 0 & 1 & 0 & 0 \\ 0 & 0 & -\frac{1}{\sqrt{2}} & \frac{1}{\sqrt{2}} \\ 0 & 0 & \frac{1}{\sqrt{2}} & \frac{1}{\sqrt{2}} \end{pmatrix}$(提示：$A=A^{T}$，先求 $A$ 的特征值，再求 $A^{T}A=A^{2}$ 的特征值).

5. $a=-3, b=0$，$A$ 不能相似于对角矩阵. 因为 $A$ 不存在 3 个线性无关的特征向量.

6. (1) $a=-1$；(2) 正交变换 $X=PY$，$P=\begin{pmatrix} \frac{1}{\sqrt{3}} & \frac{1}{\sqrt{2}} & \frac{1}{\sqrt{6}} \\ \frac{1}{\sqrt{3}} & \frac{-1}{\sqrt{2}} & \frac{1}{\sqrt{6}} \\ \frac{-1}{\sqrt{3}} & 0 & \frac{2}{\sqrt{6}} \end{pmatrix}$，标准形为

$$f=2y_1^2+6y_2^2.$$

**(四) 证明题**

1. 提示：由 $A^2=E$ 知，$(A-E)\cdot(A+E)=O$，取行列式就得证.

2. 提示：必要性，当 $AB$ 对称正定时，$(AB)^{T}=AB$，又 $(AB)^{T}=B^{T}A^{T}=BA$，所以 $AB=BA$. 充分性，当 $AB=BA$ 时，$AB$ 是对称的，下证正定性. 又由“本章内容要点(九)主要结论”中的结论 6 知实对称矩阵 $A$ 为正定矩阵的充分必要条件是：存在一个可逆矩阵 $C$，使得 $A=C^{T}C$. 所以存在可逆矩阵 $P$，$Q$ 使得 $A=P^{T}P$ 和 $B=Q^{T}Q$ 成立，$AB=P^{T}P\cdot Q^{T}Q$，$(P^{T})^{-1}(AB)P^{T}=(P^{T})^{-1}[P^{T}P\cdot Q^{T}Q]\cdot P^{T}=P\cdot Q^{T}QP^{T}=(QP^{T})^{T}\cdot QP^{T}$，令 $C=QP^{T}$，显然 $C$ 可逆，得 $(P^{T})^{-1}(AB)P^{T}=C^{T}C$，说明 $(P^{T})^{-1}(AB)P^{T}$ 为正定矩阵，得知其特征值全大于零，又 $AB$ 与 $(P^{T})^{-1}(AB)P^{T}$ 相似，所以 $AB$ 的特征值全大于零，从而 $AB$ 是正定的.

3. 提示：由“本章内容要点(九)主要结论”中的结论 2 知，若 $\lambda$ 为 $A$ 的特征值，$x$ 为 $A$ 的属于 $\lambda$ 的特征向量. 则 $\lambda^{k}$ 为 $A^{k}$ 的一个特征值，$x$ 称为 $A$ 的属于 $\lambda^{k}$ 的特征向量. 即若有 $Ax=\lambda x$，则有 $A^{k}x=\lambda^{k}x$，且对任意常数 $\mu$，有 $\mu A^{k}x=\mu\lambda^{k}x$ 成立.

(1) $B\boldsymbol{\alpha}_1=(A^5-4A^3+E)\boldsymbol{\alpha}_1=\lambda_1^5\boldsymbol{\alpha}_1-4\lambda_1^3\boldsymbol{\alpha}_1+\boldsymbol{\alpha}_1=(\lambda_1^5-4\lambda_1^3+1)\boldsymbol{\alpha}_1=-2\boldsymbol{\alpha}_1$，所以 $\boldsymbol{\alpha}_1$ 是矩阵 $B$ 的特征向量，且 $-2$ 为 $B$ 的一个特征值. 同理若设矩阵 $A$ 的特征值 $\lambda_2=2$ 和 $\lambda_3=-2$ 对应的特征向量为 $\boldsymbol{\alpha}_2,\boldsymbol{\alpha}_3$，可求得 $B$ 另两个特征值分别是 1,1. 从而得 $B$ 的全部特征值是 $-2,1,1$. 又由于 $A$ 为实对称矩阵，所以 $B$ 也为实对称矩阵. 根据不同特征值对应的特征向量正交知，$B$ 的特征值 1 对应的特征向量 $\boldsymbol{\alpha}_2$ 满足 $\boldsymbol{\alpha}_1^{\mathrm{T}}\boldsymbol{\alpha}_2=0$，得 $B$ 的特征值 1 对应的特征向量为 $(1,0,-1)^{\mathrm{T}}$ 和 $(0,1,0)^{\mathrm{T}}$.

(2) 由于已知矩阵 $B$ 的全部特征值以及对应的特征向量，求矩阵 $B$ 只需仿照“本章精选题解析(三)计算题”中的【例 4】的方法即得 $B=\begin{pmatrix}0&1&-1\\1&0&1\\-1&1&0\end{pmatrix}$.

4. (1) 由条件知 $A\boldsymbol{\alpha}_1=-\boldsymbol{\alpha}_1$ 和 $A\boldsymbol{\alpha}_2=\boldsymbol{\alpha}_2$，且 $\boldsymbol{\alpha}_1$，$\boldsymbol{\alpha}_2$ 线性无关. 假设 $\boldsymbol{\alpha}_1,\boldsymbol{\alpha}_2,\boldsymbol{\alpha}_3$ 线性相关，则 $\boldsymbol{\alpha}_3$ 可以由 $\boldsymbol{\alpha}_1,\boldsymbol{\alpha}_2$ 线性表示，即存在数 $k_1$，$k_2$ 有 $\boldsymbol{\alpha}_3=k_1\boldsymbol{\alpha}_1+k_2\boldsymbol{\alpha}_2$ 成立. 两边左乘以 $A$ 得，$A\boldsymbol{\alpha}_3=k_1A\boldsymbol{\alpha}_1+k_2A\boldsymbol{\alpha}_2=-k_1\boldsymbol{\alpha}_1+k_2\boldsymbol{\alpha}_2$，又由于 $A\boldsymbol{\alpha}_3=\boldsymbol{\alpha}_2+\boldsymbol{\alpha}_3$，即有 $A\boldsymbol{\alpha}_3=\boldsymbol{\alpha}_2+k_1\boldsymbol{\alpha}_1+k_2\boldsymbol{\alpha}_2=k_1\boldsymbol{\alpha}_1+(1+k_2)\boldsymbol{\alpha}_2$，所以得 $-k_1\boldsymbol{\alpha}_1+k_2\boldsymbol{\alpha}_2=k_1\boldsymbol{\alpha}_1+(1+k_2)\boldsymbol{\alpha}_2$，整理得，$2k_1\boldsymbol{\alpha}_1+\boldsymbol{\alpha}_2=\boldsymbol{0}$，知 $\boldsymbol{\alpha}_1,\boldsymbol{\alpha}_2$ 线性相关，矛盾.

(2) 由条件知，$A(\boldsymbol{\alpha}_1,\boldsymbol{\alpha}_2,\boldsymbol{\alpha}_3)=(\boldsymbol{\alpha}_1,\boldsymbol{\alpha}_2,\boldsymbol{\alpha}_3)\begin{pmatrix}-1&0&0\\0&1&1\\0&0&1\end{pmatrix}$，所以得

$$P^{-1}AP=\begin{pmatrix}-1&0&0\\0&1&1\\0&0&1\end{pmatrix}.$$